U0749348

Java 程序设计

王先国　衣 杨　关春喜　何忠礼　编　著

清华大学出版社

北 京

内 容 简 介

本书是一部 Java 程序设计基础教程，同时融入了大量的高级开发技术，重点展示了面向对象的设计思想和编程方法，内容包括 Java 语法基础、数组、对象和类、继承和多态、抽象类和接口、Java 常用类库、Java 泛型与集合、Java 图形程序设计、Java 异常处理、Java 多线程、输入/输出、Java 网络编程、Java 数据库编程等。书中所选实例具有广泛的实用性和代表性，广大读者能够从中受益和得到启发。本书配套资源包括教案、教学大纲、课件、习题答案、实验指南、期末考试题及答案(20 套)。

本书结构清晰、内容精练、语句简明、实例丰富、技术全面，程序的框架和组成真正展示了面向对象的设计思想和设计方法，非常适合作为高等院校计算机专业及相关专业的教材，也可以作为计算机培训机构的培训教材。

本书封面贴有清华大学出版社防伪标签，无标签者不得销售。

版权所有，侵权必究。举报：010-62782989，beiqinquan@tup.tsinghua.edu.cn。

图书在版编目(CIP)数据

Java 程序设计/王先国等编著. —北京：清华大学出版社，2020.12（2021.10重印）
ISBN 978-7-302-56866-7

Ⅰ. ①J… Ⅱ. ①王… Ⅲ. ①JAVA 语言—程序设计—教材 Ⅳ. ①TP312.8

中国版本图书馆 CIP 数据核字(2020)第 226274 号

责任编辑：汤涌涛
封面设计：杨玉兰
责任校对：李玉茹
责任印制：宋 林

出版发行：清华大学出版社
    网 址：http://www.tup.com.cn, http://www.wqbook.com
    地 址：北京清华大学学研大厦 A 座   邮 编：100084
    社 总 机：010-62770175   邮 购：010-62786544
    投稿与读者服务：010-62776969, c-service@tup.tsinghua.edu.cn
    质量反馈：010-62772015, zhiliang@tup.tsinghua.edu.cn
    课件下载：http://www.tup.com.cn, 010-62791865
印 刷 者：北京富博印刷有限公司
装 订 者：北京市密云县京文制本装订厂
经 销：全国新华书店
开 本：185mm×260mm 印 张：22 字 数：535 千字
版 次：2020 年 12 月第 1 版   印 次：2021 年 10 月第 2 次印刷
定 价：59.80 元

产品编号：084272-01

前　　言

市面上出现的 Java 程序设计教材普遍存在三个方面的缺陷：第一，对 Java 语言知识体系的介绍不完整；第二，对关键知识点的介绍和分析不够清晰，甚至存在错误；第三，程序的框架和组成并没有突出面向对象的设计思路。本书全面地介绍了 Java 语言的知识体系，通过大量的经典案例完整、准确地展现了 Java 的关键技术和面向对象的编程方法。本书能让读者快速、全面、准确地掌握 Java 语言的知识体系、关键技术和面向对象的编程方法。

1. 本书内容

本书分为 4 篇，共 19 章。第 1 篇 Java 程序设计基础(第 1～5 章)，介绍 Java 语言的特点、运行环境、Java 数据类型、Java 语句、方法和数组。第 2 篇面向对象程序设计(第 6～12 章)，介绍类和对象、接口和抽象类、字符串、继承和多态、常用类库、泛型和集合框架，展示了面向对象的设计思想和编程风格。第 3 篇图形程序设计(第 13～14 章)，介绍 Java 图形程序设计的 API 结构，包括事件驱动程序设计、创建图形用户界面。第 4 篇高级技术(第 15～19 章)，介绍 Java 程序设计的几项高级技术，以及如何使用高级技术开发综合应用程序。

2. 本书特色

为了强调面向对象的编程思想，本书为部分案例提供了详细的面向对象的分析方法、设计方法和实现步骤。本书体系结构合理、理论与应用结合紧密、解题思路清晰、知识讲解深入浅出、通俗易懂，具体特点如下。

(1) 强调面向对象的编程思想。通过实例阐明了封装、继承、多态等概念及其应用。

(2) 强调如何编写自定义类。学生使用系统类时觉得非常简单，但当试着定义自己的类时却感到非常困难，本书将演示自定义类的全过程。

(3) 强调知识的系统性、连贯性和实用性。知识点由易到难逐层展开，逻辑上一环扣一环，便于读者自学。

(4) 解题方法规范。对于复杂的案例，首先分析案例，给出问题定义；然后陈述解题思路和方法；最后提供规范的类定义，使读者真正学会面向对象的设计思想和设计方法。

3. 读者对象

本书配备了教案、教学大纲、课件、实验指南和试题等教学资源。本书以面向对象的编程思路为主线，以应用为目标，通过大量的案例系统地介绍了 Java 语法基础、面向对象的编程方法和关键技术，适合 Java 初学者和进阶者阅读。

4. 作者情况

本书主要作者过去十多年来在大型软件公司从事计算机软件开发工作，积累了丰富的编程经验。本书编写分工具体如下：第 4~6 章、第 13 章由衣杨编写，第 14~19 章由王先国编写，第 7 章、第 10 章由何忠礼编写，第 12 章由王玉娟编写，第 1 章由张海编写，第 2 章由董美霞编写，第 3 章、第 8 章和第 11 章由关春喜编写，第 9 章由潘永明编写，全书由王先国统稿。

　　潘永明、关春喜为广东东软学院计算机学院老师；衣杨为中山大学计算机学院博士生导师、中山大学新华学院信息科学学院院长；王先国、何忠礼、张海、王玉娟、董美霞为中山大学新华学院信息科学学院老师。

　　书中程序虽然经过多次测试，但难免存在错误，恳请读者批评、指正。

编　者

目　　录

第1篇　Java 程序设计基础

第 2 篇 面向对象程序设计

第 3 篇　图形程序设计

第 4 篇　高 级 技 术

第 1 篇

Java 程序设计基础

第 1 章　Java 概述

本章要点

- Java 语言的发展历史;
- Java 语言的特点。

学习目标

- 熟悉 Java 语言的开发环境;
- 熟悉 Java 程序的开发步骤。

1.1　Java 简史

Java 是由 Sun 公司开发的一套编程语言,主要设计者是 James Gosling。下面介绍 Java 语言的演变过程。

1991 年,Sun 公司开始实施"绿色计划",目标是开发一种全新的且独立于处理器的计算机语言,并给该语言起名为 Oak,1995 年 5 月 23 日正式发布并更名为 Java。

1995 年 8 月,Netscape 公司的浏览器率先支持 Java,随后,Microsoft 的 IE 浏览器也开始支持 Java。随着万维网的普及,Java 得到了广泛的使用。

1996 年 1 月 23 日,Sun 公司发布了 JDK 1.0,它包括运行时环境(JRE)和开发环境(JDK)。

1998 年 12 月,Sun 公司发布了 JDK 1.2,标志着 Java 进入 Java 2 时代,从此,将 JDK 分成了 J2EE(企业版)、J2SE(标准版)和 J2ME(微型版)三个版本。

2004 年 9 月,Sun 公司发布了 J2SE 1.5。为了表示这个版本的重要性,J2SE 1.5 更名为 J2SE 5.0。

2005 年 6 月,Sun 公司发布 Java SE 6。此时,Java 的各种版本已经更名,并取消名字中的数字"2"。J2EE 更名为 Java EE,J2SE 更名为 Java SE,J2ME 更名为 Java ME。

2009 年 4 月 20 日,Oracle 公司以 74 亿美金收购了 Sun 公司。

Java 语言在各种家用电器和 Internet 上的广泛应用推动了 Java 技术的快速发展。

1.2　Java 版本

Java 语言有三个版本:标准版(Java SE)、企业版(Java EE)和微型版(Java ME)。

(1) Java SE(Java Platform,Standard Edition 的简称),允许开发和部署在桌面、服务器、嵌入式环境和实时环境中的 Java 应用程序。

(2) Java EE(Java Platform,Enterprise Edition 的简称),帮助开发和部署可移植、健壮、可伸缩且安全的服务器端的 Java 应用程序。

(3) Java ME(Java Platform，Micro Edition 的简称)，为在移动设备和嵌入式设备(比如手机、PDA、电视机顶盒和打印机)上运行的应用程序提供了一个健壮且灵活的环境。

1.3 Java 的特点

Java 是目前使用最广泛的网络编程语言，具有简单、面向对象、分布式、解释型、体系结构中立、可移植、多线程、安全稳定、动态加载、健壮等特点。

1. 简单

从语法角度上看，Java 要比 C++简单，如 C++中的指针、运算符重载、联合数据类型、类的多重继承等难以理解和使用的概念和功能在 Java 中已消失。

2. 面向对象

Java 程序以类、对象和接口作为基本编程单元。程序员主要是利用 Java 语言预定义类、第三方类库和自己定义的类来实现软件系统的功能。

3. 分布式

一个 Java 程序可以由多个部分组成，每个部分可以部署在不同的平台上，它们相互通信、协作完成一个共同的任务。如图 1-1 所示，Java 程序由程序 1、程序 2 和程序 3 组成，三个程序分别在三个不同的计算机系统上运行。

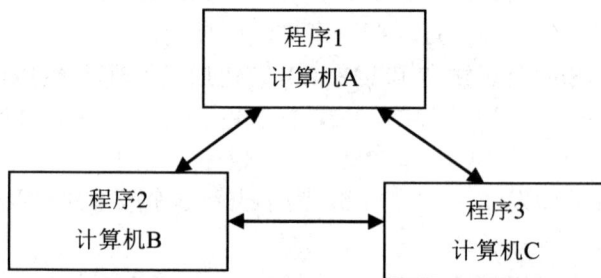

图 1-1　Java 程序部署在不同的计算机上

4. 解释型

编译器将 Java 源代码(文件名后缀是.java)编译为字节码(文件名后缀是.class，是一个二进制文件)，然后，Java 虚拟机(Java Virtual Machine，JVM)中的解释器将字节码翻译为本地机器语言并由 CPU 执行，如图 1-2 所示。

5. 体系结构中立

体系结构中立也称为平台无关，就是说 Java 源代码被编译为体系结构中立的字节码文件后，可以在任意安装了 Java 虚拟机的机器上运行。如图 1-3 所示，利用 JVM，一个 Java 源程序，一次编译后产生的字节码文件可以在各种安装了 Java 虚拟机的操作系统上运行。

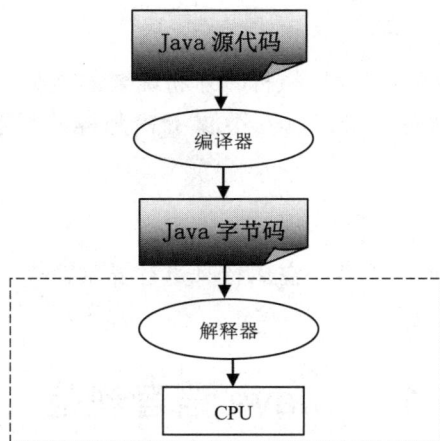

图 1-2　解释器将 Java 字节码翻译成本地机器语言

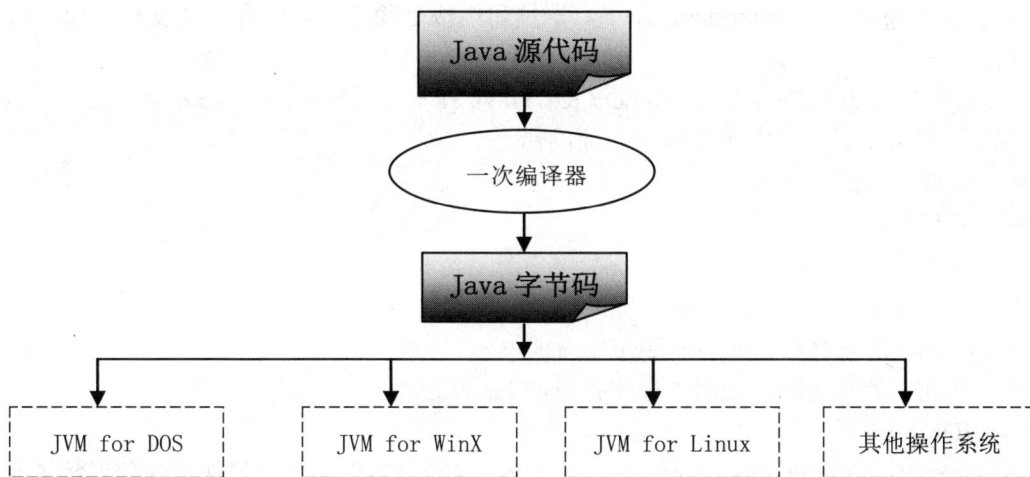

图 1-3　Java 字节码在任意安装了 JVM 的虚拟机上运行

6. 可移植

由于 Java 字节码与平台无关，因此，Java 源代码编译一次后，可以在任意平台上执行，同时，Java 的数值范围在任意平台上都一样，因此，Java 语言属于可移植的。

7. 多线程

由于 Java 语言预定义了线程类，程序员可以扩展预定义的线程类来定义自己的线程类。C++语言本身没有对多线程提供支持，因此其多线程功能是由操作系统来实现的。

8. 安全稳定

第一，Java 是强类型的语言，这保证了数据类型的合法性；第二，Java 不支持指针，杜绝了内存的非法访问；第三，Java 程序执行时对加载的类进行身份的合法性检查，防止非法类的加载执行；第四，Java 提供了异常处理机制，可以对运行时出现的错误进行控制和处理。

9. 动态加载

一个 Java 程序由多个类组成，程序执行时才将需要的类装入内存，这就使得 Java 可以在分布式环境中动态地维护程序及类库，而不像 C++那样，每当其类库升级之后，相应的程序都必须重新修改、编译。

10. 健壮

Java 程序在编译时进行语法检查；在运行时进行异常检查；Java 删除了指针，这就消除了内存泄漏和数据崩溃的可能。

1.4 Java 语言规范

Java 语言规范是指对 Java 语言的技术定义，包括**语法、组成和预定义的应用程序接口**(Application Programmer Interface，API)。语法和组成是稳定的，一般不会变化，而 API 一直在扩展。

Sun 公司使用 JDK(Java Development Kit，Java 开发工具包)发布 Java 的各个版本。JDK 包括 JRE 和开发工具，开发工具包括下面的命令。

- 编译器：javac.exe。
- 解释器：java.exe。
- 调试器：jdb.exe。
- 文档化工具：javadoc.exe。
- Applet 的解释器：appletviewer.exe。
- 其他工具及资源：如用于程序打包的 jar 等。

即：JDK=JRE+开发工具。

JRE(Java Runtime Environment，Java 运行时环境)，其主要功能是加载代码、校验代码和执行代码。JRE 包括 JVM、Java 基础类库和图形界面类库。JDK、JRE 和 JVM 之间的关系如图 1-4 所示。

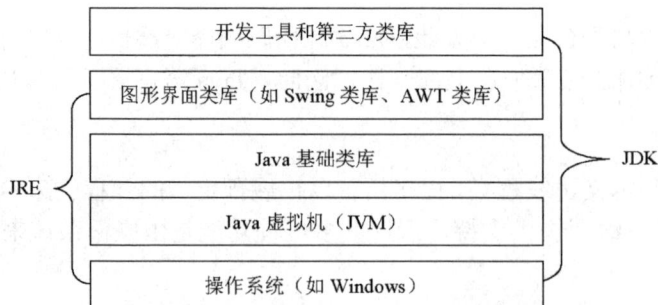

图 1-4 JDK、JRE 和 JVM 之间的关系

如果只需要运行 Java 程序或 Applet，下载并安装 JRE 即可，若要自行开发 Java 软件，请下载 JDK，JDK 中附带有 JRE。

1.5　Java 开发工具

常用的 Java 开发工具有以下 6 种。

1)　Visual J# .NET

Visual J# .NET 是微软出品的 Visual Studio .NET 家族中的一种开发 Java 的工具，它取代了 Visual Studio 中的 Visual J++。

2)　JBuilder X

JBuilder X 是 Borland 公司推出的 Java 开发工具。与之前的版本相比，JBuilder X 更加注重网络服务和数据库功能的开发，并且支持各种版本的计算机系统。

3)　JCreator

JCreator 是由 Xinox Software 公司开发的 Java 开发工具，对计算机系统要求不高，比其他多数集成开发环境的软件运行速度要快，而且具有允许程序员自定义窗口界面等功能。

4)　FreeJava

FreeJava 是一个免费的 Java 开发工具。其主要特点是可以快捷方便地查阅 Java 类库和函数、帮助编辑源程序、快速编译和运行 Java 程序、用不同颜色显示关键字，以及双击编译错误进行提示等。使用 FreeJava 之前必须先安装 JDK。

5)　Java 2 SDK

Java 2 SDK 是 Sun 公司提供的 Java 开发环境，只能在 DOS 命令窗口下编译和运行，但是操作简单，初学者非常容易掌握。

6)　Eclipse

Eclipse 是一种很容易使用的集成开发环境。在安装 Ecplise 前，要先安装 JDK。

1.6　Java 程序开发过程

建议本书前 4 章使用记事本作为编辑器、JDK 作为开发工具，从第 5 章开始使用 Eclipse 集成开发环境。阅读本节前请先做《实验一》(见配套资源电子文档)。

1. 《实验一》安装说明

在《实验一》中，将 JDK 开发包安装在 D:\Java\jdk1.7 目录下，JRE 安装在 D:\Java\jre7 目录下。

1)　外部命令

外部命令，如编译器(javac.exe)、解释器(java.exe)、调试器(jdb.exe)、文档化工具(javadoc.exe)、Applet 的解释器(appletviewer.exe)都存放在 **D:\Java\jdk1.7\bin** 目录下。

2)　Java 的类库

Java 程序执行时需要用到类库文件(字节码文件)，其存放在 **D:\Java\jdk1.7\jre\lib** 目录下，这些类库主要以压缩包的格式存在，主要有 rt.jar 和 charsets.jar。

2. Java 程序的开发步骤

Java 程序开发过程包括 3 个步骤：①用编辑器(记事本)编写源文件；②用编译器将源文件编译为字节码文件；③用解释器执行字节码文件，如图 1-5 所示。

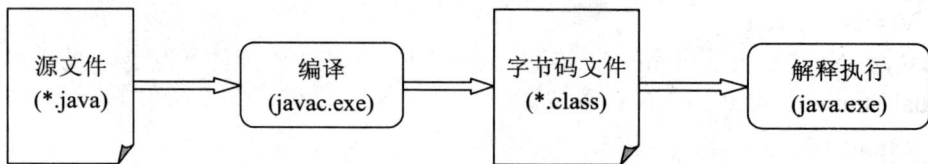

```
源文件        编译         字节码文件      解释执行
(*.java)  → (javac.exe) → (*.class)  → (java.exe)
```

图 1-5　Java 程序的开发步骤

1.6.1　编写 Java 源文件

在 D 盘下面创建了 4 个目录：D:\ch1、D:\ch2、D:\ch3、D:\ch4。这 4 个目录分别保存第 1 章、第 2 章、第 3 章和第 4 章的 Java 源文件。

【**例 1.1**】　一个简单的应用程序。本程序执行时在控制台上输出"我是中山大学的学生，开始学习 Java 语言"。

在 Windows 7 图形界面下进入 D:\ch1 目录，然后打开记事本，输入下面的代码。

程序清单 1-1　Hello.java

```
public class Hello{    //用关键字 public 修饰的类称为公有类。Hello 是类名
  public static void main (String args[])          //方法声明
  {                                                //方法体起始行
    System.out.println("我是中山大学的学生,开始学习Java语言");//向控制台输出
  }                                                //方法体结束行
}
```

注意：在编写源代码时，程序中所有的符号，如分号(;)、逗号(,)、括号(())等，要求在英文状态下录入，否则，编译时会出错。

1)　源文件名

将源文件保存到目录 D:\ch1，并将文件命名为 Hello.java。不要写成 hello.java，因为 Java 语言是区分大小写的。

源文件名必须与**公有类名**一样。程序清单 1-1 中的公有类名是 Hello，所以，源文件名应该是 Hello.java。

2)　分析源代码

源文件只包含一个类，类名是 Hello。关键字 public、class 都是修饰 Hello 的，其中，class 声明 Hello 是一个类，public 声明 Hello 是一个公有类。

类体中包含一个方法，方法名是 main。一个 Java 应用程序只能有一个 main 方法。

public、static 和 void 都是对 main 方法的声明。main 方法必须被声明为 public static void。

1.6.2　编译 Java 源文件

进入 DOS 窗口中的 D:\ch1 目录，使用编译器(javac.exe)把源文件 Hello.java 编译为字节码文件。

1. 进入 DOS 窗口

进入 DOS 窗口中 D:\ch1 目录的步骤如下。

(1) 选择"开始"→"运行"命令，弹出"运行"对话框，并输入"cmd"，如图 1-6 所示。

(2) 按 Enter 键，弹出 DOS 命令窗口，如图 1-7 所示。

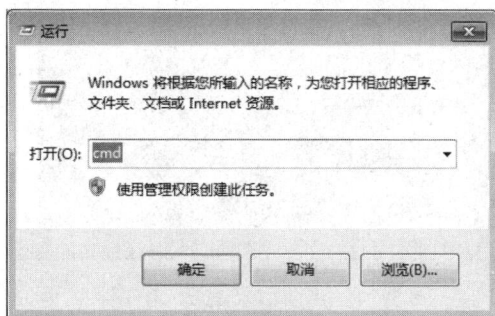

图 1-6　"运行"对话框

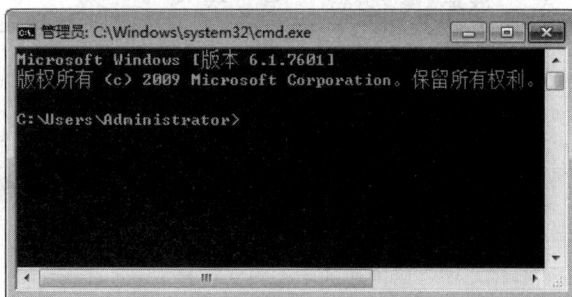

图 1-7　DOS 命令窗口

(3) 输入下面两条命令：

```
d:      //按 Enter 键(表示进入逻辑盘 D)
cd  ch1  // 按 Enter 键(表示进入目录 D:\ch1)，如图 1-8 所示
```

2. 编译 Java 源文件

编译当前目录中的源文件 Hello.java。输入命令 javac Hello.java，并按 Enter 键，如图 1-9 所示。

提示：什么是当前目录？当前光标所在的目录就是当前目录。如图 1-9 所示，当前目录是 D:\ch1。

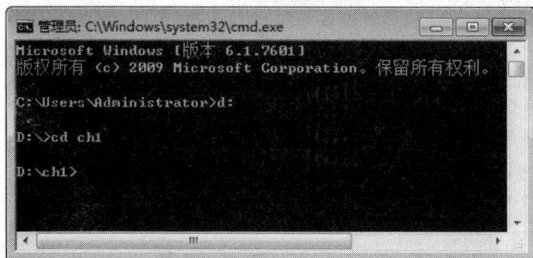

图 1-8　输入命令

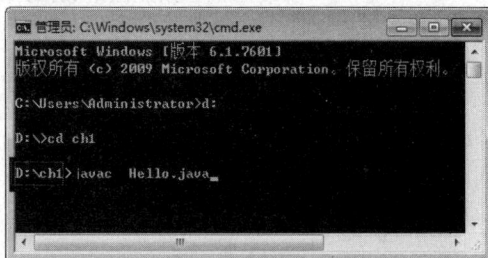

图 1-9　编译源文件 Hello.java

在命令窗口中输入"dir"，并按 Enter 键，查看当前目录中的文件，如图 1-10 所示。

编译后生成一个字节码文件 Hello.class，编译器把字节码文件(Hello.class)保存到源文件所在的目录中(D:\ch1)。

如果 Java 源文件包含多个类，那么对源文件编译后将生成多个扩展名为.class 的字节码文件，即，源文件中的每个类对应生成一个字节码文件，每个字节码文件名与对应的类名相同。

上面例子中的 Java 源文件在当前目录中(当前目录是 D:\ch1)。如果源文件不在当前目录中，则对 Java 源文件编译时的 DOS 命令格式如下：

```
javac  目录\源文件名.java
```

例如，假设当前目录是 E:\ch，如图 1-11 所示。

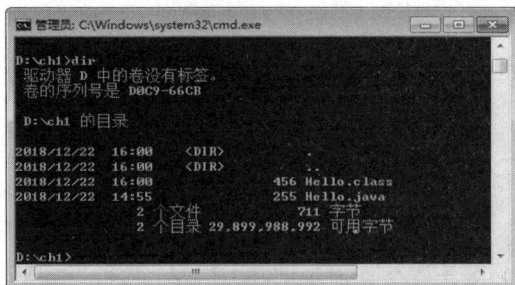

图 1-10　编译后生成的字节码文件是 Hello.class　　　　图 1-11　当前目录是 E:\ch

由于源文件在 D:\ch1 目录下，而当前目录是 E:\ch，则对源文件的编译命令改为：

```
javac  d:\ch1\Hello.java
```

在 DOS 窗口中输入这条编译命令，如图 1-12 所示。

图 1-12　源文件不在当前目录下的编译命令

编译器把源文件(D:\ch1\Hello.java)编译后生成的字节码文件 Hello.class 保存在 D:\ch1 目录下。

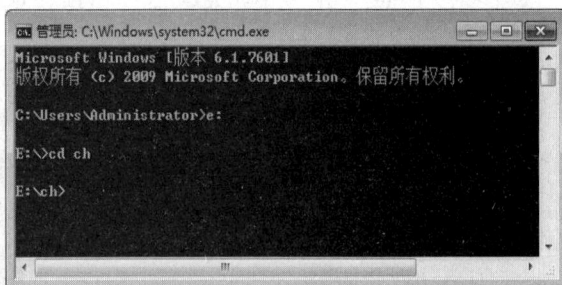

1.6.3　运行 Java 程序

下面使用 Java 解释器(java.exe)运行应用程序。

在命令窗口输入"java Hello"，并按 Enter 键，如图 1-13 所示。

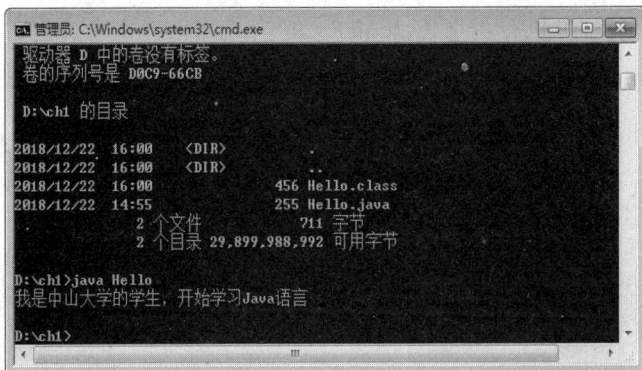

图 1-13　程序运行结果

注意：① 如果 Java 源文件包含多个类，那么解释器(java)后的字节码文件名必须是主类的名字。包含 main 方法的类称为主类。

② 用解释器执行程序时，不要在文件名后面加后缀.class。

1.7　命令行参数

在 DOS 窗口执行应用程序时，可以将命令行的参数传递给 main(String[] args)方法。假设在 DOS 窗口中执行下面的程序：

```
java Calculator a1 a2 a3
```

则系统把 a1、a2、a3 看作字符串，并把其值分别传递给 args[0]、args[1]和 args[2]。

【例 1.2】通过命令行参数接受输入，进行二元运算。

程序清单 1-2　Calculator.java

```
public class Calculator{
 public static void main(String[] args){
    int result = 0;              // 保存计算结果
    if (args.length != 3){       // args.length 获取命令行参数个数
       System.out.println( "参数个数不对");
  System.exit(0);
     }
    // 下面代码根据运算符计算
    switch (args[1].charAt(0)) {
     case '+': result = Integer.parseInt(args[0]) + Integer.parseInt(args[2]);  break;
     case '-': result = Integer.parseInt(args[0]) - Integer.parseInt(args[2]);  break;
     case '*': result = Integer.parseInt(args[0]) * Integer.parseInt(args[2]);  break;
     case '/': result = Integer.parseInt(args[0]) / Integer.parseInt(args[2]);  break;
     }
    System.out.println(args[0] + " " + args[1] + " " + args[2] + " = " + result); // 显示结果
  }
}
```

本程序通过命令行接受三个参数：第一个参数是数值，第二个参数是操作符，第三个参数是数值。

例如，在 DOS 窗口中执行程序 Calculator 的格式如下：

```
java Calculator a1 a2 a3
```

上面命令执行时，系统把 a1、a2、a3 看作字符串，并把其值分别传递给 args[0]、args[1]、args[2]。

例如，通过本程序计算表达式 6+8 的值，如图 1-14 所示。

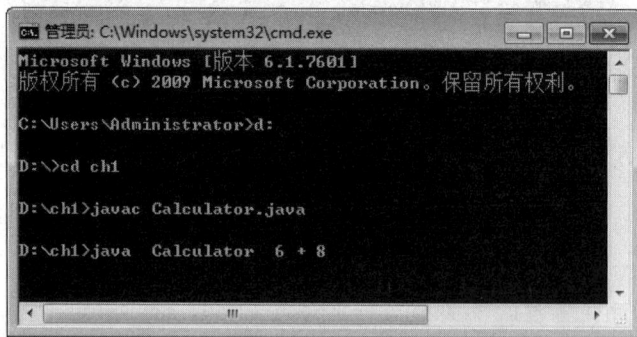

图 1-14　命令行中带参数

注意：在命令行中输入参数时，参数之间至少有一个空格。

1.8　本 章 小 结

Java 语言是面向对象的编程语言，该语言编写的软件具有简单、面向对象、健壮、体系结构中立、可移植、解释型、分布式、多线程、动态加载等特点。

开发一个 Java 程序需要经过 3 个步骤：编写源文件、编译源文件和执行字节码文件。

1.9　习　　　题

1. 开发 Java 应用程序需要经过哪些主要步骤？
2. Java 区分大小写吗？
3. 编译 Java 源程序的命令是什么？解释器是什么？
4. Java 源程序的扩展名是什么？字节码文件的扩展名是什么？
5. 创建一个 Java 源文件，源文件名为 Welcome.java，其代码如下：

```java
public class Welcome{
  public static void main(String args[]){
  System.out.println("我们正在学习Java!");
}
}
```

(1)　编辑源文件 Welcome.java。

(2)　编译源文件、运行字节码文件。

(3)　在程序中用 "我在做练习" 代替 "我们正在学习 Java!"。保存、编译、运行程序。

(4)　用 Main 代替 main，重新编译源代码。由于 Java 程序区分大小写，编译器将会返回什么错误信息?

(5)　使用命令 javac welcome.java 代替命令 javac Welcome.java，会发生什么现象?

(6)　使用命令 java Welcome.class 代替命令 java Welcome，会发生什么现象?

6. 什么是当前目录?

第 2 章　Java 语法基础

本章要点

- 标识符和关键字;
- 基本数据类型以及数据类型之间的转换;
- 常量和变量;
- 运算符和表达式;
- 编程风格和程序错误类型。

学习目标

- 熟悉标识符的命名规范;
- 掌握基本数据类型之间的转换方法;
- 掌握运算符优先级和结合性的运用。

2.1　标识符和关键字

1. 什么是标识符

标识符就是由多个字符按照某种规则构成的一个名称。例如，类名、变量名、常量名、接口名、包名、方法名和数组名都是标识符。

2. 标识符的规范

Java 语言规定标识符必须遵循以下规则。

(1) 标识符由字母、数字、下划线和美元符号$组成。

字母、数字、下划线和美元符号$统称为字符。例如，liu、_zhao、$wang78 等都是合法的标识符。

(2) 标识符的第一个字符不能是数字。

例如，567kan 不是合法的标识符。

(3) Java 语言严格区分大小写。

例如，Love 和 love 是两个完全不同的标识符。

(4) 标识符的长度没有限制，但是不宜过长。

每个标识符由多个字符组成。Java 语言采用 Unicode 标准字符集(字符的集合)，该字符集最多可以表示 65536 个字符。Unicode 标准字符集中的前 128 个字符与 ASCII 字母表对应。每个国家的字母表都是 Unicode 标准字符集的一个子集。

3. 关键字

关键字是 Java 语言系统中赋予了特殊含义的标识符。程序员不能把关键字当作普通的标识符使用。Java 语言的关键字主要包括 implements、import、instanceof、int、interface、long、nativenew、null、package、private、public、this、throw、true、try、void、while 、abstract、boolean、break、byte、case、catch、char、continue、do、double、else extends、false、find、finally、float、for、return、short、static、super、switch、synchronized 等。

2.2　基本数据类型

根据数据的性质对数据进行分类，每种数据类型用一个关键字表示。Java 数据类型分两大类：基本数据类型和引用数据类型。Java 基本数据类型进一步分成 3 大类。

(1)　数值型(包括整数类型和浮点类型)；
(2)　字符型；
(3)　布尔型。

数据类型分类如图 2-1 所示。

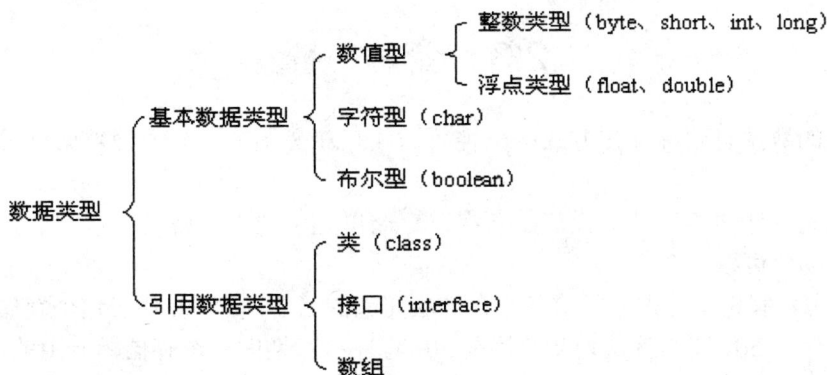

图 2-1　数据类型的分类

1. 布尔型

布尔型数据表示逻辑上的"真"或"假"。Java 语言用关键字 boolean 定义布尔型变量。布尔型数据在内存中占 1 字节，其数值只能是 true 或 false。

2. 整数类型

整数类型包括正整数和负整数。Java 语言中的整数类型进一步分为 4 种：byte(字节型)、short(短整型)、int(整型)和 long(长整型)。

1)　byte
一个 byte 类型整数在内存中占 1 字节，数值范围是：−128~127。

2)　short
一个 short 类型整数在内存中占 2 字节，数值范围是：−32768~32767。

3)　int
一个 int 类型整数在内存中占 4 字节，数值范围是：−2147483648~2147483647。

4) long

一个 long 类型整数在内存中占 8 字节，数值范围是：$-2^{63} \sim 2^{63}-1$。

3. 浮点类型

带有小数的数据就是浮点类型数据。浮点类型进一步分为两种：float(单精度型)和 double (双精度型)。

1) float

一个 float 类型的数据在内存中占 4 字节。数值范围是：1.4E-45~3.4028235E38。

2) double

一个 double 类型数据在内存中占 8 字节,数值范围是:4.9E-324~1.7976931348623157E308。

4. 字符型

用关键字 char 表示字符型。一个字符型数据在内存中占 2 字节。单个字符属于字符型数据。字符型数据必须用单引号(')括起来，例如，字符'a'、'w'.

2.3　变　　量

程序中的数据有两种存在方式：一种数据保存在变量中，另一种数据以常量方式出现在程序中。

变量就是程序员给存储单元起的名字，存储单元中的数据就是变量的值。在程序执行期间，变量的值可以改变。

图 2-2 中，假设 k 是程序员给某个存储单元起的名字，即，k 代表这个存储单元，现在存储单元的值是 50，我们就认为 k 的值是 50。程序执行期间这个存储单元中的值可以改变。

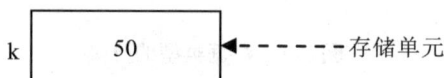

k ┌──── 50 ────┐ ◀－－－－－－存储单元

图 2-2　k 是存储单元的名字

2.3.1　变量的定义

变量都有自己的数据类型，在使用变量以前必须定义变量。定义变量就是告诉编译器这个变量的数据类型，这样，编译器才知道为变量分配多大的存储空间、保存什么类型的数据。例如，整数类型变量只能保存整型数据，字符型变量只能保存字符型数据。存储到变量中的数据类型必须和变量的数据类型一致。

【例 2.1】　定义变量。

程序清单 2-1　DefineVar.java

```
1 public class DefineVar {
2   public static void main (String args[]) {
3     int    age=10 ;        //定义 int 型变量 age，并将 10 赋给 age
4     char   varchar='a' ;  //定义字符型变量 varchar，并把字符 a 赋给 varchar
5     System.out.println("执行第 3 行时:age="+age +"  varchar="+varchar);
```

```
6        age=80;
7        varchar='b';
8        System.out.println("执行第6行时:age="+age +" varchar="+varchar);
    }
}
```

程序分析：

(1) 程序执行到第 3 行时，系统给变量 age 分配存储单元。因为 age 的数据类型是 int，所以 age 占有 4 字节，然后，把整数 10 赋给变量 age，如图 2-3 所示。

(2) 程序执行到第 4 行时，系统给变量 varchar 分配存储单元。因为 varchar 的数据类型是 char，所以 varchar 占有 2 字节，然后，把字符 a 赋给变量 varchar，如图 2-4 所示。

(3) 程序执行到第 5 行时，在控制台输出：age=10　varchar=a。

(4) 程序执行到第 6 行时，系统把 80 赋给了 age，这时，age 的值变为 80，如图 2-5 所示。

(5) 程序执行到第 7 行时，程序把字符 b 赋给了 varchar，这时，varchar 的值变为 b，如图 2-6 所示。

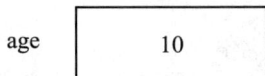

age	10

图 2-3　变量 age

varchar	a

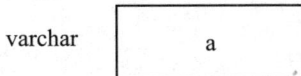

图 2-4　变量 varchar

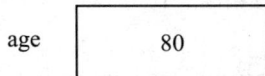

age	80

图 2-5　变量 age

varchar	b

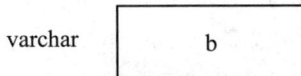

图 2-6　变量 varchar

(6) 程序执行到第 8 行时，在控制台输出：age=80　varchar=b。

2.3.2　变量的三要素

每个变量有三个要素，它们是变量名、数据类型和作用域。

(1) 变量名。程序员给变量起的名字，例如，例 2.1 的 main 函数中分别定义了变量名 age 和 varchar。

(2) 变量的数据类型。定义变量时为变量指定的数据类型。编译器根据变量的数据类型为变量分配存储单元的大小。例 2.1 中，变量 age 的类型是 int，所以编译器给 age 分配 4 字节的存储单元，并且只能保存 int 型数据。变量 varchar 的类型是 char，编译器为 varchar 分配 2 字节的存储单元，并且只能保存字符。

(3) 变量的作用域。指变量起作用的范围。例 2.1 中，变量 age 和 varchar 定义在函数 main 中，所以，这两个变量的作用域是 main 函数范围。

2.4 常 量

常量分为符号常量和字面常量。

2.4.1 符号常量

符号常量也是程序员给存储单元起的名字(存储单元中的值就是符号常量的值),在程序执行期间,**符号常量的值保持不变**。

图 2-7 中,假设 PI 是程序员给某个存储单元起的名字,这个存储单元中的值是 3.1415。即 PI 的值是 3.1415。在程序执行期间,PI 代表的存储空间中的值一直不会改变,称 PI 为符号常量,常量值是 3.1415。

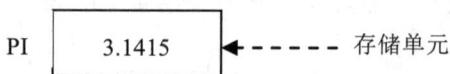

PI   3.1415   ◄- - - - - - 存储单元

图 2-7 PI 是存储单元的名字

符号常量用关键字 final 定义。一般来说,符号常量的名称都用大写字母表示。

【例 2.2】 计算圆的面积和周长。程序中定义符号常量 PI。

程序清单 2-2 ComputeCircle.java

```java
public class ComputeCircle{
 public static void main(String[] args){
    final  double  PI = 3.1415; // 定义一个符号常量 PI
    double  r=5;
        System.out.println("圆的半径:" +r); System.out.println("圆的周长:" +2*PI*r);
        System.out.println("圆的面积:" +PI*r*r);
 }
}
```

符号常量或变量被定义后,可以通过赋值语句给常量或变量赋值。**常量只能赋值一次,变量可以多次赋值**。

2.4.2 字面常量

在程序中给变量赋值时,这个值常常是一个**字面常量**。例如,语句:int age=20 中,数字 20 就是一个字面常量。字面常量分三大类:基本类型的字面常量、字符串类型的字面常量和引用类型的字面常量。

基本类型字面常量进一步分为 4 种:整数型字面常量、浮点型字面常量、字符型字面常量和布尔型字面常量。

1) 整数型字面常量

整数型字面常量可以用不同的进制表示。如,十进制的整数 50(用十进制表示整数时首位不能为 0),采用八进制表示为 062(首位为 0,代表八进制数),采用十六进制表示为 0x32(首位是 0x，代表十六进制数)，采用二进制表示为 0b110010(首位为 0b 或者 0B，代表二进制数)。

　　用整数型字面常量给各种类型(byte、short、int 和 long)的变量赋值时，字面常量的值一定不要超过变量的允许范围，否则，会出现编译错误。例如，下面的代码会出现编译错误：

```
byte  x=130;  //byte 类型的变量允许的最大数是 127。这里字面常量 130 超过了 byte 允许的范围
```

　　给 long 类型的变量赋值时，字面常量后面要加字母 l 或 L。如果整数型字面常量后面不加 L，编译器就把这个整数当作 int 类型数据。例如，下面的代码会出现编译错误：

```
long  j=2147483648;
```

　　编译器把字面常量 2147483648 理解为 int 型数据，但是，2147483648 又超过了 int 型数据的范围(int 型数据的最大值是 2147483647)。为了纠正这个错误，将上面的语句修改如下：

```
long  j=2147483648L;  //在字面常量后加字母 L
```

　　2)　浮点型字面常量

　　浮点型字面常量分为两种：float 型和 double 型。例如，单精度字面常量：5.539f、79.3f、987.2f、777.00f。双精度字面常量：58.577d(d 可以省略)、9.55、4567.000d。

　　在程序中书写 float 型字面常量时，字面常量后必须加 f，否则，编译器将把它当作 double 型字面常量。例如，下面代码中的字面常量 888.0，编译器就把它理解为 888.0d。

```
float  k=888.0;  //编译器将 888.0 理解为 888.0d
```

　　浮点数字由以下四个部分组成。

- 整数部分。
- 小数点(.)。
- 小数部分。
- 幂(可选)。

　　以 2.35 为例，整数部分是 2，小数部分是 35，没有幂。再以字面常量 $0.5E^{12}$ 为例，整数部分是 0，小数部分是 5，幂是 12。

　　当整数部分是 0 时，0 可以不写，幂可以是 e 或 E，例如，$0.667e^8$ 可以写成 $.667E^8$。

　　float 型字面常量的例子：1.3f、2e1f、8.f、.6f、0f、3.25f、8.002e+11f。

　　double 型字面常量的例子：3.3、2e1d、8.、.6、0.0d、3.25、9e-5d。

　　注意：编译器自动把整型字面常量的数据类型理解为 int 型数据，把浮点型字面常量的数据类型理解为 double 型数据。

　　3)　布尔型字面常量

　　布尔型字面常量只有两个值：true、false。

　　4)　字符型字面常量

　　字符型字面常量是用一对单引号括起的字符值，如'A'、'b'、'c'、'!'、'7'、'爱' 等。也可以用 Unicode 代码值表示字符型的字面常量。例如，字符常量'b'用的 Unicode 代码值是 98，所以，用 Unicode 代码值表示字符常量'b'的格式是：'\u0062' (一个用十六进制表示的整数)。

　　有一些字符，无法通过键盘输入，要想表示这种字符，需要对它进行转义。下面是一

些转义字符的字面常量说明，如表 2-1 所示。

表 2-1　部分转义字符的含义

字符字面常量(控制字符)	字符代表的作用
'\n'	换行，将光标移到下一行的开始位置
'\t'	将光标移到下一个制表符的位置
'\r'	回车，将光标移到当前行的开始，不是移到下一行
'\\'	输出一个反斜杠
'\''	输出一个单引号
'\"'	输出一个双引号

字符常量可以用十六进制编码方式表示。字符值的范围是'\u0000'~'\uffff'，一共可以表示 65536 个字符，前 256 个字符('\u0000'~'\u00ff')与 ASCII 代码完全重合。

char 类型的变量和常量都可以像 int 型数据一样参与算术运算。如果把数值在 0~65535 范围内的一个 int 型数据赋给 char 类型的变量，系统自动将这个整型数据当作 char 型数据处理。

要想知道一个字符在内存中保存的数字大小，只要将字符型数据转换成 int 型数据即可。例如，System.out.println((int)'a')语句，就能把字符'a'在 Unicode 表中的值输出。

【例 2.3】输出字符在 Unicode 表中的编码值。

程序清单 2-3　CharToNum.java

```
public class CharToNum {
  public static void main (String args[]) {
    char  varchar='\u0062' ; //字符b的值98,用Unicode的值表示: '\u0062'
    System.out.println("varchar="+varchar);        //输出字符b
    System.out.println((int)'a');                  //输出97
  }
}
```

2.5　基本数据类型转换

数据类型转换经常出现在表达式和赋值语句中。数据类型的转换有两种形式：一种是自动转换，不需要程序员干预，系统自动进行转换；另一种是强制转换，程序员必须使用类型转换符进行转换。强制转换可能会导致精度的损失。

1. 基本数据类型精度排序

基本数据类型的精度从低到高的排列顺序如下：

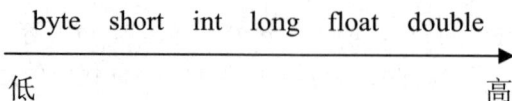

byte　short　int　long　float　double

低　　　　　　　　　　　　　　　　　　高

2. 自动转换

从低精度向高精度转换属于自动转换。

(1) 赋值语句中的转换。例如：

```
float xx=500;  //把整数500转换为浮点数
```

这里将整数 500 赋给浮点型变量 xx，是从低精度向高精度转换，系统自动进行。如果输出 xx 的值，结果将是 500.0。

(2) 表达式中的数据类型转换。例如：

```
int     h=73;
float   y1=27.6f;
double  f=h+y1;
```

混合数据类型表达式 h+y1 包含两个不同类型的数据：整数 h 和 float 型数据 y1。在计算表达式以前，系统自动将低精度的数据 h 转换为高精度的 float 型数据，转换后将两个数据进行求和，最后将结果数据(float 型)转换为更高精度的 double 型数据并赋给变量 f。

3. 强制转换

从高精度向低精度转换属于强制转换。强制转换的语句格式如下：

```
(type)data  //将数据data的类型转换为type型
```

data 为需要转换的表达式。type 的取值为 byte、short、int、long、float、double。

(1) 赋值语句中的转换。例如：

```
int  x=(int)600.78f;
```

这里将 float 型数据 600.78f 赋给整型变量 x，属于从高精度向低精度转换，需要在被转换的数据前使用目标类型转换符(int)。最后 x 的值是 600。

(2) 表达式中的数据转换。例如：

```
int     m=23;
float   x=27.6f;
int     k=m+(int)x;  //强制转换
```

表达式 m+(int)x 包含两个不同类型的数据，即整数 m 和 float 型数据 x。在计算表达式以前，先将 float 型数据 x 转换为 int 型数据。最后 k 的值是 50。

【例 2.4】 将一种数据类型转换成另外一种数据类型。

程序清单 2-4　TypeConvert.java

```
public class TypeConvert {
    public static void main(String args[]){
 int x;      double y;
        y=2009.04; x=(int)y;      y=x;
        System.out.println("转换后x的值是: "+x); System.out.println("转换后y的值是: "+y);
    }
}
```

语句 x=(int)y 将导致精度的丢失。

2.6　运算符和表达式

运算符是一种特殊的符号，它规定了数据之间的计算规则。根据运算符的性质，将其分为 7 种：赋值运算符、算术运算符、关系运算符、逻辑运算符、条件运算符、位运算符和其他运算符。

表达式是用运算符把常量、变量结合在一起构成的一个式子。例如，例 2.2 中的式子 PI*r*r，就是一个表达式。根据运算符的性质将表达式分为算术表达式、关系表达式、逻辑表达式。

2.6.1　赋值运算符

"="是赋值运算符，其作用是给变量赋值。"="的左边必须是一个变量，右边是一个表达式(常量或变量属于表达式)。

1. "="的右边是常量或者变量

```
int  age=20 ;      //把常量 20 赋给变量 age
char  c1='w';      //把字面常量'w'赋给变量 c1
char  c2=c1        //把变量 c1 赋给 c2，就是把变量 c1 的值赋给 c2，所以，c2 的值是'w'
```

2. "="的右边是表达式

```
int  x=5, y=20;
int  z=2*x+y-30; //首先计算表达式的值，然后把计算的结果赋给左边的变量 z。z 的值是 0
```

赋值运算符是二元运算符，其优先级为 14 级，结合方向为从右到左。它的左边必须是变量，右边是一个表达式。

3. 复合赋值运算符

赋值运算符可以与算术运算符、位运算符组成复合赋值运算符。下面列举部分复合赋值运算符的运算规则。

(1)　运算符：+=。例如，x+=y 等价于 x=x+y。

(2)　运算符：-=。例如，x-=y 等价于 x=x-y。

(3)　运算符：*=。例如，x*=y 等价于 x=x*y。

(4)　运算符：/=。例如，x/=y 等价于 x=x/y。

(5)　运算符：%=。例如，x%=y 等价于 x=x%y。

(6)　运算符：&=。例如，x&=y 等价于 x=x&y。

(7)　运算符：<<=。例如，x<<=y 等价于 x=x<<y。

2.6.2　算术运算符

依据运算符连接数据的个数，算术运算符分为 3 种：一元运算符、二元运算符和三元运算符(即条件运算符，后面讲解)。算术运算符的操作数据类型是整型或浮点型。

1. 一元算术运算符

一元运算符只操作一个数据，它们是 +(正)、-(负)、 ++(自增)、--(自减)。

1) +、-运算符

例如：

```
-99   //表示负数
+88  //表示正数
```

2) ++、--运算符

++使变量值增 1；--使变量值减 1。这里的变量必须是整型或浮点型。例如：

```
++x              //使 x 的值加 1，等价于：x=x+1
--x              //使 x 的值减 1，等价于：x=x-1
x++              //先让 x 参与运算，再使 x 的值加 1
x--              //先让 x 参与运算，再使 x 的值减 1
```

++x 和 x++的区别：++x 是先执行 x=x+1 再让 x 参与运算；而 x++是先让 x 参与运算，再执行 x=x+1。

例如，假设 x 的值是 9，计算 k 的值：

```
int  k=++x;            //先执行 x 加 1，x 变为 10，再把 x 值赋给 k。最后 k 的值是 10
```

再例如，假设 y 的值是 10，计算 k 的值：

```
k=y++;          //先把 y 的值(10)赋给 k，k 的值为 10，然后，y 的值加 1( y 的值变为 11)。
```

2. 二元算术运算符

二元算术运算符有：+(加)、-(减)、*(乘)、/(除)和%(求余)。二元算术运算符是对两个数据的操作。

1) +、-运算符

+、-运算符的优先级是 4 级，其结合方向是从左到右。例如：

```
7+8-5          //先计算 7+8，然后将得到的结果减 5
```

2) *、/和%运算符

*、/和%运算符的优先级是 3 级，其结合方向是从左到右。例如：

```
5*3/5          //先计算 5*3，然后将得到的结果除以 5
12%5           //求余运算。12 除以 5，得到的余数是 2。表达式的值是 2
```

3. 算术表达式

用算术运算符和括号连接起来的式子称为**算术表达式**。例如：

```
x+2*y-30+3(y+5)
```

整个算术表达式值的类型是数值类型，即整数型或浮点型。

2.6.3 关系运算符

1. 关系运算符的含义

关系运算符用来比较两个数据的大小关系，其结合方向是从左到右。关系运算符的操作数据类型可以是表达式、常量和变量。关系运算符的含义如表 2-2 所示。

表 2-2　关系运算符

运 算 符	含　义	举　例	运算结果	优 先 级
>	大于	5>3	true	6
<	小于	6<3	false	6
>=	大于等于	'b'>='a'	true	6
<=	小于等于	5<=5	true	6
==	等于	5==3	false	7
!=	不等于	7!=7	false	7

注意：字符型数据是用字符的 Unicode 编码值比较大小。

2. 关系表达式

用关系运算符和括号连接起来的式子称为关系表达式。关系表达式的运算结果是 boolean 型(也称布尔型)。例如：

```
'w'>'t'        //表达式的值是true
(x+y)>80       //假设x=30，y=20，表达式的值是false
```

2.6.4 逻辑运算符

逻辑运算符包括与(&)、或(||)、 非(!)，以及短路与(&&)和短路或(|||)，其操作的数据必须是 boolean 型。参与逻辑运算的数据可以是布尔型的变量、常量或布尔型表达式。表 2-3 给出了逻辑运算符的含义。

表 2-3　逻辑运算符

运 算 符	含　义	举　例	运算结果	优 先 级	结合方向
&&	短路与	(5>7) && (3<6)	false	11	从左到右
||	短路或	(6>3) || (8<4)	true	12	从左到右
&	与	(5>2) & (3>6)	false	11	从左到右
|	或	(7>3) | (3<4)	true	12	从左到右
!	逻辑非	!(9>8)	false	2	从右到左

短路与(&&)的计算规则如下。

当系统计算出&&左边的操作数的值是 false 后，就不再计算&&右边的操作数。例如：

```
(2>3) && (3<4)
```

当系统计算出(2>3)的值是 false 后，就知道整个表达式的值是 false，就不再计算(3<4)了。

短路或(||)的计算规则如下。

当系统计算出||左边的操作数的值是 true 后，就不再计算||右边的操作数。例如：

```
(7>3) || (8<4)
```

当系统计算出(7>3)的值是 true 后，就知道整个表达式的值是 true，就不再计算(8<4)。

1. 逻辑运算规则

假设 X、Y 是 boolean 型数据，则对 X、Y 进行与、或、非运算的规则如表 2-4 所示。

表 2-4　逻辑运算规则

X	Y	X&&Y	X||Y	!X
true	true	true	true	false
true	false	false	true	false
false	true	false	true	true
false	false	false	false	true

1)　运算符"&"

"&"连接的两个表达式都是 true 时，运算后的结果才是 true，否则结果是 false。

2)　运算符"|"

"|"连接的两个表达式都是 false 时，运算后的结果才是 false，否则结果是 true。

3)　运算符"!"

"!"运算符表示对表达式进行逻辑求反。例如，!(4>5)的值是 true，!(6>3)的值是 false。

2. 逻辑表达式

用逻辑运算符和括号连接起来的式子称为逻辑表达式，逻辑表达式的运算结果是 boolean 型。例如：

```
!(3>5) || (10<6) && ('g'>'a')  //运算结果是true
```

2.6.5　条件运算符

条件运算符是三元运算符，运算符包括"?"和":"。条件表达式的格式如下：

```
conditionExpression ? dataExpression1 : dataExpression2
```

conditionExpression 是逻辑或关系表达式。若 conditionExpression 的值是 true，则整个表达式的值是 dataExpression1；若 conditionExpression 的值是 false，则整个表达式的值是 dataExpression2。例如：

```
int a=5, b=2, result;
if(a>b)
```

```
    result=a-b;
else
    result=b-a;
```

以上的 if 语句等价于下面的语句：

```
result=a>b ? a-b : b-a ;
```

2.6.6　位运算符

按位运算是指把要操作的数据转换为二进制数值后，对二进制数值的每个比特位(bit)进行运算。Java 的按位操作数据只能是整型、char 型、boolean 型数据。

1. 整型数据的二进制表示

整型数据在内存中以二进制的形式表示，例如一个 int 型的变量在内存中占 4 字节，共32 位。

1)　正整数的二进制表示

例如，int 型数据+6 的二进制表示如下：

```
00000000    00000000  00000000  00000110
```

2)　负整数的二进制表示

负数在内存中以补码的形式表示。

假设 x 是正整数，则求负数(-x)的补码步骤是：首先，求负数的绝对值，并用二进制数表示；其次，对绝对值对应的二进制数按位取反；最后，将取反后的二进制数加 1。

例如，求-5(假设是 int 型数据)的补码过程如下。

第一步，求负数的绝对值，并用二进制数表示(int 型整数占 4 字节)。

-5 的绝对值是 5，因是 int 型数据，占 4 字节，其二进制形式表示如下：

```
00000000    00000000   00000000    00000101
```

第二步，对二进制数按位取反。对上面的数据按位取反后的结果如下：

```
11111111    11111111   11111111    11111010
```

第三步，将取反后的二进制数加 1。

```
11111111    11111111    11111111    11111011
```

2. 位运算符

位运算符有非(~)、与(&)、或(|)、异或(^)、右移(>>)、左移(<<)等。表 2-5 是位运算符的计算规则。

表 2-5　位运算符的计算规则

位(a)	位(b)	按位与(a&b)	按位或(a|b)	按位异或(a^b)	按位非(~b)
0	0	0	0	0	1
1	0	0	1	1	1

续表

位(a)	位(b)	按位与(a&b)	按位或(a|b)	按位异或(a^b)	按位非(~b)
0	1	0	1	1	0
1	1	1	1	0	0

假设 a、b 都是 byte 型数据(占 1 字节)，a=3，b=5，下面是几种按位运算的例子。

1)　按位与(&)

假设 a、b 分别是二进制数中的一位数，则 a、b 进行按位与运算时，只有当 a、b 都是 1 时，其计算结果才是 1，否则是 0。

a：00000011

b：00000101

&　‾‾‾‾‾‾‾‾‾

　00000001

2)　按位或(|)

假设 a、b 分别是二进制数中的一位数，则 a、b 进行按位或运算时，只有当 a、b 都是 0 时，其计算结果才是 0，否则是 1。

a：00000011

b：00000101

|　‾‾‾‾‾‾‾‾‾

　00000111

3)　按位异或(^)

假设 a、b 分别是二进制数中的一位数，则 a、b 进行按位异或运算时，当 a、b 不同时，其计算结果是 1，相同时是 0。

a：00000011

b：00000101

^　‾‾‾‾‾‾‾‾‾

　00000110

4)　按位非(~)

假设 b 是二进制数中的一位数。当 b 是 0 时，则按位非运算的结果是 1；当 b 是 1 时，则按位非运算的结果是 0。

b：00000101

~　‾‾‾‾‾‾‾‾‾

　11111010

2.6.7　其他运算符

1. 点运算符

点运算符"."用来访问对象(或类)的成员变量或成员方法。

2. new 运算符

可以用 new 运算符创建一个对象或一个数组。

3. instanceof 运算符

instanceof 运算符是二元运算符。常用格式如下：

```
object instanceof  type_name
```

上面是一个表达式，其运算结果是 boolean 型。其中，object 是一个对象，type_name 是一个类。当 object 是 type_name 类的一个实例时，该运算符运算的结果是 true，否则是 false。

2.6.8　运算符优先级和结合方向

运算符的优先级决定了表达式中数据计算的先后顺序。在编写程序时，应尽量使用"()"运算符来指定运算顺序。例如，把 x<y && !z 写成 (x<y) &&(!z)，这样程序更易于阅读。

在表达式中，数据计算的先后顺序决定于以下两个方面。

(1) 对优先级不同的运算符来说，系统首先选择优先级最高的运算符，对它连接的数据进行计算，然后选择次优先级的运算符，对它连接的数据进行计算，以此类推。

(2) 对于级别相同的运算符，按运算符的结合性(结合方向)，对它连接的数据进行计算。

表 2-6 列出了部分 Java 运算符的优先级和结合性。有些运算符我们没有介绍，可参见相关书籍。

表 2-6　运算符的优先级和结合性

运　算　符	运算符优先级	运算符分类	结合方向
，　；　[] ()	1	分隔符	
++　--　!＋=	2	自增、自减运算，逻辑非	由右向左
*　/　%	3	算术乘除运算	由左向右
+　-	4	算术加减运算	由左向右
>>　<<　>>>	5	移位运算	由左向右
<　<=　>=　>　instanceof	6	大小关系运算，对象类型测试	由左向右
==　!=	7	相等关系运算	由左向右
&	8	按位与运算	由左向右
^	9	按位异或运算	由左向右
|	10	按位或运算	由左向右
&&	11	逻辑与运算	由左向右
||	12	逻辑或运算	由左向右
?　:	13	三目条件运算	由左向右
=　*=　/=　%=　<<=　>>=　>>>=　&=　!=　^=	14	赋值运算	由右向左

总体上讲，分隔符号(,　;　　[] ())的优先级高于算术运算符；算术运算符的优先级高于关系运算符；关系运算符的优先级高于逻辑运算符。赋值运算符的优先级最低。

2.7　编　程　风　格

编写程序的风格决定了程序的外观。如果将整个程序写在一行，也能正确地编译和运行，但是，程序的可读性将会很差。好的编程风格减少了程序出错的概率，并能提高程序的可读性。下面给出关于 Java 编程风格和文档的一些原则。

2.7.1　程序的注释

为了提高程序的可读性，可以给语句、语句块添加解释和说明。注释有三种类型。

(1)　单行注释：以//开始，到行尾结束

(2)　多行注释：以/*开始，到*/结束，可以跨越多行文本内容。

(3)　文档注释：以/**开始，**中间行以*开头**，到*/结束。使用这种方法生成的注释，可被 Javadoc 类工具生成程序的正式文档。

下面是一个程序的注释例子：

```
public class Welcome {
    //我是单行注释
  public static void main(String[] args) {
    System.out.println("Hello World!");
  }
  /*
    我是多行注释!
    我是多行注释!
  */
}
```

当编译器把 Java 源程序编译为字节码文件后，所有的注释都会被抛弃。

2.7.2　命名规范

为变量、常量、类和方法起的名字应该是简明易懂的。为了使程序易读和编程的规范，我们制定了一些标识符命名规则。

(1)　变量和方法命名。一般来说，给变量和方法命名时用小写。如果名称包括几个单词，则将它们连成一个整体，第一个单词的字母小写，后面每个单词的首字母大写。例如，变量 radius 和 area 及方法 readDouble。

(2)　类命名。给类命名时，每个单词的首字母大写，如类名 ComputeArea。

(3)　符号常量命名。符号常量中的所有字母都大写，两个单词间要用下划线连接。例如，常量 PI 和常量 MAX_VALUE。

注意:给类起名字时，不要选择 Java 标准包中使用的类名。例如，若 Java 已定义了 String 类，就不应该把 String 作为类的名字了。

2.7.3　程序风格

　　一致的缩进风格会使程序清晰易懂。缩进用于描述程序中间的**结构关系**。适当地对齐语句能够使我们更容易阅读和维护代码。在嵌套结构中，每个**内层成分或语句**应该比外层**缩进两格**。应该**使用空行将代码分段**，以使程序更容易阅读。

2.7.4　块对齐方式

　　块是用花括弧围成的一组语句。块的编写有多种方式，例如下面两种风格的语句是等价的。

　　1)　第一种风格

```
public class Test
{   public static void main(string[ ] args)
    {
        System.out.println("Block Styles");
    }
}
```

　　2)　第二种风格

```
public class Test{
    public static void main(string[ ] args){
        System.out.println("Block Styles");
    }
}
```

　　前者称为次行(next-line)风格，后者称为行尾(end-of-line)风格。在次行风格中，开括弧和闭括弧位于同一列，所以容易看出块的开头和末尾。

2.8　程序错误分类

　　程序错误分为三种：编译错误、运行时错误和逻辑错误。

2.8.1　编译错误

　　在编译过程中出现的错误称为编译错误或语法错误。编译错误是由代码中的语法引起的，如写错关键字、丢掉了必要的标点，或者只有开括弧没有对应的闭括弧等。这些错误通常很容易查出，因为编译器会指出它们错在哪儿、原因是什么。例如，编译下面的程序会出现编译错误，如图 2-8 所示。

```
public class ShowSyntaxErrors{
    public static void main(String [ ] args){
        int j=10;
        i=30;
        System.out.println(i+j);
    }
}
```

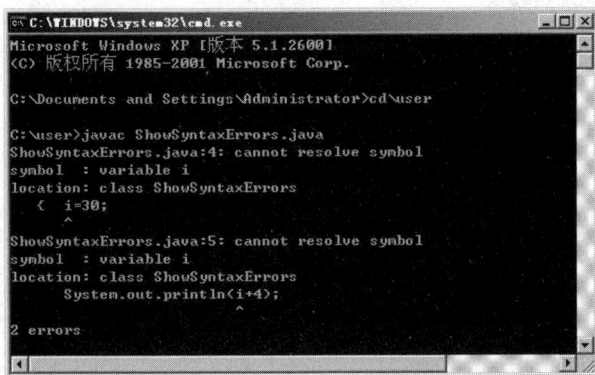

图 2-8 编译器查出语法错误

在编译时，编译器指出了两个错误，这两个错误都是因为没有定义变量 i 的数据类型引起的。一个错误常常会引起很多行编译错误，因此从最上面的语句行开始向下调试是个很好的习惯。排除了前面出现的错误，可能就改掉了程序中后面出现的重复的错误。

2.8.2 运行时错误

运行时错误是指使程序非正常中断的错误。运行应用程序时，当系统检测到一个不可能执行的操作时，就会出现运行时错误。输入错误是典型的运行时错误。

当用户输入一个程序不能处理的数据时，就会发生输入错误。例如，如果程序要求读入一个数，而用户却输入一个字符串，就会引起程序的数据类型错误。为避免输入错误，程序应该提醒用户输入正确的数据类型值。从键盘输入整数之前，可以显示"请输入一个整数"之类的提示信息。

另一个常见的运行时错误是零作除数。在整数除法中，当除数为 0 时，就可能引发这种情况。例如，下面的程序将会导致运行时错误，结果如图 2-9 所示。

```java
public class ShowRuntime_Errors{
   public static void main(String[ ] args) {
      int  k,  i=3;
      k=i/0;
   }
}
```

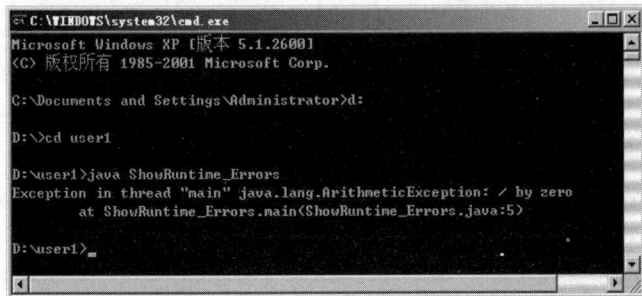

图 2-9 运行时错误导致程序中断

2.8.3 逻辑错误

逻辑错误是指程序没有按设计者的要求执行。发生这种错误的原因有很多。

例如，假设下面程序的目的是显示一个数是否在 1~100 之间(包括 1 和 100)的信息。

```
public class ShowLogicErrors  //程序包含一个逻辑错误
{  //Determine if a number is between 1 and 100 inclusively
  public static void main(String[ ] args)
  {  System.out.println("请用户输入整数")
    int number = MyInput.readInt();
    //显示结果
    System.out.println("The number is between 1 and 100,"+
    "inclusively?"+((1<number)&&(number<100)));
  }
}
```

程序没有语法错误和运行时错误，但对于数 1 不能得出正确的结果。语句 println()中的布尔表达式有错误，应该如下书写：

```
((1<=number)&&(number<=100))
```

2.9   本 章 小 结

Java 语言规定标识符由字母、下划线、美元符号和数字组成，并且第一个字符不能是数字。

Java 语言将数据分为两大类型，即基本数据类型和引用类型。基本数据类型分为 8 类：布尔型(boolean)、整数型(byte、short、int、long)、字符型(char)和浮点型(float、double)。

变量和符号常量都是程序员给存储单元起的名字。在程序执行期间，变量的值可以改变，符号常量的值不会改变。常量分为符号常量和字面常量。

常量和变量都有自己的数据类型。变量要先声明后使用。

Java 语言中的主要运算符包括：赋值运算符、算术运算符、关系运算符、逻辑运算符、条件运算符、位运算符、其他运算符。

程序错误分为三种：编译错误、运行时错误和逻辑错误。

2.10   习   题

1. 上机运行下列程序，输出的结果是什么？

```
public class Test{
  public static void main(String args[]){
    for (int I=1;I<20;I++)  System.out.println((char)I);
    System.out.println(I/5);
  }
}
```

2. 编写程序计算圆柱的体积。输入半径和高，用下列公式计算体积：

面积=半径*半径*3.14

体积=面积*高

3. 编写程序，输入一个整数(整数位于 10~1000 之间)，并将其各位数字之和赋给一个变量，然后输出该变量。例如，整数 932，各位数字之和为 14。

(提示：利用%运算符分解数字，并用/运算符去除分解出来的数字。如 932%10=2，932/10=93。)

4. 编写程序，输入 double 类型数，并检验该数是否在 1~100 之间。如果输入"5"，则输出如下：

```
The number 5 between 1 and 100 is true.
```

若输入 120，则输出如下：

```
The number 120 between 1 and 1000 is false.
```

5. 解释关键字的概念。关键字与标识符有什么区别？

6. 下列哪些是 Java 的关键字？

class public int x y radius import final

7. 分别找出 byte、short、int、long、float 和 double 中的最大值和最小值，其中哪个数据类型要求的存储空间最小？

8. 表达式 27/4 的结果是什么？若想得到浮点数的结果，应该怎样重写表达式？

9. 如何用 Java 书写下述算术表达式？

$$\frac{4}{3(r+34)} - 9(a+bc) + \frac{3+d(2+a)}{a+bd}$$

10. 如何将十进制数字字符串转换为 float 值？如何将整型字符串转换为 int 值？

11. 字符型字面常量有哪两种表示方式？举例说明。

第 3 章　Java 语句

本章要点

- 非控制语句；
- 控制语句：选择语句、循环语句、跳转语句。

学习目标

- 熟悉各种语句的执行逻辑和使用方法。

3.1　非控制语句

非控制语句不能控制程序执行的流程。非控制语句有 7 种：空语句、方法调用语句、方法声明语句、表达式语句、复合语句、包命名语句和包引用语句。

在 Java 源文件中，包命名语句(package)和包引用语句(import)放在类和接口定义之外(其中，**包命名语句必须放在 Java 源文件的第一行**)，其他语句都放在方法体中。每个语句的最后必须有分号。

1. 空语句

一个分号就是一条空语句。例如：

```
;
```

2. 方法调用语句

在方法最后加上一个分号，就构成了一个方法调用语句。例如：

```
System.out.println("方法调用语句");  //该语句是调用方法 println()
```

3. 方法声明语句

在方法头最后加上一个分号，就构成了一个方法声明语句。例如：

```
public static int  max(int num1, int num2);
```

4. 表达式语句

一个表达式的最后加上一个分号，就构成了一个表达式语句。例如：

```
z=a+b+23;
```

5. 复合语句

复合语句又称为语句块，是包含在一对大括号 { } 中的语句集合。可以把复合语句理解为一条语句，例如，下面的复合语句包括两条语句：

```
{
```

```
z=x+y+123;
System.out.println("Hello World"+t);
}
```

6. 包命名语句(package)

包命名语句的作用是给包起一个名字。例如：

```
package java.wang;        //给包起一个名字为：java.wang
```

7. 包引用语句(import)

包引用语句的作用是引用包中的类。例如：

```
import java.liu.*;        //引用包java.liu中的所有类，以便使用其中的类
```

将在第 6 章介绍 package 和 import 语句的作用及使用方法。

3.2　选　择　语　句

选择语句可以改变程序执行的顺序。选择语句分为两大类，即 if 语句和 switch 语句。

3.2.1　if 语句

if 语句有三种，它们是：if 语句、if…else 语句、if…else if 嵌套语句。

1. if 语句

1)　语句的格式

```
if (条件表达式) {
    语句组;          复合语句
}
```

2)　语句的执行逻辑

当条件表达式的值为 true 时，则执行后面的复合语句，否则 if 语句执行结束。

【例 3.1】用 if 语句实现检测分数是否及格。

程序清单 3-1　ScoreOrder.java

```
public class ScoreOrder {
public static void main(String args[]){
int score=59, pass=60;
        if(score<pass)  { System.out.print("不及格"); }
        if(score>=pass) { System.out.print("及格"); }
    }
}
```

2. if…else 语句

1)　语句的格式

```
if (条件表达式) {
    语句组-1;          复合语句一
}
```

```
else{
    语句组-2        复合语句二
}
```

2) 语句的执行逻辑

当条件表达式的值为 true 时，则执行复合语句一；否则执行复合语句二。

【例 3.2】 用 if…else 语句判断分数是否及格。

程序清单 3-2 ScoreLevel.java

```java
public class ScoreLevel {
    public static void main(String args[]){
        int stu1_score=48,stu2_score=97;
        if (stu1_score>=60) {
            System.out.println("学生1的成绩及格");
        }
        else {
            System.out.println("学生1的成绩不及格");
        }

        if (stu2_score>=60){
            System.out.println("学生2的成绩及格");
        }
        else{
            System.out.println("学生2的成绩不及格");
        }
    }
}
```

3. if…else if 嵌套语句

1) 语句的格式

```
if (条件表达式1){
    语句组-1         复合语句一
}
else if (条件表达式2){
    语句组-2         复合语句二
}
…
else if (条件表达式n){
    语句组-n         复合语句 n
}
```

2) 嵌套语句的执行逻辑

Java 解释器从上到下依次测试条件表达式的值，当条件表达式的值为 false 时，继续测试下一个条件表达式的值，直到测试到某个条件表达式的值为 true 后，执行该条件表达式后的复合语句，复合语句执行完后控制流转向下一条语句。

【例 3.3】判断 x 的值。

程序清单 3-3 IfNested.java

```java
public class IfNested {
    public static void main(String args[]){
        int x = 30;
```

```
    if( x == 10 ){
        System.out.print("Value of X is 10");
    }
    else if( x == 20 ){
        System.out.print("Value of X is 20");
    }
    else if( x == 30 ){
        System.out.print("Value of X is 30");
    }
    else{
        System.out.print("This is else statement");
    }
    }
}
```

3.2.2　switch 语句

switch 语句根据表达式的值是否与某个常量匹配进行选择，其中，表达式值的类型只能是整型、字符型或者字符串。

1)　switch 语句的格式

```
switch (表达式){
    case 常量1:     语句组1;    break;
    case 常量2:     语句组2;    break ;
    …
    case 常量n:     语句组n;    break ;
    [ default:    默认情况下执行的语句组;]
}
```

开关体

其中，switch、case、default、break 是关键字，中括号[]中的 default 子句是可选的。表达式的值及常量 1、常量 2、…、常量 n 的数据类型必须一致。需要注意的是，在同一个 switch 语句中，多个常量值必须互不相同。

2)　switch 语句的执行逻辑

Java 解释器首先计算表达式的值，然后从上到下依次将表达式的值与常量进行比较。如果表达式的值与某个常量值相同，就执行该常量值后面的语句组，直到碰到 break 语句，跳出开关体。若没有一个常量与表达式的值相同，则执行 default 后面的语句组。如果 default 不存在，并且所有的常量都与表达式的值不同，则 switch 语句不会执行任何语句。

【例 3.4】对于不同分数段的成绩输出相应的分数等级。

程序清单 3-4　ScoreTest.java

```
public class ScoreTest {
    public static void main(String args[]){
        int student[]={54,69,84,98,73};
        for(int i=0;i<5;i++){
            switch(student[i]/10){
                case 9: System.out.println("第"+(i+1)+"位学生的成绩为优");break;
                case 8:System.out.println("第"+(i+1)+"位学生的成绩为良");break;
                case 7:System.out.println("第"+(i+1)+"位学生的成绩为中");break;
                case 6:System.out.println("第"+(i+1)+"位学生的成绩为及格");break;
```

```
        default:  System.out.println("第"+(i+1)+"位学生的成绩为差！");
    }
} //for 语句结束
}//方法语句结束
}
```

switch(student[i]/10)的意思是将成绩整除 10 后的值作为比较因子。

3.3　循　环　语　句

Java 中有 3 种循环语句，分别是 for 语句、while 语句和 do-while 语句。

3.3.1　for 循环语句

1. for 语句的格式

```
for(表达式1；表达式2；表达式3){

语句组；                          循环体

}
```

其中各项的含义介绍如下。

语句组：多条语句构成的循环体。

表达式 1：是一个数值，对变量初始化，只执行一次。

表达式 2：是一个布尔值，当表达式 2 为 true 时，流程进入循环体。

表达式 3：调整表达式 2 的值。

2. for 语句的执行过程

首先计算表达式 1，完成变量初始化，然后测试表达式 2 的值，若表达式 2 的值为 true，则流程进入循环体执行语句组，执行完语句组之后紧接着计算表达式 3，这样一轮循环就结束了。下一轮循环从计算表达式 2 开始，若表达式 2 的值仍为 true，则再次进入循环体继续执行语句组，否则跳出整个 for 语句。

3. for 语句的执行流程

for 语句的执行流程如图 3-1 所示。

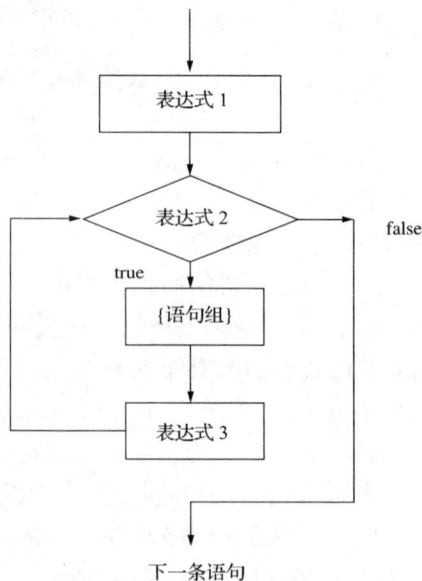

图 3-1　for 语句的执行流程

【例 3.5】输出九九乘法表。

程序清单 3-5　Multiple.java

```
public class Multiple {
 public static void main(String args[]){
```

```
for(int i=1;i<=9;i++){
    for(int j=1;j<=i;j++)  System.out.print (i+"X"+j+"="+i*j+" ");
    System.out.println();
}
}
}
```

3.3.2　while 循环语句

1)　while 语句的格式

```
while(条件表达式){

语句组;                    循环体

}
```

2)　while 语句的执行过程

首先计算条件表达式的值，若其值为 true，则流程进入循环体执行语句组；语句组执行完后进入下一轮循环，即再次计算条件表达式的值，若其值为 true，将再次进入循环体执行语句组，否则跳出 while 语句。while 语句的执行流程如图 3-2 所示。

3.3.3　do-while 循环语句

1)　do-while 语句的格式

```
do {
    语句组;                 循环体
}
while(条件表达式)
```

当大括号{}中只有一条语句时，{}可以省略，不过最好不要省略，以便增强程序的可读性。

2)　do-while 循环和 while 循环的区别

while 循环体可能一次也不执行，do-while 循环体至少会执行一次。do-while 循环语句的执行流程如图 3-3 所示。

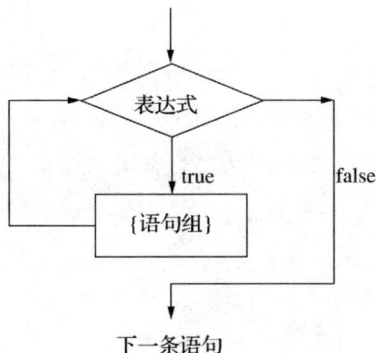

图 3-2　while 循环语句的执行流程　　　　图 3-3　do-while 循环语句的执行流程

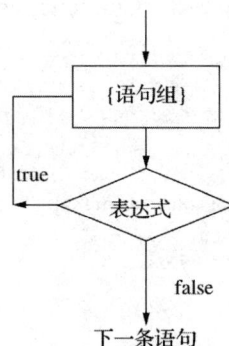

【例 3.6】 逆序输出 1~10 这十个数字。

程序清单 3-6 loopTest.java

```
public class loopTest{
public static void main(String args[]){
  int a=10;
      while(a>0) {
          System.out.println(a); a=a-1;
    }
  }
}
```

3.4 跳 转 语 句

Java 支持三种跳转语句：break、continue 和 return。跳转语句可以无条件地改变程序的执行顺序。

1. break 语句

break 语句执行时，立即终止循环，跳出循环体。

【例 3.7】 顺序输出 1~10 这十个数字。

程序清单 3-7 BreakTest.java

```
public class BreakTest {
public static void main(String args[]){
  for(int i=1;i<=20;i++){
      System.out.println(i);
                if(i>=10) break;
            }
        }
}
```

2. continue 语句

continue 语句只能在循环体中使用。该语句执行时控制流程执行转向 for 语句的表达式，或者 while 语句的表达式。

【例 3.8】 输出 1~5，并找出执行 continue 语句的点。

程序清单 3-8 ContinueTest.java

```
public class ContinueTest{
  public static void main(String args[]){
    for(int i=1;i<=5;i++){
                if(i==3){
            continue; //执行本语句时，控制流直接转向"i++"处
        System.out.println("本条语句不会执行");
          }
        System.out.println(i);
            }
    }
}
```

3. return 语句

return 语句的作用是返回方法的值。当 return 语句执行时，控制权返回给方法的调用语句。

【例 3.9】 计算长方形的面积。

程序清单 3-9　ReturnTest.java

```
public class ReturnTest {
    static double getArea(double a,double b){  //计算长方形的面积
        return (a*b);
    }
    public static void main(String args[]){
        System.out.println("长方形的面积为: "+ getArea (2.3,4.9));
    }
}
```

3.5　本 章 小 结

Java 语句分为两大类：非控制语句和控制语句。控制语句分为选择语句、循环语句和跳转语句。针对控制语句主要介绍了选择语句、循环语句和跳转语句的格式、执行逻辑及使用方法。

3.6　习　　题

1. 编写一个应用程序，求 1!+3!+…+13!。

2. 分别用 do-while 和 for 循环语句计算 1+1/2!+1/3!+1/4!…中前 20 项之和。

3. 编写程序对三个整数排序。从键盘输入整数分别存入变量 num1、num2 和 num3，对它们进行排序，使得 num1<=num2<=num3。

4. 编写程序，从键盘输入个数不确定的整数，并判断输入的正数和负数的个数，输入为 0 时结束程序。

5. 编写程序输入整数并求它们的总和与平均值。输入为 0 时程序结束。

6. 用 while 循环求 m^2 大于 12000 的最小数 m。

7. 编写程序输入一个整数，显示它的所有素数因子。例如，若输入整数为 120，输出应为 2、2、2、3、5。

8. 写一个嵌套的 for 循环打印下列图案：

$$1$$
$$1\ 2$$
$$1\ 2\ 3$$
$$1\ 2\ 3\ 4$$

9. 分别用 switch 语句和 if 语句写两个例子，说明它们在应用中的优缺点。

10. 分别用 do-while 和 while 循环语句编写程序，求 3*n!。

11. 写一个例子程序，包含 return 语句、break 语句和 continue 语句的应用。

12. 假定 y 为 3，以下表达式运算后，y 的值是什么？表达式的值是多少？

(y>1)&(y++>1)

13. 假定 y 为 8，以下表达式运算后，y 的值是什么？表达式的值是多少？

(y>1)&& (y++>1)

14. switch(x)语句中，变量 x 应该是什么数据类型？如果在执行 case 语句之后没有使用关键字 break，那么下一条要执行的语句是什么？可以把 switch 语句转换成等价的 if 语句吗？反过来可以吗？使用 switch 语句的优点是什么？

15. 使用 switch 语句重写下列 if 语句，并画出 switch 语句的流程图。

```
if (a==1)    x+=2;
else if (a==2)  x+=3;
else if(a==3)  x+=4;
else if(a=4)   x+=5;
```

16. 使用条件运算符重写下列 if 语句。

```
if(count % 8==0) System.out.println(count +"\n");
else    System.out.println(count +" ");
```

17. 解释下列代码的输出。

```
int i=2; System.out.println(--i + i + i++);
 System.out.println(i+ ++i);
```

18. 下列语句执行的结果是什么？

```
for(int i=1 ;  ;)  System.out.println(i+ ++i);
```

19. 如果一个变量是在 for 循环中说明的，退出循环后还可以使用该变量吗？

第4章 方　　法

本章要点

- 方法的定义、调用和重载;
- 局部变量的作用域。

学习目标

- 熟悉方法调用语句的执行过程;
- 理解参数的引用传递。

4.1 方法定义

方法的定义包括两部分，即方法头(也称为方法声明)和方法体。方法头包括修饰符、方法返回值的数据类型、方法名、参数表。方法体中包含一系列语句的集合，这些语句整体反映了方法实现的功能。**方法声明体现了方法的功能，方法体是对方法声明的实现**。方法定义的一般格式如下:

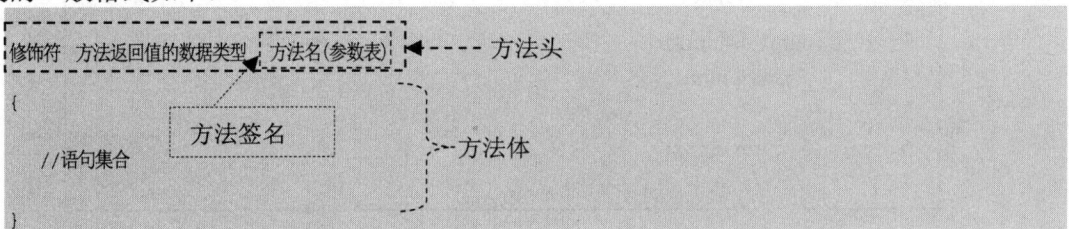

(1) 修饰符。声明方法的可见性和方法的类型，将在后面章节讲解。

(2) 方法返回值的数据类型。指方法返回的数的类型，可以是任何 Java 数据类型，如int、float。

(3) 方法名。程序员给方法起的名字，方法名应该体现方法的功能。

(4) 参数表。方法头中定义的参数称为形式参数，简称形参。由多个形参构成的一个列表称为**参数表**。参数表指明了参数的类型、顺序和个数。**方法名**和**参数表**构成的整体称为**方法签名**。

【例 4.1】定义了一个类 TestMax，类中定义了两个方法 main 和 max。

程序清单 4-1　TestMax.java

```
1   public class TestMax
2   {
3     public static void main(String[] args)        // 主方法的定义
4     {
5       int i = 8,  j=3;
6       int k = max(i, j); //调用方法 max 的语句
7       System.out.println("The maximum between " + i + " and " + j + " is " + k);
```

```
8      }
9      public static int  max(int num1, int num2)  // 方法max的定义
10     {
11        if (num1 > num2)
12          return num1;
13        else
14          return num2;
15     }
16  }
```

第 1 行是类声明。public 表示 TestMax 类是公有类。

第 2~16 行是类体。类体中定义了两个方法：main 和 max。

第 3~8 行定义方法 main。

第 9~15 行定义方法 max。

下面以 max()方法为例，从代码的角度理解方法的结构，从应用角度理解方法的含义。

1. 方法的结构

从代码的角度理解 max 方法的结构，如图 4-1 所示。

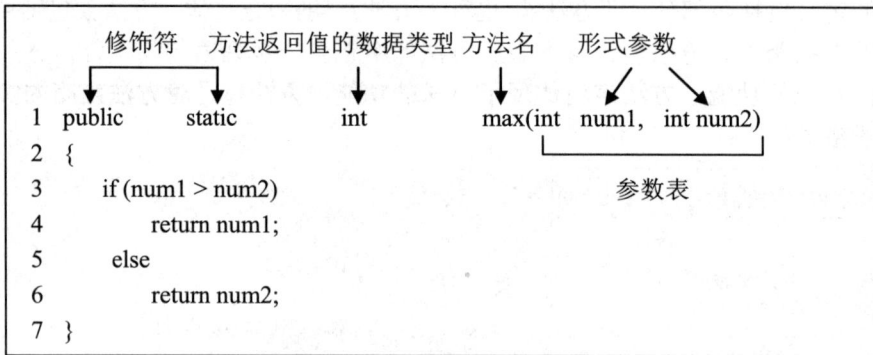

图 4-1 方法的结构

第 1 行是方法头。public 表示该方法是公有的，static 表示方法是类方法，int 表示方法被调用时返回值的数据类型，max 是方法名，( )符号中的多个参数构成了方法的参数表。方法名与参数表的左括号之间不能有空格。

第 2~7 行是方法体。方法体中的多条语句共同实现了方法的功能。

2. 方法的理解

定义一个 max 方法：

```
1      public static int  max(int num1, int num2)     <--- 1.方法头，也称方法声明
2      {
3        if (num1 > num2)
4          return num1;
5        else
6          return num2;                              2.方法体，也称方法实现
7      }
```

一个方法包含两个部分：方法声明和方法实现。

(1)　方法声明：方法声明就是声明方法可以提供什么服务，方法的名字应该体现这个服务，例如，方法的名字是 max，就是告诉方法调用者，方法能提供的服务是求最大值。但是，方法声明并没有实现求最大值的功能。

(2)　方法实现。方法实现就是为方法声明的服务提供实现代码。上面第 2~7 行中的语句集合实现了求最大值的服务。

4.2　方法调用

定义方法的目的就是以后调用方法。依据方法是否返回值，有两种调用方法的格式。

1)　方法返回一个值

如果方法返回一个值，就把方法的调用当成一个数据。例如：

```
int k = max(i, j);   //调用方法max(i,j)，将其结果赋给变量k
```

2)　方法不返回值

如果方法不返回值，即方法声明时，返回值的数据类型是 void，则将调用方法当成一条语句使用。例如：

```
System.out.println("java程序设计 "); //调用方法println的返回值类型是void
```

3)　方法调用语句的执行流程

以程序清单 4-1 TestMax 为例，说明方法调用语句与方法之间的关系，如图 4-2 所示。

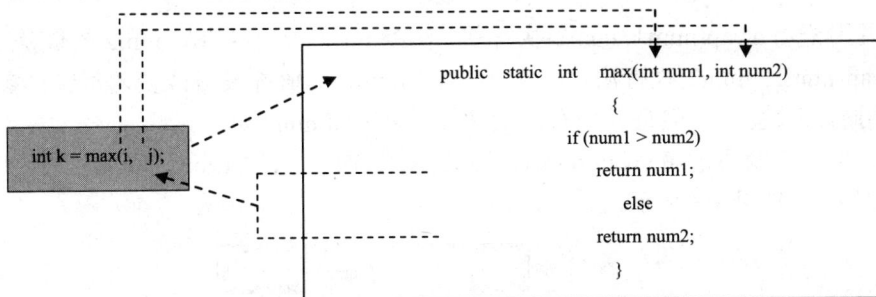

图 4-2　调用语句与方法之间的关系

在程序清单 4-1 中，称 max(i,j)中的参数 i 和 j 为**实参**，称 max(int num1,int num2)中的参数 num1 和 num2 为**形参**。

当第 6 行语句执行时，系统将实参 i 和 j 的值分别传给形参 num1 和 num2，这时控制权从调用语句 max(i,j)转向方法头 max(int num1,int num2)，并从 max 方法头开始执行，当执行到 return 语句后，控制权返回给方法调用语句 max(i,j)。

注意：方法调用语句中实参的类型、顺序和个数必须与形参匹配。

4.3 参数传递

形参有两种类型：基本类型和引用类型。如果形参是基本类型，实参将数据传递给形参；如果形参是引用类型，实参将地址传递给形参。

【例 4.2】方法 swap 的两个形参是基本类型。方法调用语句执行时，实参将数值传递给形参。

程序清单 4-2　TestPassByValue.java

```java
public class TestPassByValue{
  public static void main(String[] args) {//main方法定义
    int num1 = 6;
    int num2 = 8;
    System.out.println("在调用 swap 前, num1 = " + num1 + " num2= " + num2);
    swap(num1, num2);  //调用 swap
    System.out.println("调用 swap 后, num1= " + num1 + " num2= " + num2);
  }
  static void swap(int n1, int n2){ // 方法 swap 的作用是交换n1与n2的值
    System.out.println(" 在调用 swap 前 n1 = " + n1 + " n2 = " + n2);
    // 下面是交换变量n1与n2的过程
    int temp = n1;
    n1 = n2;
    n2 = temp;
    System.out.println(" 在调用 swap 后 n1 = " + n1 + " n2 =" + n2);
  }
}
```

方法调用语句 swap(num1, num2)**执行前**，实参 num1 的值是 6、num2 的值是 8。方法调用语句 swap(num1, num2)**执行后**，实参 num1、num2 的值并没有改变。尽管形参 n1 和 n2 的值在调用前后改变了，但是并没有影响实参 num1 和 num2。

下面观察方法调用语句 swap(num1, num2)执行前后，实参(num1 和 num2)和形参(n1 和 n2)的变化情况，如图 4-3 所示。

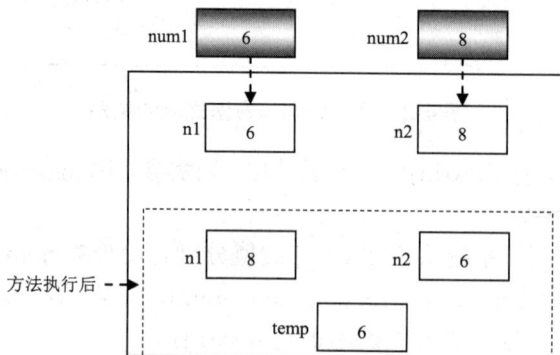

图 4-3　调用 swap 方法后，实参值没有交换

从图 4-3 可以看出，实参和形参都有自己独立的存储空间。当方法 swap 被调用时，才为形参 n1、n2 分配存储空间；当方法执行完成后，为形参分配的存储空间消失。

4.4　可　变　参　数

JDK 1.5 版本之后引入了可变参数，即方法中形参的个数不是固定的。可变参数的定义格式如下：

```
修饰符 返回值类型 方法名(数据类型...参数名) {  //数据类型与参数名之间有符号 "..."

    ...
}
```

其中，参数名相当于一个数组名。当方法被调用时，系统将实参当作一个数组，将数组的引用传递给形参。

【例 4.3】方法 method 中的参数个数可变。

程序清单 4-3　VariableParameter.java

```
public class VariableParameter {
    public static void main(String[] args) {
        System.out.print("不传递参数，参数之和: ");
        method();                   // 不传递参数
        System.out.print("\n 传递 1 个参数，参数之和: ");
        method(8);                  // 传递 1 个参数
        System.out.print("\n 传递 3 个参数，参数之和: ");
        method(3, 7, 10);           // 传递 3 个参数
    }
    public static void method(int... arg) {      // arg 是一个数组名
        int sum=0;
        for(int x : arg){           // foreach 语句，在第 5 章讲解
            sum=sum+x;  //对实参求和
        }
        System.out.print(sum);
    }
}
```

程序运行结果：

```
不传递参数，参数之和: 0
传递 1 个参数，参数之和: 8
传递 3 个参数，参数之和: 20
```

4.5　方　法　重　载

在同一个类中有多个方法，多个**方法的名字相同**，但其**参数表不同**(参数表中的参数个数、参数的类型、参数顺序至少有一个不同)的现象称为**方法重载**，即一个方法对另一个方法的重载。

执行方法调用语句时，Java 虚拟机是根据**方法签名**调用对应的方法：**与调用语句的签名相同的方法被调用**。方法签名相同是指调用与被调用者的方法名相同、参数表匹配。参数表匹配是指参数的个数、顺序、类型相同。

【例 4.4】 类中定义了三个同名的方法，第一个方法求最大整数，第二个方法求最大双精度数，第三个方法求三个双精度数中的最大数。三个方法的名称都是 max，但是，方法的参数表不同。

程序清单 **4-4** TestMethodOverloading.java

```java
public class TestMethodOverloading{
  public static void main(String[] args){
    //下面语句：调用形参是 int 型的 max 方法
    System.out.println("The maximum between 3 and 4 is " + max(3, 4));
    //下面语句：调用形参是 double 型的 max 方法
    System.out.println("The maximum between 3.0 and 5.4 is " + max(3.0, 5.4));
    //下面语句：调用拥有三个形参的 max 方法
    System.out.println("The maximum between 3.0, 5.4, and 10.14 is " + max(3.0, 5.4, 10.14));
  }
  //1. 下面方法的功能是：在两个整数间寻找最大的整数
  static int max(int num1, int num2){
    if (num1 > num2)
      return num1;
    else
      return num2;
  }
  //2. 下面方法的功能是：在两个双精度数间寻找最大的双精度数
  static double max(double num1, double num2){
    if (num1 > num2)
      return num1;
    else
      return num2;
  }
  // 3. 下面方法的功能是：在三个双精度数间寻找最大的双精度数
  static double max(double num1, double num2, double num3){
    return max(max(num1, num2), num3);
  }
}
```

方法调用语句执行时，如果实参是 int 型，就调用形参为 int 型的 max 方法；如果实参是 double 型，就调用形参为 double 型的 max 方法；如果实参是三个 double 型，就调用形参有三个 double 型参数的 max 方法。

当执行语句是 **max(3, 4)**时，则 max(int num1, int num2)方法被调用；当执行语句是 **max(3.0, 5.4)**时，则 max(double num1, double num2)方法被调用；当执行语句是 **max(3.0, 5.4, 10.14)**时，则 max(double num1, double num2, double num3)方法被调用。可见，调用语句执行时，虚拟机根据实参的**个数、参数类型和参数顺序**去寻找匹配的方法。

注意：方法重载的条件是，方法名相同，且参数表不同，否则编译时将发生语法错误。

4.6 局部变量的作用域

变量的作用域是指变量在程序中的有效范围。Java 语言中的变量分为成员变量和局部变量。成员变量在第 6 章介绍，本节只介绍局部变量。**方法中定义的变量称为局部变量。**

局部变量的作用域从定义变量的地方开始，直到包含该变量的块结束符为止。在使用局部变量之前，**必须先声明局部变量并初始化**。如果不给局部变量初始化，系统会指出编译错误。

方法定义中的参数就是局部变量，其作用域是整个方法。下面介绍方法体中的局部变量。

在图 4-4 所示的程序中，for 循环表达式中声明的变量 i，其作用域是整个 for 循环；for 循环体中声明的变量 j，其作用域只限于循环体内；方法体中声明的变量 c，其作用域是从声明的位置开始，直到方法体结束符处；参数表中声明的变量 num，其作用域是整个方法。

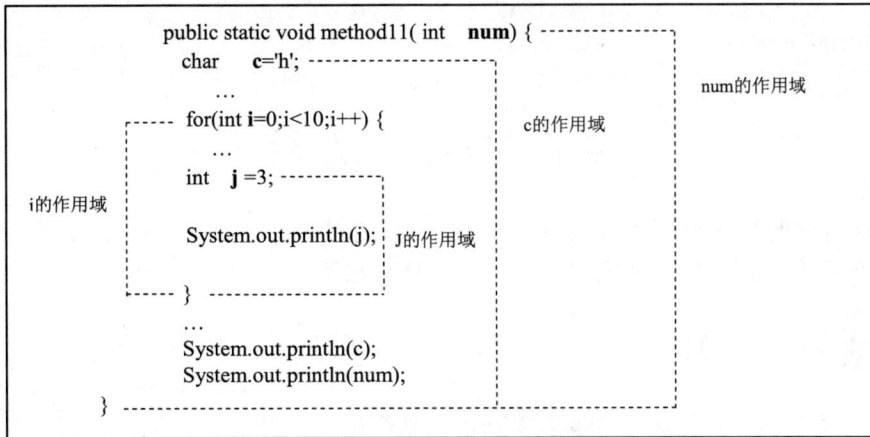

```
public static void method11( int    num) {
        char    c='h';
        …
        for(int i=0;i<10;i++) {
            …
            int   j =3;

            System.out.println(j);

        }
        …
        System.out.println(c);
        System.out.println(num);
    }
```

i 的作用域　　J 的作用域　　c 的作用域　　num 的作用域

图 4-4　局部变量的作用域

（1）不同的语句块中可以声明同名的局部变量。

可以在一个方法中的不同块里声明**同名的局部变量**。例如，下面的程序中，分别在两个 for 语句中声明了同名的变量 i：

```
public static void method22() {
        int a=10;
        int b=20;

  for(int i=0;i<10;i++) {
            a +=i;
        }
  for(int i=0;i<10;i++) {
            b+ =i;
        }
}
```

分别在两个语句块中声明同名的局部变量 i 是合法的

（2）不能在嵌套语句块或同一语句块中两次声明同一个局部变量。

不能在嵌套语句块里或同一语句块里声明**同名的局部变量**。例如，下面的程序中，在同一语句块中声明了两次变量 b；在两个嵌套语句块中声明了同名的变量 i。

```
public static void method33() {
    int i=10;
    int b=20;
    int b=30;

    for(int i=0;i<10;i++) {
```

两次声明变量 b　　在嵌套块中两次声明变量 b

```
        a +=i;
    }
}
```

(3) 在块内声明的变量，不能在块外使用。

下面程序中，在 for 语句块内声明变量 i，在 for 语句块外使用 i，是错误的。

```
public static void method33() {
    for(int i=0;i<10;i++) {
    }
    System.out.println(i);
}
```

4.7　方　法　应　用

Java 系统中的每个类都拥有大量的方法，这些方法为实际应用提供了方便。例如，Math 类中的三角函数方法、指数函数方法、数学计算方法等。

4.7.1　计算平均值

【例 4.5】计算 10 个随机数的平均值和平方和。

程序清单 4-5　ComputeMean.java

```
public class ComputeMean{
 public static void main(String[] args) {// 主方法
    int number = 0; // 保存一个随机数
    double sum = 0; // 保存随机数的和
    double squareSum = 0; // 保存随机数的平方和
    // 生成10个随机数，并求10个数的和，以及平方和
    for (int i=1; i<=10; i++){
        number = (int)Math.round(Math.random()*1000); // 生成随机数 number
        System.out.println(number);
        sum += number; // 对随机数求和
        squareSum += Math.pow(number, 2); // pow(number, 2)作用是：求 number 的平方
     }
    double mean = sum/10;  //求10个数的平均值
     System.out.println("10个数的平均值是: " + mean);
     System.out.println("10个数的平方和是: " + squareSum);
  }
}
```

要了解 Math 类中的方法 min、max、abs、round、random 和 pow，可阅读第 10 章。

4.7.2　计算阶乘

递归就是方法直接或者间接调用自己的过程。下面用一个例子演示递归的实现过程。

【例 4.6】　编写一个递归方法 factorial(int n)计算 n 的阶乘。程序提示用户输入 n。

程序清单 4-6　ComputeFactorial.java

```
import java.util.*;//引入 java.util 包中的类
```

```
public class ComputeFactorial{
  public static void main(String[] args) {
    Scanner sn = new Scanner(System.in); //
          System.out.print("请输入整数: ");
          int n = sn.nextInt();
    System.out.println("n 的阶乘是 " + factorial(n));
  }
  // 求n!的方法
  static long factorial(int n) {
    if (n == 0) return 1;                  // 终止条件
    else     return n*factorial(n-1);      // 递归调用
  }
}
```

4.7.3 求最大公因数

用辗转相除法求两个整数的最大公因数 gcd(a,b)，用递归方法实现。

【例 4.7】求最大公因数和最小公倍数。

程序清单 4-7 Recursion.java

```
public class Recursion{
  public static int gcd(int a,int b) {   //返回a、b 的最大公因数
    if (b==0)   return a;
    if (a<0)    return gcd(-a,b);
    if (b<0)    return gcd(a,-b);
    return gcd(b, a%b);
  }
  public static int gcd(int a,int b,int c) {   //返回a、b、c 的最大公因数
    return gcd(gcd(a,b),c);
  }
  public static int multiple(int a,int b) {   //返回a、b 的最小公倍数
    return a*b/gcd(a,b);
  }
  public static void main(String args[]) {
    int a=12,b=18,c=27;
    System.out.println("gcd("+a+","+b+")="+gcd(a,b));
    System.out.println("gcd("+(-a)+","+b+")="+gcd(-a,b));
    System.out.println("gcd("+a+","+b+","+c+")="+gcd(a,b,c));
    System.out.println("multiple("+a+","+b+")="+multiple(a,b));
  }
}
```

4.7.4 计算斐波那契数

斐波那契数列(Fibonacci)的后一项是前两项的和。斐波那契数列的例子如下：

$$0，1，1，2，3，5，8，13\cdots$$

从上面的数列可以看出，从 0,1 开始，以后每个数都是数列中前两个数的和。该数列可以递归定义为：

(1) Fib(0)=0;   //n=0

(2) Fib(1)=1;   //n=1

(3)　Fib(n)= Fib(n-2)+ Fib(n-1);　　//n>=2

从上面的第三个式子可以看出，要求 Fib(n)，只要知道 Fib(n-2)和 Fib(n-1)的值，而要计算 Fib(n-2)和 Fib(n-1)的值，可以运用递归的思想，直到 n 递减为 0 或 1。

【例 4.8】对于一个给定的参数 n，用递归方法计算斐波那契数 fin(n)。

程序清单 4-8　Fibonacci.java

```java
import java.util.*; //引入java.util包中的类
public class Fibonacci {
  public static void main(String args[]) {
    Scanner  sn = new Scanner(System.in);  //从键盘上读取整数n的值
    System.out.print("请输入斐波那契数列的索引值：");
    int  n = sn.nextInt();
    System.out.println("斐波那契数列的索引 " + n + " 对应的数据是： "+fib(n));
  }
  public static long fib(long n) { // 该方法寻找索引n对应的数列项
    if ((n==0)||(n==1))    return 1; //停止递归调用
    else  return fib(n-1) + fib(n-2);
  }
}
```

4.8　本 章 小 结

本章重点介绍方法的定义格式、方法调用语句的执行过程、实参到形参的传递过程、方法重载的概念，并介绍了四个方法应用的例子。

4.9　习　　题

1. 分别编写两个方法，一个方法的功能是求 double 型数值的向右取整，另一个方法求 double 型数值的向左取整。数 d 的向右取整是大于等于 d 的最小整数，d 的向左取整是小于等于 d 的最大整数。例如：7.3 的向右取整是 8，而向左取整是 7。

2. 写一个方法计算一个整数各位数字的和。使用下述方法说明：

```java
public static int sumDigits(long n)
```

例如：sumDigits(276)返回 2+7+6=15。

提示：用求余运算符%分解数字，用除号/分离位数。例如，334%10=4，而 334/10=33。用循环语句反复分解和分离每位数字，直到所有的位数都被分解。

3. 编写程序，用 Math 类中的 sqrt 方法打印下表：

Number	SquareRoot
....	
0	0.0000
2	1.4142
4	2.0000
6	2.4495

4. main 方法的 return 类型是什么？

5. 在返回值类型不是 void 的方法中，不写 return 语句会发生什么错误？可以在返回值类型为 void 的方法中写 return 语句吗？

6. 实参是如何传递给形参的？实参可以和形参同名吗？

7. 什么是方法重载？可以在一个类中定义两个名称和参数列表相同但返回值或修饰符不同的方法吗？

第 5 章 数 组

本章要点

● 数组变量;
● 数组的创建和初始化;
● 在方法中使用数组。

学习目标

● 掌握数组的创建和初始化方法;
● 掌握数组在方法中的应用。

数组是一组在内存中连续存储的、元素类型相同的数据集合。Java 语言中的数组以对象的方式存储在内存中。数组分一维数组、二维数组和多维数组几种。

5.1 一 维 数 组

数组在内存中被创建后是无法访问的,必须通过声明一个数组变量来引用数组,再通过数组变量访问数组元素。数组变量也称为**数组名**。

5.1.1 声明数组变量

声明一维数组变量 bianvar 的通用语法如下:

```
type [] bianvar ;   //变量bianvar可以引用数据元素类型为type的一维数组
```

其中,type 代表任意数据类型,可以是 byte、short、int、long、float、double、char、boolean 之一,也可以是引用类型。[ ]表示一维数组,bianvar 代表数组变量名。

例如,声明一维整型数组变量 arr。这样,arr 可以引用数组元素类型为 int 的一维数组。

```
int [] arr ;  //符号[]放在数组名前面
```

上面的语句与下面的语句是等价的:

```
int arr [] ;  //符号[]放在数组名后面
```

数组变量用来保存数组的首地址。数组的首地址就是数组中第一个元素的地址。

5.1.2 创建数组

创建数组就是为数组中的每一个元素分配内存空间。创建数组的方法有两种:一种方法是使用 new 关键字创建数组,另一种方法是通过列表方式创建数组。

1. 使用 new 关键字创建数组

一般将声明数组变量、创建数组和返回数组首地址这三个步骤合并在一条语句中。例如：

```
type [] arr =new type[arraySize];       // 使用关键字 new 创建数组
```

其中，type 是数组元素的数据类型，arraySize 代表数组的大小(是个整数)，关键字 new 表示创建数组，并返回数组中第一个元素的地址。例如：

```
int []arr=new int[5];
```

上面语句的作用包括：声明数组变量、创建数组、将返回的数组首地址赋给数组变量。这条语句执行后的内存分配情况如下。

1) 表达式：int []arr

编译器执行本表达式后，在栈区分配一维整型数组变量 arr，如图 5-1 所示。

图 5-1　数组变量和数组的内存分配模型(1)

2) 表达式：new int[5]

编译器执行本表达式后，在堆区创建一个数组大小为 5、数组元素类型为 int 的数组，并把数组的首地址(假设数组首地址是 0x3600)赋给变量 arr，如图 5-2 所示。

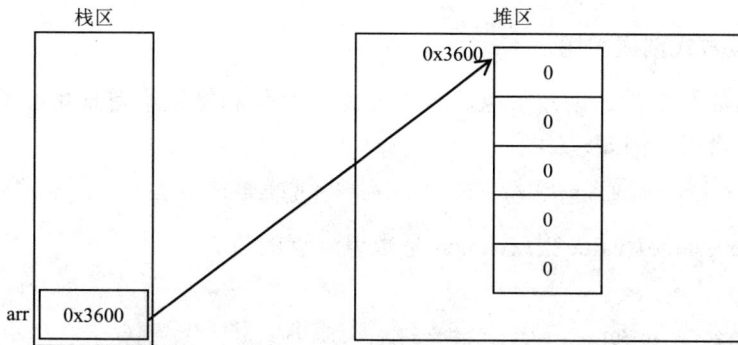

图 5-2　数组变量和数组的内存分配模型(2)

表达式 new int[5]的作用是在堆区分配 5 个存储单元(每个存储单元的数据类型都是 int 型)，并返回数组的首地址。**变量 arr 保存了数组的首地址，所以，我们就认为变量 arr 引用了数组。**

用 new 创建数组时，系统使用默认值为数组元素赋值，默认赋值规则如下。

(1) 数组元素类型是整型，默认值为 0。

(2) 数组元素类型是 float，默认值为 0.0。

(3) 数组元素类型是 boolean，默认值为 false。

(4) 数组元素类型是 char，默认值为'\u0000'。

(5) 数组元素类型是引用型，默认值为 null(在第 6 章介绍)。

3) 数组长度(大小)

已知上面的数组 arr，其数组长度是 5(arr.length)。

4) 数组元素的下标

数组元素的下标编号规则是：第一个元素的下标是 0，第二个元素的下标是 1，依此类推。数组元素的最大下标是 arr.length-1(arr 是数组变量)。

5) 数组元素的表示

已知数组变量是 arr，元素下标是 index(取值范围是 0~(arr.length-1))，则数组元素表示为 **arr[index]**。

当一个数组变量引用一个数组后，就可以通过数组变量和下标把数组元素表示出来，如图 5-3 所示。

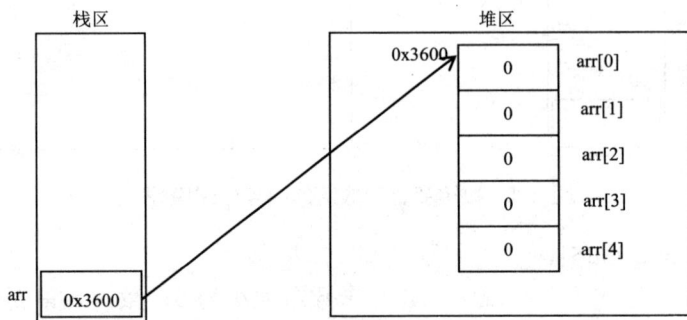

图 5-3　数组元素的表示

2. 通过列表方式创建数组

这里把声明数组变量、创建数组、数组元素初始化和把数组首地址赋给数组变量这四个步骤合为一条语句。例如：

```
type [] arr ={value0,value1,value2,…,valuen};//列表中列出了数组元素的初值
```

其中，value0,value1,value2,…,valuen 是数组元素的值。

例如：

```
int []arr={10,20,30,40,50};      //数组元素的值分别是：10,20,30,40,50
```

上面语句的作用包括：声明数组变量、创建数组并将数组的首地址赋给数组变量。该语句执行后的内存分配情况如下。

1) 表达式：int []arr

编译器执行本表达式后，在栈区分配一维整型数组变量 arr，如图 5-4 所示。

2) 表达式：{10,20,30,40,50}

编译器执行本表达式后，在堆区创建一个数组大小为 5、数组元素类型为 int 的数组，

并且用列表中的值对数组元素初始化,并把数组的首地址(假设数组首地址是 0x3600)赋给变量 arr,如图 5-5 所示。

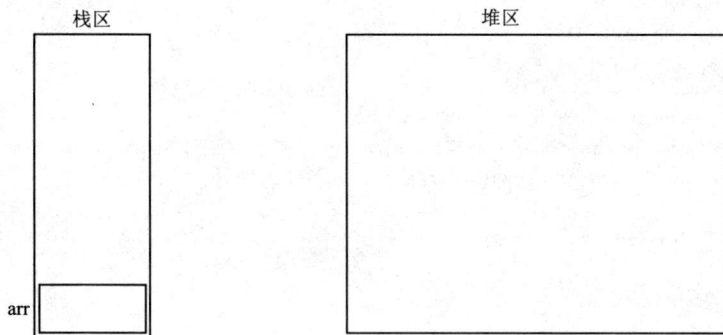

图 5-4 数组变量和数组的内存分配模型

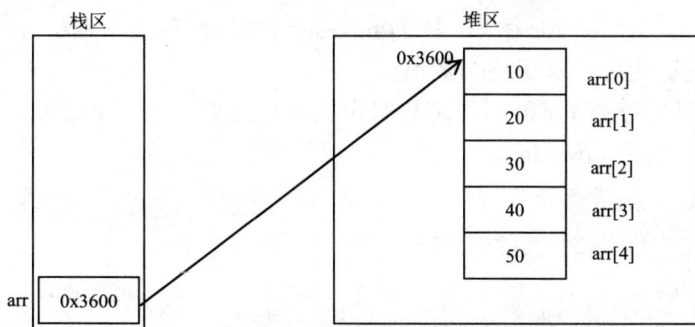

图 5-5 用列表值对数组元素初始化

5.1.3 数组初始化

数组初始化就是给数组元素赋值。用列表方式创建数组时已经对数组初始化了,所以,一般来说,使用 new 关键字创建数组后,都要对数组初始化。

下面就是对数组初始化的语句格式:

```
float [] list=new float[4];    //声明数组变量list,创建一个数组,并把数组首地址赋给list
list[0]=7.3f;                  //数组元素初始化
list[1]=5.7f;                  //数组元素初始化
list[2]=5.0f;
list[3]=8.2f;
```

上面 5 条语句等价于下面一条语句:

```
float [] list={7.3f, 5.7f, 5.0f, 8.2f};  //数组变量声明和数组初始化合并为一条语句,语法正确
```

如果上面这条语句分开写成下面两条语句,就会产生语法错误:

```
float [] list ;
list={7.3f, 5.7f, 5.0f, 8.2f};   //错误!!!
```

【例 5.1】通过键盘输入浮点数,初始化数组。

程序清单 **5-1**　InitArray.java

```
import java.util.*;
public class InitArray {
  public static void main(String[] args) {
        float [] a = new float[4];
        for (int i = 0; i < a.length; i++) {   //初始化数组元素的值
            System.out.print("请从键盘输入浮点数: ");
            Scanner  sn = new Scanner(System.in); //获取键盘字符输入流
            a[i] = sn.nextFloat();    //把字符输入流转换为浮点数
        }
        for (int i = 0; i < a.length; i++) {System.out.println(a[i]); } //输出数组元素的值
    }
}
```

5.1.4　for-each 循环

Java 语言提供了简单的 for 循环，称为 for-each 循环(也称为增强型 for 循环)。这种循环不需要使用下标变量就可以遍历整个数组。

【例 5.2】通过增强型 for 循环显示数组中的所有元素。

程序清单 **5-2**　PrintArray.java

```
1    public class PrintArray {
2      public static void main(String[] args) {
3            int[] s= {2,3,4,5,6};
4      for (int temp : s) {//从数组 s 的第 1 个元素开始，每次读取一个元素的值，赋给 temp
5                System.out.println(temp);
6          }
7      }
8    }
```

程序分析：

(1)　执行第 3 行，初始化数组 s。

(2)　执行第 4 行，从数组 s 的第 1 个元素开始，每次从 s 中读取元素值并赋给 temp。

(3)　执行第 5 行，输出 temp。

5.1.5　处理一维数组

【例 5.3】　用随机数初始化数组，找出数组中的最大值、最小值，并计算平均数。

程序清单 **5-3**　ArrayApi.java

```
public class ArrayApi {
public static void main(String[] args){
        int a[]=new int[10];
        for (int i=0; i<a.length;i++)  a[i]=(int)(Math.random()*100);  //用随机数初始化数组
        int max, min, sum=0;   //找数组中的最大值、最小值，并计算平均数
        float average;
        max=min=a[0];
        for (int i=1; i<a.length;i++){
            sum=sum+a[i];
```

```
                if (a[i]>max) max=a[i];
                if (a[i]<min) min=a[i];
            }
        average=sum/10.0f ;
        System.out.print("数组元素: ");
        for (int i=0; i<a.length;i++)   System.out.print(a[i]+" ");
        System.out.println("\n 最大值: "+max+"\t 最小值: "+min);
        System.out.println("平均值: "+average);
    }
}
```

5.2　二　维　数　组

常用二维数组存储矩阵或表格。

5.2.1　二维数组变量的声明和创建

1. 声明二维数组变量

声明二维数组变量的通用语法:

```
type  [][]bianvar ;  //符号 [][]可以写在变量 bianvar 前, 也可以写在变量 bianvar 后
```

其中, type 代表任意数据类型, [][]表示二维数组, bianvar 是二维数组变量名。

例如, 声明一个二维数组变量 arr, 该变量可以引用数组元素类型为 int 的二维数组。

```
int [][] arr=null ;
```

上面的语句也可以写为下面的格式:

```
int arr[][]=null;   // arr 的值如果是 null, 表示变量 arr 没有引用任何数组
```

编译器执行这条语句后的内存分配情况如图 5-6 所示。

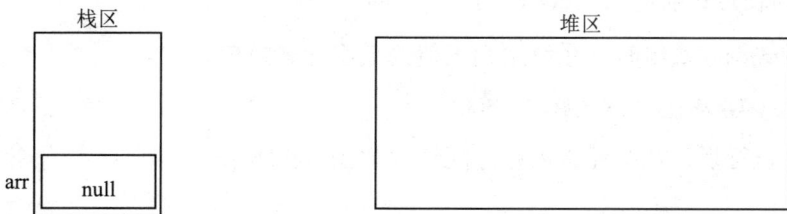

图 5-6　声明二维数组变量 arr

2. 通过 new 关键字创建二维数组

假设创建一个数据元素类型为 int 的 3 行 4 列的二维数组, 并用变量 arr 来引用这个数组, 语法如下:

```
arr=new int[3][4] ;      //int 后面第一个[]中的值表示行数, 第二个[]中的值表示列数
```

表达式 new int[3][4]表示在堆区创建一个 3 行 4 列的二维数组, 数组元素类型是 int。假设数组首地址是 0x3620, 上面语句执行后的内存分配如图 5-7 所示。

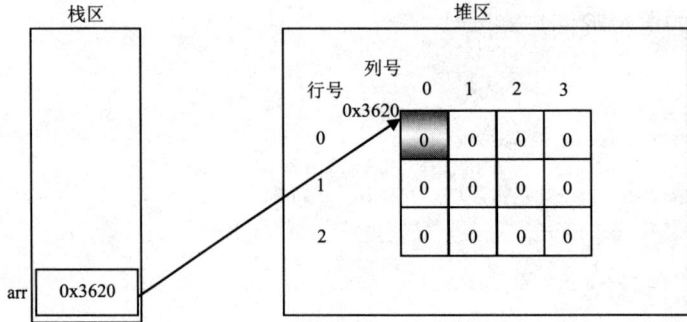

图 5-7　变量 arr 引用二维数组

用 new 创建二维数组时，系统就采用默认值对数组元素初始化。由于数组元素类型是 int，所以每个元素的默认值都是 0。现在执行下面语句：

```
arr[1][2]=8;
```

上面语句执行后数组元素内存分配如图 5-8 所示。

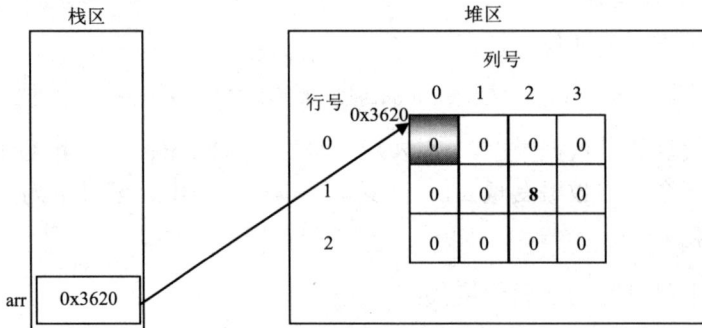

图 5-8　给数组元素 arr[1][2]赋值 8

3. 通过列表方式创建二维数组

用列表方式创建数组时，系统用列表值给数组元素赋值。例如：

```
int[][] arr={{1,2,3,4}, {5,6,7,8}, {9,6,3,1} };
```

这条语句执行后，数组元素内存分配情况如图 5-9 所示。

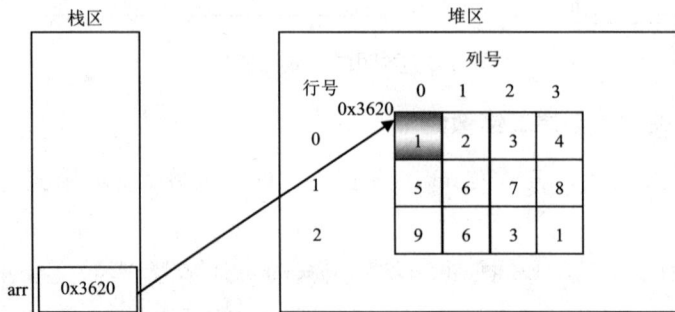

图 5-9　列表方式创建数组

4. 二维数组的逻辑存储方式

例如，创建二维数组 a 的语句如下：

```
int[][] a={{1,2,3,4}, {5,6,7,8}, {9,6,3,1} };
```

第 1 步，将右边列表中的每个一维数组理解为一个数据元素，上面的语句表示如下：

```
int[][] a={ {1,2,3,4} , {5,6,7,8} , {9,6,3,1} };
```

第 2 步，以**数组名[下标]**的格式，将数组名 a 引用的 3 个数据元素表示如下：

a[0] - - - - → `{1,2,3,4}`

a[1] - - - - → `{5,6,7,8}`

a[2] - - - - → `{9,6,3,1}`

也可以表示为如下 3 条语句：

a[0]= {1,2,3,4};

a[1]= {5,6,7,8};

a[2]= {9,6,3,1};

第 3 步，再次以**数组名[下标]**的格式，分别将数组名 a[0]、a[1]、a[2]引用的数据元素表示出来。

(1) 数组名 a[0]引用的数据元素为 a[0][0]、a[0][1]、a[0][2]、a[0][3]。

(2) 数组名 a[1]引用的数据元素为 a[1][0]、a[1][1]、a[1][2]、a[1][3]。

(3) 数组名 a[2]引用的数据元素为 a[2][0]、a[2][1]、a[2][2]、a[2][3]。

通过上面的分析，二维数组 a 的内存分配表示如图 5-10 所示。

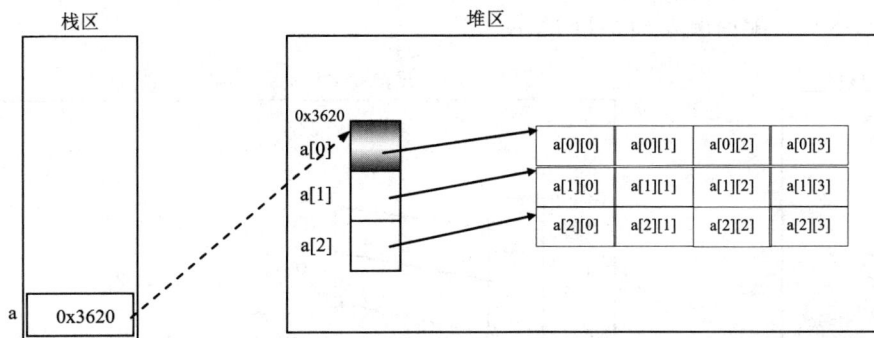

图 5-10　二维数组的内存分配情况

从图 5-10 可以看出，数组变量引用的数组包含的元素个数就是数组的长度。例如，数组变量 a 引用的数组包含 3 个元素(a[0]、a[1]、a[2])，因此，a.length 的值是 3。数组变量 a[1]引用的数组包含 4 个元素，因此，a[1].length 的值是 4。

5.2.2 二维数组初始化

数组初始化就是给数组元素赋值。

【例 5.4】 通过键盘输入浮点数，初始化数组。

程序清单 5-4 InitArrayTwo.java

```
import java.util.Scanner;
public class InitArrayTwo {
public static void main(String[] args) {
        Scanner sn = new Scanner(System.in);
        float [][] a = new float[3][4];
        for (int row = 0; row < a.length; row++)
            for(int col=0; col<a[row].length;col++){
                System.out.print("请输入整数: ");
                a[row][col] = sn.nextFloat();//从键盘上读取浮点数, 对数组元素初始化

            }
        for (int row = 0; row < a.length; row++)   //输出二维数组
            for(int col=0; col<a[row].length;col++) System.out.print(a[row][col]+" ");
    }
}
```

5.2.3 锯齿数组

Java 语言中的数组是按行优先存储。每一行的大小可以不同，这样的数组称为锯齿数组。下面的语句就是创建一个锯齿数组的例子：

```
int[][] a={{1,2,3},{4,5},{6} };
```

数组的内存分配情况如图 5-11 所示。

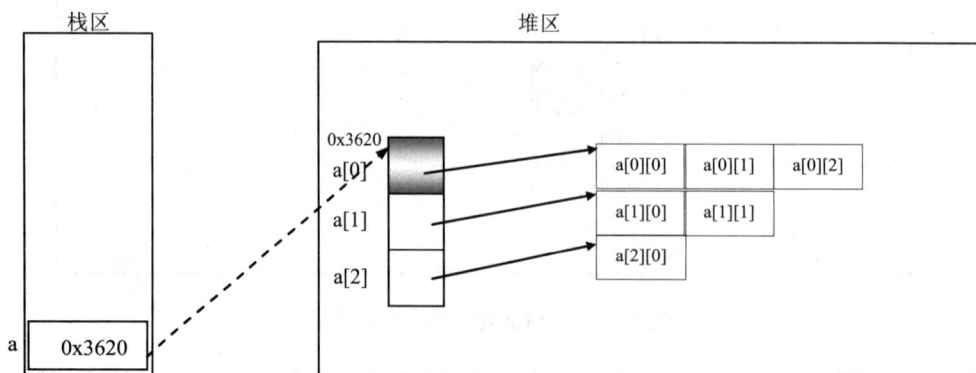

图 5-11 锯齿数组的内存分配情况(1)

数组 a 包含三个元素，数组名分别是 a[0]、a[1]、a[2]。a[0]引用的数组长度是 3(a[0].length)；a[1]引用的数组长度是 2(a[1].length)；a[2]引用的数组长度是 1(a[2].length)。

如果事先只知道锯齿数组的长度，不知道锯齿数组元素的值，可以通过如下方式创建

锯齿数组:

```
int[][] a=new int[3][];
a[0]=new int[3]; //表示a[0]引用的数组长度是3
a[1]=new int[4]; //表示a[1]引用的数组长度是4
a[2]=new int[2]; //表示a[2]引用的数组长度是2
```

执行上面 4 条语句后，数组的内存分配情况如图 5-12 所示。

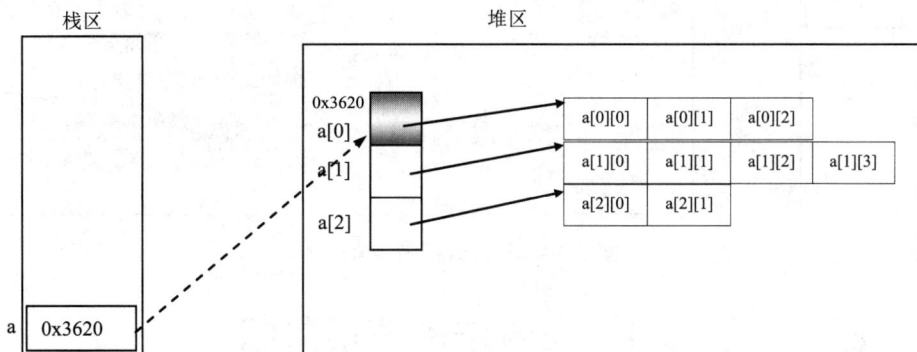

图 5-12 锯齿数组的内存分配情况(2)

5.3 多 维 数 组

在 Java 语言中，可以创建 n 维数组，其中，n 是任意整数。

对二维数组的变量声明和数组创建进行推广，用于 n 维数组的变量声明和数组创建。例如，声明三维数组变量和创建三维数组的语句，如图 5-13 所示。

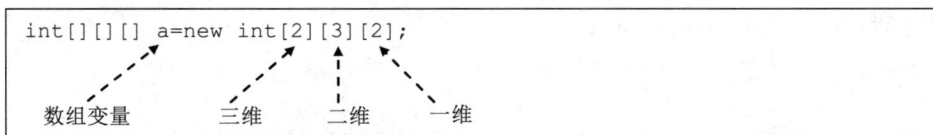

图 5-13 创建三维数组

从图 5-13 中可以看出，三维(**最高维**)包含 2 个**数据项**，二维中的每个数据包括 3 个数据项，一维中的每个数据包括 2 个数据项。一维数组被封装为一个对象。

本数组在内存中的分配情况如图 5-14 所示。

从图 5-14 可以看出。变量 a 引用一个三维数据(三维数据包括 2 个数据项)。每个三维数据项引用一个二维数据(一个二维数据包括 3 个数据项)。每个二维数据项引用一个一维数据(一个一维数据包括 2 个数据项)。在 Java 语言中，一维数据作为一个对象保存在堆区。

数组长度就是数组变量引用的数据包含的数据项个数。例如，数组变量 a 引用的数据包含 2 个数据项，所以 a.length 的值是 2；数组变量 a[1]引用的数据包含 3 个数据项，所以 a[1].length 的值是 3；数组变量 a[1][2]引用的数据包含 2 个数据项，所以 a[1][2].length 的值是 2。

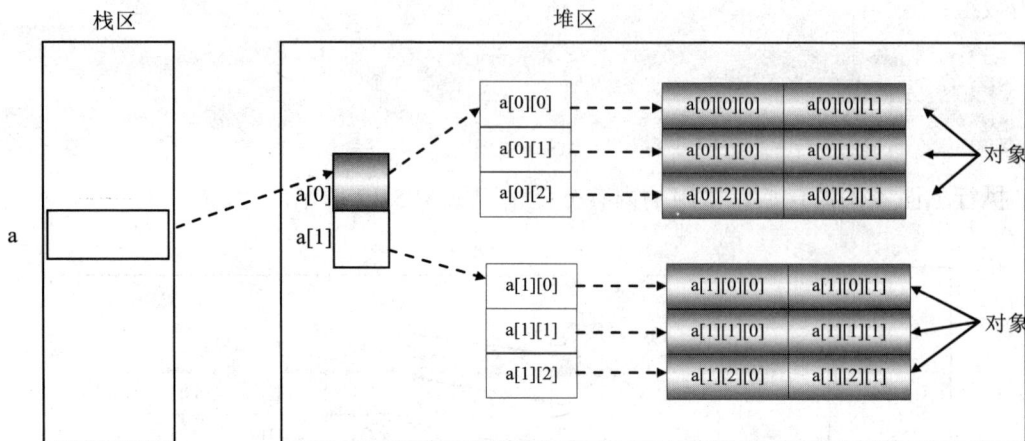

图 5-14   三维数组内存分配图

5.4   在方法中使用数组

5.4.1   数组作为方法的参数

前面方法的参数类型是基本数据类型，其实方法的参数也可以是数组类型。参数类型是基本数据类型时，实参传递给形参的是数值本身；参数类型是数组时，实参传递给形参的是地址。也就是说，方法调用时，如果实参传递给形参的是地址，那么这种传递称为引用传递。

【例 5.5】向方法传递数组。

程序清单 5-5   RefDelivery.java

```
1 public class RefDelivery {
2   public static void main(String[] args) {
3     int a[] = { 1, 2, 3 };              //使用列表方式创建数组
4     funArry(a);                          //调用 funArry，将 a 的引用传递给 x
5     for (int i = 0; i < a.length; i++) { //输出数组 a
6       System.out.print(a[i] + "、");
7     }
8   }
9   public static void funArry(int x[]) {
10    x[0] = 10; x[1] = 20; x[2] = 30;    //修改元素的内容
11  }
    }
```

程序分析：

(1) 程序执行到第 3 行后，数组变量和数组内存情况(假设数组的首地址是 0x1200)如图 5-15 所示。

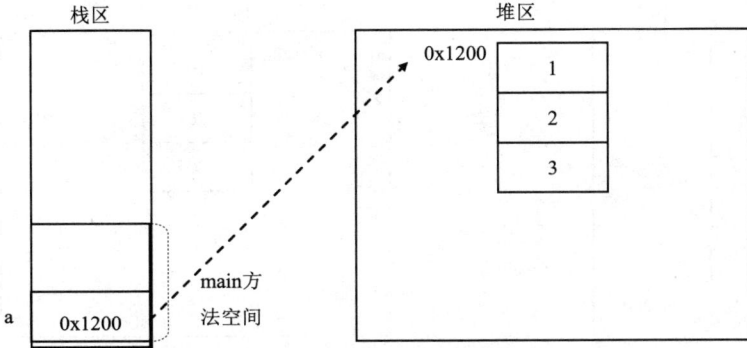

图 5-15　数组变量和数组空间分配情况(1)

(2)　程序执行到第 4 行、第 9 行后，实参 a 传递给形参 x 的值是 0x1200，这样，形参 x 也引用首地址是 0x1200 的数组。此时，数组变量 a、x 和数组内存情况如图 5-16 所示。

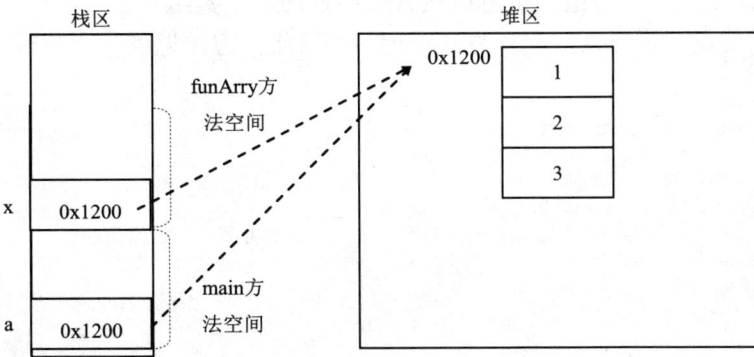

图 5-16　数组变量和数组空间分配情况(2)

变量 x 和 a 引用的是同一个数组，因此，数组的各个元素可以分别表示为 x[0]、x[1]、x[2]。由于 x 等于 a，所以，x[0]等于 a[0]，x[1]等于 a[1]，x[2]等于 a[2]。

(3)　程序执行到第 10 行后，数组元素的变化情况如图 5-17 所示。

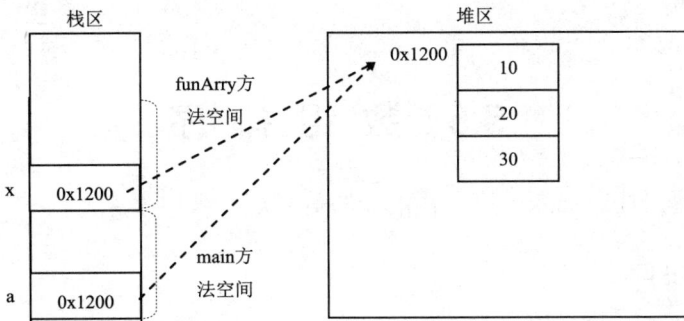

图 5-17　数组空间分配情况

(4)　当程序从 funArry 方法返回，并开始执行第 5 行之前，为 funArry 方法分配的变量 **x 被清除**。数组变量和数组内存情况如图 5-18 所示。

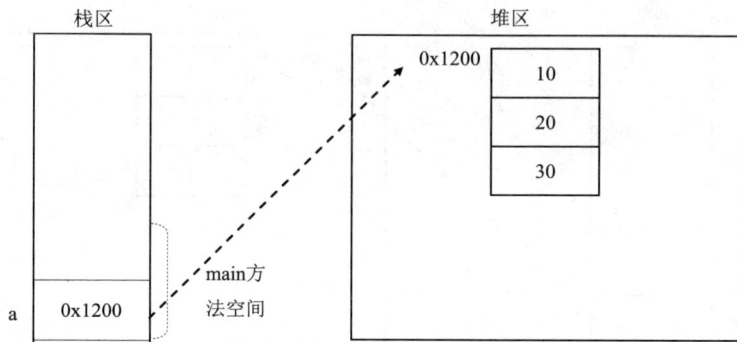

图 5-18 数组变量和数组空间分配情况(3)

5.4.2 数组作为方法的返回值

可以向方法传递一个数组，也可以从方法中返回一个数组。

【例 5.6】定义一个方法，向该方法传递一个数组，方法返回一个与输入数组顺序相反的数组。

程序清单 5-6 Reverse.java

```java
public class Reverse {
    public static void main(String[] args) {
        int []temp = { 1, 3, 5,6,7,8 };          // 使用静态方法初始化定义数组
        temp=swap(temp);                          // 传递数组引用
        for (int i = 0; i < temp.length; i++) {   // 循环输出
            System.out.print(temp[i] + " ");
        }
    }
    public static int[]  swap(int a[]){ //颠倒数组的顺序
        int len = a.length;
        for(int i=0;i<len/2;i++){
            int tmp = a[i];       a[i] = a[len-1-i]; a[len-1-i] = tmp;
        }
        return a ;
    }
}
```

5.5 数 组 排 序

本节介绍选择排序、插入排序、冒泡排序等算法。

5.5.1 选择排序

假设对一个数组进行递增排序。选择排序的算法是：在列表中找到最大的数，并将它放在列表的最后；剩下的数构成一个列表，在这个列表中选择最大的数，并将它放在列表最后；一直这样做下去，直到列表中只剩一个数为止。

假设数组 int a []有 7 个元素需要排序：

$$3\quad 9\quad 4\quad 7\quad 8\quad 2\quad 6$$

第一次，在数组元素 a[0]~a[6]中找到最大的数 9，并与最后位置的数 6 交换位置，得到下面的列表：

$$3\quad 6\quad 4\quad 7\quad 8\quad 2\quad 9$$

第二次，在数组元素 a[0]~a[5]中找到最大的数 8，并与最后位置的数 2 交换位置，得到下面的列表：

$$3\quad 6\quad 4\quad 7\quad 2\quad 8\quad 9$$

第三次，在数组元素 a[0]~a[4]中找到最大的数 7，并与最后位置的数 2 交换位置，得到下面的列表：

$$3\quad 6\quad 4\quad 2\quad 7\quad 8\quad 9$$

第四次，在数组元素 a[0]~a[3]中找到最大的数 6，并与最后位置的数 2 交换位置，得到下面的列表：

$$3\quad 2\quad 4\quad 6\quad 7\quad 8\quad 9$$

重复以上步骤，直到数组列表中只剩下一个元素为止。

【例 5.7】采用选择排序算法对数组进行排序。

程序清单 5-7　SelectionSort.java

```java
public class SelectionSort{
 public static void main(String[] args){
    double[] myList = {5.0, 4.4, 1.9, 2.9, 3.4, 3.5};// 数组初始化
    System.out.println("在排序前，数组是: "); printList(myList); //打印排序前的数组
    selectionSort(myList); // 对数组排序
    System.out.println();
    System.out.println("排序后的数组是: ");  printList(myList); //打印排序后的数组
 }
 static void printList(double[] list){  // 打印数组
    for (int i=0; i<list.length; i++)  System.out.print(list[i] + " ");
    System.out.println();
 }
 static void selectionSort(double[] list) { //对数组排序
    double currentMax;
    int currentMaxIndex; //保存最大值元素的下标号
    for (int i=list.length-1; i>=1; i--) {//外层循环，确定列表范围
      // 在列表 list[0]~List[i]中找到一个最大的数
      currentMax = list[i];  //保存最大的数
      currentMaxIndex = i; //保存最大数的下标号
      for (int j=i-1; j>=0; j--) {//内层循环，在列表范围内查找最大的数及其下标号
        if (currentMax < list[j])  { currentMax = list[j]; currentMaxIndex = j; }
      }
      // 将最大数与最后位置的那个数 list[i] 进行交换
      if (currentMaxIndex != i)  { list[currentMaxIndex] = list[i]; list[i] = currentMax; }
    }
  }
}
```

5.5.2　插入排序

假设对一个数组进行递增排序。插入排序算法是在排好序的子数组中反复插入一个新元素，直到整个数列全部排好序。

假设要排序的原始数组是：{3,6,5,4,9, 7}。对任何数组来说，把第一元素看作子数组中排好序的元素。其排序步骤如下。

步骤 1：开始，已经排好序的子数组是{3}。

3　6　5　4 9 7

步骤 2：向子数组{3}中插入 6，排好序的子数组是{3,6}。

3　6　5　4 9 7

步骤 3：向子数组{3,6}中插入 5，排好序的子数组是{3,5,6}。

3　5　6　4 9 7

步骤 4：向子数组{3,5,6}中插入 4，排好序的子数组是{3,4,5,6}。

3　4　5　6 9 7

步骤 5：向子数组{3,4,5,6}中插入 9，排好序的子数组是{3,4,5,6,9}。

3　4　5　6 9 7

步骤 6：向子数组{3,4,5,6,9}中插入 7，排好序的子数组是{3,4,5,6,7,9}。

【例 5.8】采用插入排序算法对数组进行排序。

程序清单 5-8　InsertSort.java

```java
public class InsertSort {
    public static void inSort(int[] list){
        for(int i = 1;i<list.length;i++){
            //开始，子表中的元素是list[0]
            int tmp = list[i]; //将要插入的元素保存在临时变量tmp中
            int k = i-1;
            while(list[k]>tmp){ //把要插入的元素与已排好序的子表中的元素相比较，从list[i-1]开始比较
                list[k+1] = list[k]; //将子表中的元素后移一位
                k--;
                if(k == -1)     break;
            }
            //在子表中比要插入的元素大的元素都后移，将要插入的元素tmp移到合适的位置
            list[k+1] = tmp;
        }
    }
    public static void main(String[] args){
        int[] num = {5,46,26,67,2,35};
        inSort(num);
        for(int k = 0;k<num.length;k++) System.out.println(num[k]);
    }
}
```

5.5.3　冒泡排序

假设对一个数组进行递增排序。冒泡排序算法是在每次遍历中，连续对相邻两个元素

进行比较，如果比较的两个元素是降序排列，则交换它们的值，否则，保持不变。

按照冒泡排序，第一次遍历后，最后一个元素成为数组中最大的元素。第二次遍历后，倒数第二个元素成为数组中第二大元素。持续整个过程，直到所有元素都已排好序。

【例 5.9】 采用冒泡排序算法对数组进行排序。

程序清单 5-9 BubbleSort.java

```
public class BubbleSort {
 public static void inSort(int[] list){
     for(int k = 1;k<list.length;k++) {//遍历总次数为list.length-1
   for(int i=0;i<list.length-k;i++) //第k次遍历时，未排好序的表范围是list[0]~list[list.length-k]
if(list[i]>list[i+1]) //若相邻两元素是降序排列，则交换它们的位置
{int tmp=list[i]; list[i]=list[i+1]; list[i+1]=tmp; }
         }
     }
     public static void main(String[] args){
     int[] num = {5,46,26,67,2,35};
         inSort(num);
         for(int k = 0;k<num.length;k++) System.out.println(num[k]);
     }
}
```

5.6 数 组 查 找

查找就是在数组中查找特定元素的过程。查找的算法有很多，本节讨论两种查找算法：线性查找法和二分查找法。

5.6.1 线性查找法

线性查找法就是将要查找的关键字 key 与数组 list[]中的元素逐个进行比较，直到在列表中找到与关键字匹配的元素，或者查完了列表后也没有找到要找的元素。如果查找成功，返回与关键字匹配元素的下标号；如果没有找到，就返回-1。

【例 5.10】 线性查找。该程序创建一个包含 10 个 int 型随机数的数组，并显示它。程序提示用户输入要查找的关键字，并进行线性查找。

程序清单 5-10 LinearSearch.java

```
import java.util.Scanner;
public class LinearSearch{
 public static void main(String[] args){
   int[] list = new int[10];
   // 用随机数创建一个列表，并显示该列表
   System.out.print("列表是 ");
   for (int i=0; i<list.length; i++) { list[i] = (int)(Math.random()*100); System.out.print(list[i]+" ");}
   System.out.println();
   System.out.print("请输入关键字  ");
   Scanner  sn=new Scanner(System.in);
   int key=sn.nextInt(); //从键盘读取关键字 key
   int index = linearSearch(key, list); //查找 key 在列表中的下标号
   if (index != -1)
```

```
        System.out.println("关键字的下标号是: "+index);
    else
        System.out.println("在列表中没有这个关键字");
    }
  public static int linearSearch(int key, int[] list){ // 在列表中查找关键字的方法
    for (int i=0; i<list.length; i++)   if (key == list[i]) return i;
    return -1;
    }
}
```

方法 Math.random()生成大于或等于 0.0、小于 1.0 的 double 型随机数。

5.6.2　二分查找法

使用二分查找法的前提是数组已经排好序了。假设数组按照升序排列。该方法将关键字先与数组的中间元素相比较，有以下三种情况出现。

(1)　关键字比中间元素小，只需在前半组元素中查找。

(2)　关键字和中间元素相等，则匹配成功，查找结束。

(3)　关键字比中间元素大，则只需在后半组元素中查找。

用 row 和 high 分别标记当前查找数组的第一个和最后一个元素的下标。初始条件下，row 值是 0，high 值是 list.length-1。mid 表示列表中间元素的下标，这样，mid 的值是 (row+high)/2。

假设数组 list 按升序排列。要查找的关键字 key 为 11。查找过程如图 5-19 所示。

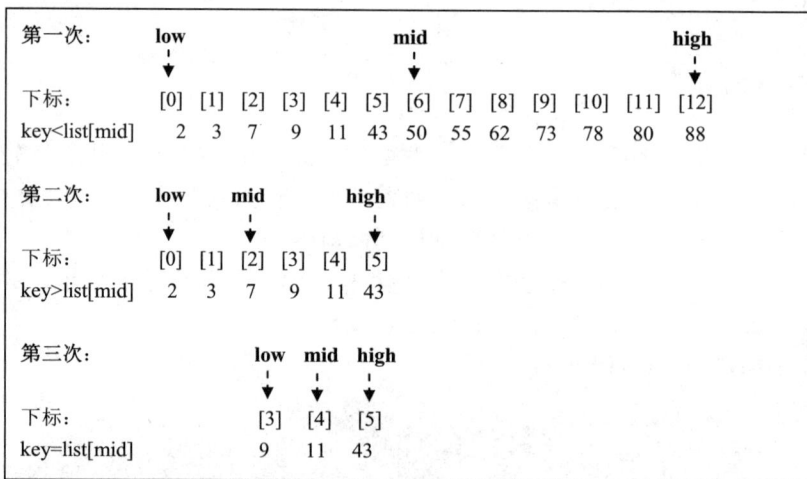

图 5-19　二分查找过程

【例 5.11】　二分查找。该程序创建一个包含 10 个 int 型数据的数组，并显示它。程序提示用户输入要查找的关键字，并进行二分查找。

程序清单 5-11　BinarySearch.java

```
import java.util.Scanner;
public class BinarySearch{
  public static void main(String[] args){
```

```
    int[] list = new int[10];
    // 创建一个已经排好序的数组
    System.out.print("数组是：");
    for (int i=0; i<list.length; i++) {list[i] = 2*i + 1; System.out.print(list[i] + " "); }//数组初始化
    System.out.println();
    System.out.print("请输入一个关键字：");
    Scanner sn=new Scanner(System.in);
    int key=sn.nextInt(); //从键盘读取关键字 key
    int index = binarySearch(key, list);//查找与关键字匹配的元素的下标
    if (index != -1)
      System.out.println("与关键字匹配的元素下标是" + index);
    else
      System.out.println("在列表中没有与关键字匹配的元素");
}
  public static int binarySearch(int key, int[] list) {//使用二分查找法在列表中查找与 key 匹配的元素
    int low = 0;
    int high = list.length -1;
    while (high>=low){
      int mid = (low + high)/2;     //计算中间元素的下标号
      if (key < list[mid])          //关键字与中间元素比较
          high=mid-1;               //要查找的 key 在前半区间
      else if (key== list[mid])
          return mid ;              //找到了关键字 key 在数组中的下标号
      else  low=mid+1;              //要查找的 key 在后半区间
    }
    return -(low+1);
  }
}
```

5.7　复　制　数　组

在 Java 语言中，对于基本类型的数据可以通过赋值语句完成复制，但是，对于对象型数据，不能通过赋值语句完成复制。

假设源数组是 sourceArray，目标数组是 targetArray。下面是复制数组的三种方法。

(1) 通过循环语句复制数组中的每一个元素。

如果要复制的数组元素是 Java 基本数据类型，可以采用下面的语句完成复制：

```
 for(int i=0; i<sourceArray.length; i++)  targetArray[i]= sourceArray[i];
```

(2) 使用 Object 类中的 clone 方法。

如果要复制的数组元素不是 Java 基本数据类型，可以采用下面的语句完成复制：

```
int targetArray=(int[])sourceArray.clone();
```

(3) 使用 System 类中的类方法 arraycopy。

```
arraycopy(sourceArray, src_pos, targetArray, tar_pos, length );
```

参数 src_pos、tar_pos 分别指 sourceArray 和 targetArray 的起始位置。由 length 指定从源数组 sourceArray 复制到目标数组 targetArray 的数据个数。本方法只能对基本类型数据实现复制。

【例 5.12】 数组复制。

程序清单 5-12　TestCopyArray.java

```
public class TestCopyArray {
public static void main(String[] args) {
  int[] list1 = {0, 1, 2, 3, 4 ,5};
        int[] list2 = new int[list1.length];
        System.arraycopy(list1,0,list2,0,list1.length); // 将数组 list1 复制给数组 list2
        System.out.println("显示 list1 and list2");
        printList("list1 is ", list1);
        printList("list2 is ", list2);
    }
    public static void printList(String s, int[] list)  {  //显示数组
    System.out.print(s + " ");
        for (int i=0; i<list.length; i++)    System.out.print(list[i] + " ");
        System.out.print('\n');
    }
}
```

5.8 本 章 小 结

本章主要讲解了数组变量的声明方法、创建数组的方法、数组初始化的方法和数组元素的表示方法。通过实际例子说明了一维数组、二维数组和多维数组的逻辑存储方式。最后讲解了数组在实际中的应用：选择排序、插入排序和冒泡排序。

5.9 习　　题

1. 编写一个程序，从键盘读入 10 个浮点数并按相反的顺序显示出来。

2. 数组下标的类型是什么？最小的下标是多少？最大的下标是多少？举例说明。

3. 使用 arraycopy()方法将下述数组复制到目标数组 target。

```
float[] source = {1.5, 4.4, 7.5, 8.8 ,9.0};
```

第 2 篇

面向对象程序设计

第6章 对象和类

本章要点

- 对象和类；
- 对象的创建和访问；
- 类成员和实例成员；
- Java 包和可见性；
- 数据封装、this 关键字。

学习目标

- 掌握类的定义、对象的创建及其访问方法；
- 熟悉类成员和实例成员之间的区别；
- 理解包和可见性的含义；
- 掌握 this 关键字的使用方法。

面向对象程序设计(OOP)就是用对象进行程序设计，而这些对象是以类为模板创建出来的。这些类又是来自哪里？Java 语言定义了一些类库，第三方软件公司也提供了一些类，而其他的类就需要程序员自己定义了。因此，面向对象的程序设计就是定义类、创建对象和组织对象。

6.1 什么是对象

现实世界中存在的事物都称为对象。例如张三、李四、飞机、火车、轮船、空气、图像、灯泡、桌子、汽车等都是对象。

在面向对象的程序设计过程中，如何描述对象就显得非常重要。对象的描述主要包括三个方面：对象的状态、对象的行为和对象的标识。

(1) 状态。对象的状态是指在某一时刻，对象某个属性或多个属性值的集合。在实际应用中，用对象的某个属性值来标识对象的状态。例如，人(Person)这个对象中有年龄(age)属性，我们可以把 age<18 的人规定为少年，把 $18 \leqslant age<40$ 的人规定为青年，把 $40 \leqslant age<60$ 的人规定为中年，把 age$\geqslant$60 的人规定为老年，等等。按照 age 的值可以把对象分成少年、青年、中年和老年四种状态。

(2) 行为。所有的对象都是相互联系的，一个对象可以操作其他对象，也可以被其他对象操作。例如，司机可以开车(司机操作车子)，也可以被公司开除(公司领导操作司机)。

(3) 标识。对于 Java 程序来说，一个对象创建后，虚拟机就为此对象分配一个唯一的编号，目的是跟其他对象区分。

6.2 什么是类

面向对象的编程思想认为，世界是由不同的对象组成的，一组对象之间既有共同的特征，也有不同的特征。为了认识这些对象，人们通过抽象思维，抽取一组对象本质的、共同的特征，舍弃非本质的、非共同的特征形成一个概念，并为这个概念起的名字就是：类。

例如，在生活中有各种各样的汽车，每辆汽车都有自己的特征，但是，它们都有共同的**静态特征(又称为属性)**，比如，颜色(color)、牌照(brand)、型号(type)，也都有共同的**动态特征**，比如，都可以启动(start)、运行(run)、刹车(brake)、前进(forward)和后退(backward)。对一组对象的认识并进行抽象的思维过程如图 6-1 所示。

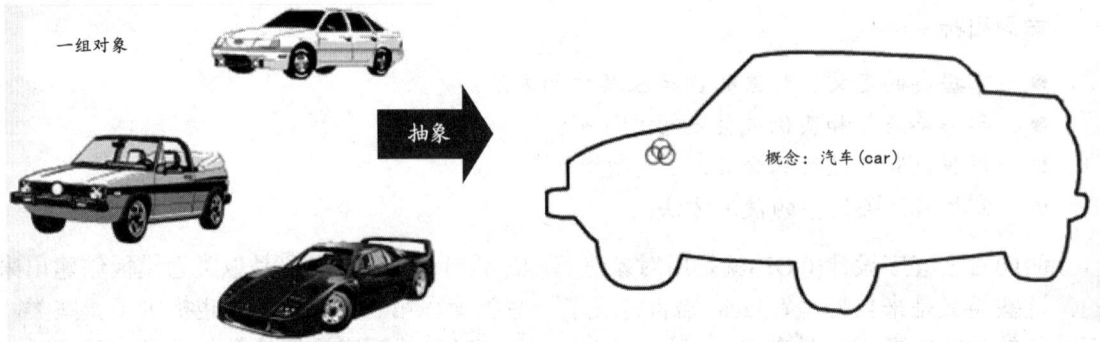

图 6-1　抽取一组对象共同的特征形成概念：汽车

汽车是一个名词概念，它描述了现实世界里所有汽车的共同特征。其中，**静态特征描**述了对象的状态，**动态特征**描述了对象的行为。

再举个例子，现实世界里有各种人物，他们都是对象，每个对象都有自己的特征。但是，他们都有共同的**静态特征**：姓名(name)、年龄(age)、头(head)、手(hand)，也都有共同的**动态特征**：都可以跑步(start)、前进(forward)、后退(backward)等。用抽象的思维认识这组对象的过程如图 6-2 所示。

图 6-2　抽取一组对象共同的特征形成概念：人

"人"是一个名词概念，这个概念描述了现实世界里所有会劳动、能思考的对象的共同特征，是对这种对象共同的静态特征和动态特征的抽象和概括。而具体的每个人是这个概念的一个实际的例子。

综上所述：**类是一个模板，它描述了一组对象共同的静态特征和动态行为。对象是类的一个实例。**

6.3　Java 类的定义

每个类都有一个名字，例如，上面讲到的汽车、人都是类名。由于类是对象的模板，因此，以类为模板创建的对象，应该包括对象的**静态特征**和**动态行为**。

在 Java 语言中，用**成员变量**保存对象的静态特征，用**方法**描述对象的动态行为。同时，至少要为对象提供一个**构造方法**。类的使用者就是通过调用构造方法来构造对象的。

从结构上看，一个 Java 类包括两部分：**类声明**和**类体**。

1. 类声明

给类起一个名字。类的名字要能反映对象的本质，具有见名知意的效果。类名一般为一个单词或者多个单词连写，类名的首字母要大写，后面单词的首字母也要大写。例如，"汽车"类可以起名为 Car，"人"类可以起名为 Person，"研究生"类可以起名为 GraduateStudent。

下面是声明一个汽车类的语法：

```
class Car        //该行表示Car是一个类
```

其中，Car 是类名，代表汽车，关键字 class 修饰后面的 Car，其作用是告诉编译器，Car 是一个类。

2. 类体

类体包括三个部分：成员变量、成员方法和构造方法，这三个部分写在一对大括号中。

1) 成员变量

类体中定义的所有变量统称为成员变量，成员变量用来保存对象的属性值。例如，为了保存汽车的颜色属性值，定义一个变量 color(color=1，汽车是红色；color=2，汽车是黄色；color=3，汽车是蓝色)。

2) 成员方法

类体中定义的所有方法(除构造方法外)统称为成员方法。成员方法描述了对象的行为，方法名体现了对象能做什么。

3) 构造方法

构造方法的作用是对对象初始化，也就是对对象的成员变量初始化。作为类的使用者，要调用构造方法来构造对象。构造对象的过程就是成员变量初始化的过程。

【**例 6.1**】用 Java 语言定义一个汽车类。

程序清单 6-1　Car.java

```
1    class Car  //声明一个Car类
2    {
3        char []brand;  //牌照
         int color;      //汽车的颜色       定义3个成员变量，用来保存对象的数据
         int type ;      //汽车的型号
         Car() {         //无参的构造方法
             type = 1; color = 1;
             brand="S-2210";
         }
         Car(char[]varbrand ,int vartype, int varcolor ){ //有参的构造方法    定义2个构造方法
             brand=varbrand;
             type = vartype;
             color = varcolor;
         }
         void printColor(){ // 本方法显示汽车颜色
             String strColor = "";
             switch(color){
                 case 1:  strColor = "红";    break;
                 case 2:  strColor = "黄";    break;
                 case 3:  strColor = "蓝";    break;
                 default: strColor = "未定义颜色";
             }
             System.out.print(strColor);      定义2个成员方法。
         }                                    成员方法表示对象能
         void printType(){ // 本方法显示汽车的型号    做什么
             String strType = "";
             switch(this.type){
                 case 1:   strType = "轿车";        break;
                 case 2:   strType = "卡车";        break;
                 case 3:   strType = "大巴";        break;
                 case 4:   strType = "越野车";      break;
                 default:  strType = "未定义型号"; ;
             }
             System.out.print(strType);
35        }
36   }
```

类体

程序说明：

(1)　第 1 行声明一个 Car 类。关键字 class 修饰 Car。

(2)　第 2~36 行是类体。类体包括三个部分。第一部分定义 3 个成员变量(brand、color 和 type)，用来保存对象的数据。第三部分定义 2 个成员方法(printColor：显示汽车的颜色，printType：显示汽车的型号)。第二部分定义 2 个构造方法(当类的使用者调用无参构造方法 Car()时，就会构造一个颜色是红色、型号是轿车、车牌是 S-2210 的汽车。当类的使用者调用有参构造方法时，则是根据传入的实参数据构造一部汽车)。

(3)　类中的成员变量和成员方法可以按照任何顺序定义。

6.4 对象的创建和访问

下面的例子演示对象的创建和访问方法。

【**例 6.2**】定义 Circle 类和 TestCircle 类。在 TestCircle 类的 main 方法中创建 3 个圆，并输出 3 个圆的半径和面积。两个类放在同一个源文件中。

程序清单 6-2 TestCircle.java

```
1 public class TestCircle{  //测试类
2   public static void main(String[] args) {
3     Circle c1 = new Circle();//调用默认构造方法构造一个圆，半径是1
4     System.out.println("圆c1的半径: " +c1.radius + "、面积:" + c1.getArea());
5     Circle c2 = new Circle(10); //用半径为10构造一个圆c2
6     System.out.println("圆c2的半径: " +c2.radius + "、面积:" + c2.getArea());
7     Circle c3 = new Circle(15); //用半径为15构造一个圆c3
8     System.out.println("圆c3的半径: " +c3.radius + "、面积:" + c3.getArea());
9     c3.radius=20;  // 将圆c3的半径修改为20
10    System.out.println("圆c3的半径修改为: " +c3.radius + "、面积:" + c3.getArea());
11  }
12 }
13 class Circle {                // 定义Circle类
14   double  radius;            //radius 表示圆的半径
15   Circle(){                  //定义默认构造方法，半径设置为1
16     radius = 1.0;
17   }
18   Circle(double  radiusData){ //用给定的半径构造一个圆
19     radius = radiusData;
20   }
21   double getArea() {          //计算圆的面积
22     return radius*radius*Math.PI;
23   }
24   double getPerimeter() {     //计算圆的周长
25     return 2*radius*Math.PI;
26   }
27 }
```

Java 虚拟机启动 main 方法开始执行程序。

1) 执行第 3 行

声明一个 Circle 类型的变量 c1，new Circle()调用无参构造方法 Circle()(执行 15~17 行)在堆区创建一个圆并返回圆的首地址。假设首地址是 0x6800。内存分配情况如图 6-3 所示。

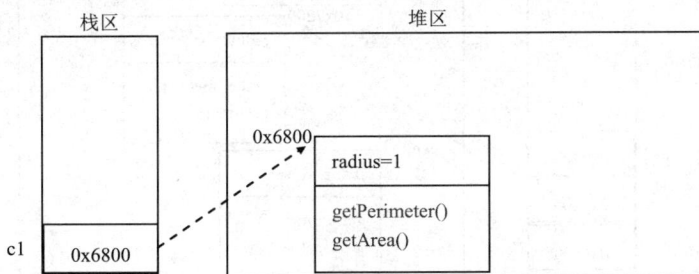

图 6-3 创建圆 c1

2) 执行第 4 行

c1.radius 取得圆 c1 的半径；c1.getArea()取得圆 c1 的面积。

3) 执行第 5 行

声明一个 Circle 类型的变量 c2，new Circle(10)调用构造方法 Circle(double radiusData)(执行 18~20 行)在堆区创建一个圆并返回圆的首地址。假设首地址是 0x7200。内存分配情况如图 6-4 所示。

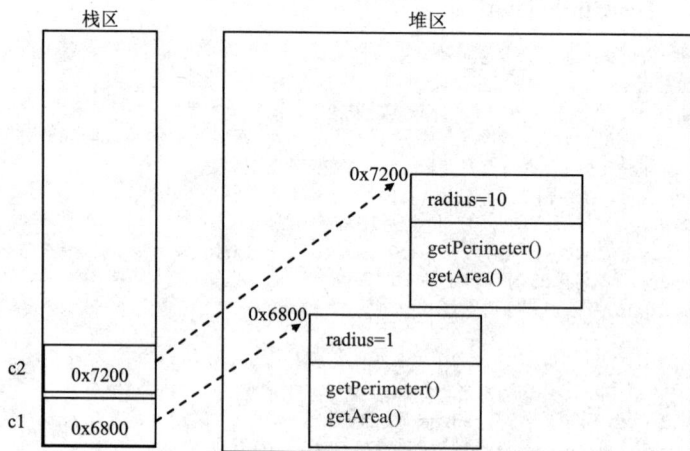

图 6-4　创建圆 c2

4) 执行第 6 行

c2.radius 取得圆 c2 的半径；c2.getArea()取得圆 c2 的面积。

5) 执行第 7 行

声明一个 Circle 类型的变量 c3，new Circle(15)调用构造方法 Circle(double radiusData)(执行 18~20 行)在堆区创建一个圆并返回圆的首地址。假设首地址是 0x8200。内存分配情况如图 6-5 所示。

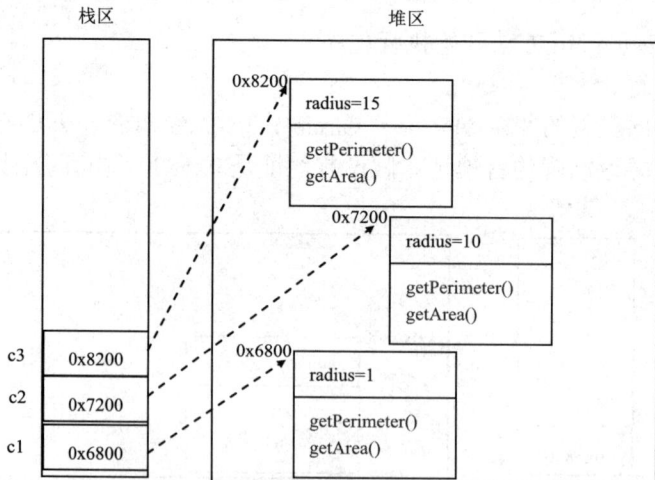

图 6-5　创建圆 c3

6)　执行第 8 行

c3.radius 的值是 15。

7)　执行第 9 行

将圆 **c3** 的半径修改为 **20**，内存分配情况如图 6-6 所示。

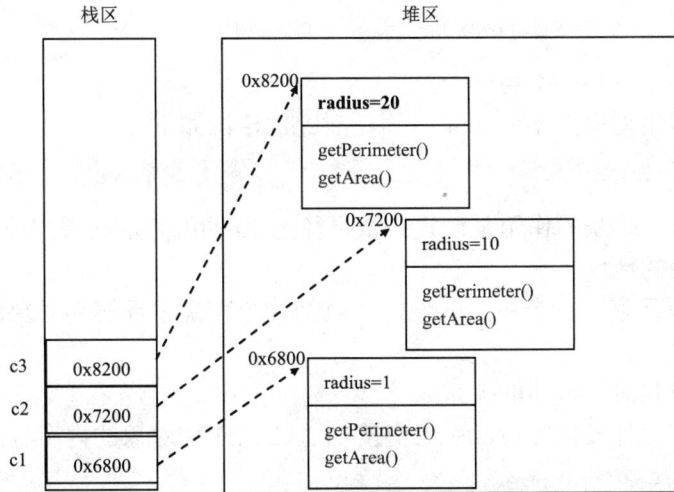

图 6-6　圆 c3 的半径被修改了

一个 Java 源文件可以包含多个类，但是，只能有一个**公有类**(class 前面的修饰符为 public)。程序清单 6-2 中的 TestCircle 类就是一个公有类。Java 的**源文件名必须与公有类名相同**。

一个 Java 应用程序只有一个**主类**(包含 main 方法的类)。Java 应用程序从主类的 main 方法开始执行。在本例中，TestCircle 类既是公有类，也是主类。

6.4.1　构造对象

Java 语言是通过调用构造方法构造对象的，构造方法有三个特点。

(1)　构造方法名必须与类名相同。

(2)　构造方法没有返回值，也没有 void。

(3)　构造方法必须与 new 运算符一起使用。构造方法的作用是初始化对象。程序清单 6-2 中，表达式 new Circle(10)的作用是调用构造方法 Circle(double radiusData)，创建一个半径为 10 的圆，并返回圆的地址。

一个类中可以定义多个构造方法，一个构造方法可以有 0 个、1 个或多个参数。没有参数的构造方法是**默认构造方法**。如果一个类里没有任何构造方法，那么，编译器在编译类时，会自动给类提供一个默认的构造方法。默认构造方法用默认值给所有成员变量赋值。

6.4.2　引用数据类型和引用变量

Java 语言中的基本数据类型有 8 种，引用数据类型有 3 种(数组、类和接口)。引用数据类型声明的变量叫引用变量。引用变量声明格式如下：

```
ClassName refVar;   //可以把 ClassName 当作基本数据类型来理解
```

其中，ClassName 是类名或接口名。

1) 声明引用型变量

例如，声明引用型变量 myCircle 的语法如下：

```
Circle myCircle;   //变量 myCircle 可以引用一个 Circle 类创建的对象
```

2) 声明引用型变量并引用一个对象

例如，声明引用型变量 myCircle 并引用对象的语法如下：

```
Circle myCircle=new Circle(20);
```

其中，new Circle(20)的作用是创建一个半径为 20 的圆并返回圆的地址，也就是说变量 myCircle 保存了圆的地址。

如果一个变量保存了一个对象的地址，就把这个变量名理解为对象的名字，或者说变量引用了这个对象。

3) 引用变量与对象之间的关系

例如，下面程序片段执行后，引用变量 c1、c2、c3 和对象的内存分配如图 6-7 所示。

```
Circle c1=new Circle(50); //假设圆的地址是: 0x6800
Circle c2=c1;
Circle c3=c1;
```

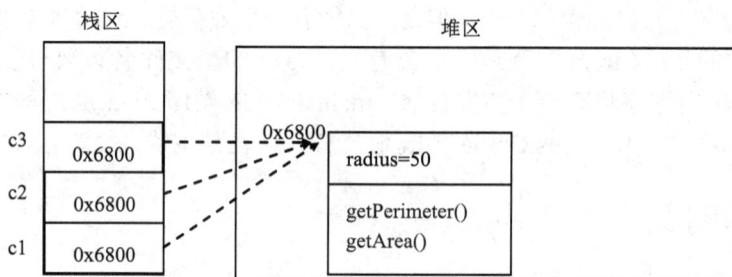

图 6-7　半径为 50 的圆有三个对象名

可见，一个对象可以有多个名字。

6.4.3　访问对象

对象创建后成员变量就保存了对象的数据，因此，成员变量也称为**字段**或**数据域**。访问对象就是访问对象的成员(**成员**包括成员变量和成员方法)。

1. 访问有名对象

一个对象有了名字以后，就可以通过圆点运算符(.)来访问对象的成员了。

假设对象名是 objectName，访问成员的语法如下：

```
objectName.成员;
```

例如，下面的程序片段演示了如何通过对象名访问对象的成员：

```
1 Circle  object1 = new Circle(8);       //创建半径为8的圆，并给对象起名：object1
2 double  rad1=object1.radius            //访问对象object1中的成员变量radius
3 double  area1=object1.getArea()        //访问对象object1中的成员方法getArea()
```

第 1 条语句是创建一个对象，并给对象起名为 object1。第 2 条语句，访问对象的成员变量 radius。第 3 条语句，访问对象的方法 getArea()。

2. 访问无名对象

也可访问没有名字的对象。

(1) 以匿名对象的方式访问对象的成员变量。

```
double radvar= new Circle(50).radius;      //访问匿名对象中的成员变量radius
```

其中，表达式 new Circle(50)创建了一个匿名对象。

(2) 以匿名对象的方式访问对象的成员方法。

```
double areaData= new Circle(50).getArea();  //访问匿名对象中的成员方法getArea()
```

6.4.4　成员变量初始化

在定义类时，如果没有显式地给成员变量赋值，系统就用默认值给成员变量赋值。默认赋值的规则跟数组默认赋值的规则一样。

- 成员变量的类型是 int，默认值是 0。
- 成员变量的类型是 float，默认值是 0.0。
- 成员变量的类型是 boolean，默认值是 false。
- 成员变量的类型是 char，默认值是'\u0000'。
- 成员变量的类型是引用型，则默认值是 null。null 是引用类型的字面常量。如果一个变量的值是 null，其含义是变量没有引用任何对象。

【例 6.3】Student 类中的成员变量采用默认赋值。

程序清单 6-3　StudentTest.java

```
1 public class StudentTest{
2   public static void main(String[] args) {
3     Student stu1=new Student();
4     System.out.println("name:"+stu1.name);
5     System.out.println("age:"+stu1.age);
6     System.out.println("salary:"+stu1.salary);
7     System.out.println("sex:"+stu1.sex);
8     System.out.println("edu:"+(int)stu1.eduBackground);
9   }
10 }
11 class Student {
12   String  name;
13   int     age;
14   double  salary;
15   boolean sex;
16   char    eduBackground;
17 }
```

程序运行结果：

```
name:null
age:0
salary:0.0
sex:false
edu:0  (字符'\u0000'的int值是0)
```

程序说明：

(1) Student 类中的成员变量都没有显式赋值，所以系统采用默认方式给每个成员变量赋值。由于成员变量 name 的类型是引用类型，所以其默认值是 null。

(2) 程序执行第 3 行时，new Student()调用无参构造方法。但是，Student 类中并没有定义无参构造方法呀？如果类中没有定义任何构造方法，那么，编译器对源文件进行编译时会给类添加一个无参构造方法，并用默认值给成员变量初始化。所以，程序清单 6-3 等价于程序清单 6-4。

程序清单 6-4　StudentTest.java

```
1 public class StudentTest{
2    public static void main(String[] args) {
3        Student stu1=new Student();
4        System.out.println("name:"+stu1.name);
5        System.out.println("age:"+stu1.age);
6        System.out.println("salary:"+stu1.salary);
7        System.out.println("sex:"+stu1.sex);
8        System.out.println("edu:"+(int)stu1.eduBackground);
9    }
10 }
11 class Student {
12    String   name;
13    int      age;
14    double   salary;
15    boolean  sex;
16    char     eduBackground;
   Student() {          //这个默认构造方法是编译器自动增加的
      name=null;
         age=0;
         salary=0.0;
         sex=false;
         eduBackground='\u0000';
      }
}
```

注意： 成员变量定义时可以不用初始化，但是定义局部变量的同时必须初始化。

6.4.5　基本类型变量和引用类型变量的区别

基本类型变量保存的是基本类型数据，引用类型变量保存的是对象的地址。

例如，执行下面的两条赋值语句：

```
int     k=8;
Circle  circle1=new Circle(15);//创建一个对象，并将对象的地址保存在 circle1 中
```

假设 new Circle(15)创建的对象在内存中的地址是 0xAC12，则基本类型变量 k 和引用类型变量 circle1 的内存模型如图 6-8 所示。

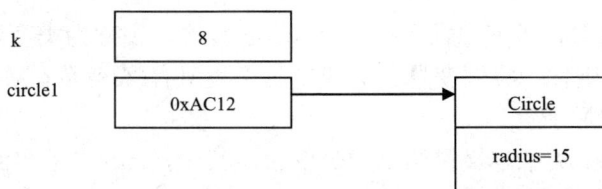

图 6-8　基本类型变量与引用类型变量的内存模型

基本类型变量 k 保存的是一个基本类型值，而引用类型变量 circle1 存储的是一个地址。再分析下面两条语句：

```
Circle c1=new Circle(5);
Circle c2=new Circle(10);
```

假设 new Circle(5)创建的对象的地址是 0x7812，new Circle(10)创建的对象的地址是 0x2810，则变量 c1 和变量 c2 的内存模型如图 6-9 所示。

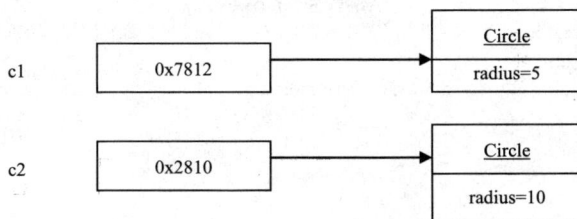

图 6-9　c1 和 c2 的内存模型

当执行下面语句后，变量 c1 和变量 c2 的内存模型如图 6-10 所示。

```
Circle c1=c2;
```

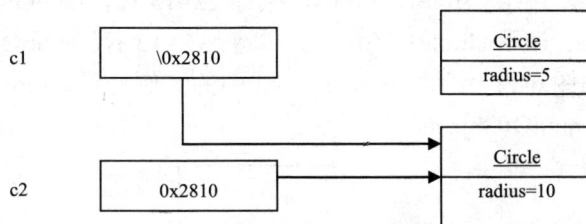

图 6-10　变量的内存模型

图 6-10 表示同一个对象有两个名字(c1 和 c2)。

6.5　static 关键字

成员变量和成员方法可以进一步细分。成员变量进一步分为类变量和实例变量。成员方法进一步分为类方法和实例方法。

6.5.1 类变量与实例变量

在定义成员变量时，若变量前有关键字 static 修饰，则称为**类变量**(也称静态变量)；若没有 static 关键字，则称为**实例变量**。类变量属于类所有(类变量在类的公用区分配)。实例变量属于一个对象单独所有。

【**例 6.4**】Circle1 类中定义了两个成员变量，其中，radius 是实例变量，numOfObjects 是类变量。

程序清单 **6-5**　ClassVariable.java

```
1  public class ClassVariable{
2    public static void main(String[] args){
3      Circle1 c1 = new Circle1(5);
4      Circle1 c2 = new Circle1(10);
5      System.out.println("c1 中的 radius 和 numOfObjects 分别是" +c1.radius + ";" + c1. numOfObjects);
6      System.out.println("c2 中的 radius 和 numOfObjects 分别是" +c2.radius + ";" + c2. numOfObjects);
7    }
8  }
9  class Circle1 {
10     double radius;              //实例变量:radius
11     static int numOfObjects;    //类变量: numOfObjects。跟踪类创建对象的个数
12     Circle1(double r){
13       ++numOfObjects; //每创建一个对象,numOfObjects 加1
14       radius=r;
15     }
16 }
```

程序运行结果：

```
c1 中的 radius 和 numOfObjects 分别是 5.0 ; 2
c2 中的 radius 和 numOfObjects 分别是 10.0 ; 2
```

程序分析：

(1) 执行第 3 行。调用 Circle1(5)语句，执行 12~15 行，numOfObjects 的值是 1。

(2) 执行第 4 行。调用 Circle1(10)语句，执行 12~15 行，numOfObjects 的值是 2。

内存分配情况如图 6-11 所示。对象 c1、c2 中的实例变量 radius 是相互独立的，但是，c1 和 c2 共享类变量 numOfObjects。

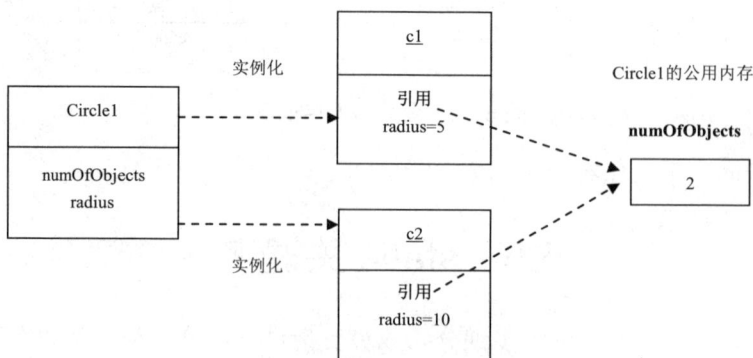

图 6-11　类变量与实例变量的区别

从图 6-11 可知，c1 中的 radius 和 c2 中的 radius 是相互独立的。而 c1 和 c2 共享类变量 numOfObjects。如果 c1 或 c2 修改了类变量的值，则共享类变量的所有对象都会受影响。

6.5.2　类方法与实例方法

在定义成员方法时，若方法名前有关键字 static 修饰，则称为**类方法**(也称静态方法)；若没有关键字 static 修饰，则称为**实例方法**。类方法属于类所有(类方法存储在类的公用区)。实例方法属于一个对象单独所有。

【**例 6.5**】 Circle 类中有 2 个成员变量(radius 是实例变量、numOfObjects 是类变量)、2 个构造方法、2 个成员方法(getNumOfObjects()是类方法、getArea()是实例方法)。

　　程序清单 6-6　TestVariable.java

```java
public class TestVariable{
 public static void main(String[] args){
    Circle c1 = new Circle(); Circle c2 = new Circle(20);
    System.out.print("c1 的"); printCircle(c1);
    c1.radius=10;                    //将 c1 的半径修改为10
    System.out.print("c1 的 "); printCircle(c1);
    System.out.print("c2 的 "); printCircle(c2);
 }
 static void printCircle(Circle c){  //打印对象的信息
    System.out.println("半径" + c.radius + "，当前对象数:" + c.getNumOfObjects() );
 }
}
class Circle {                       //重新定义一个圆类
  final static double PI=3.14159;    //定义类常量
  double radius;
  static int numOfObjects = 0;       //static 必须放在数据类型符号的前面
  Circle(){ radius = 1.0; numOfObjects++; }
  Circle(double r){ radius = r;   numOfObjects++; }
  static int getNumOfObjects(){     //static 必须放在方法返回值类型符号的前面
    return numOfObjects;
  }
  double getArea(){ return radius*radius* PI; }// 获取圆的面积
}
```

对象 c1 和 c2 的内存分配情况如图 6-12 所示。

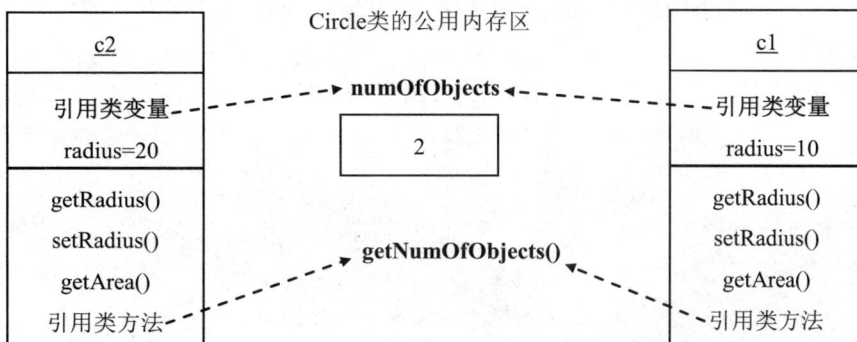

图 6-12　类变量和类方法保存在类的公用区

类变量 numOfObjects 和类方法 getNumOfObjects 保存在 Circle 类的公用区。对象 c1 和 c2 共享类变量(numOfObjects)和类方法(getNumOfObjects)。对象 c1 的实例方法和对象 c2 的实例方法相互独立。

1. 访问实例成员

实例变量和实例方法统称为**实例成员**。因为实例成员属于一个对象所有，所以只有在对象创建后，才能通过对象名访问实例成员。

假设对象名是 objectName，访问实例成员的语法如下：

```
objectName . 实例成员;
```

例如，下面的程序片段获取对象 object1 的半径和面积：

```
1 Circle  object1 = new Circle(30);      //创建半径为 30 的圆，并给对象起名: object1
2 double  rad1=object1.radius           //访问对象 object1 中的实例变量 radius
3 double  area1=object1. getArea()       //访问对象 object1 中的实例方法 getArea()
```

2. 访问类成员

类变量和类方法统称为**类成员**。由于类成员属于类所有，在对象没有创建以前就存在，所以访问类成员可以有两种方式。

1) 通过对象名访问

与访问实例成员的语法一样。假设对象名是 objectName，访问类成员的语法如下：

```
objectName . 类成员;
```

2) 通过类名访问

假设类名是 ClassName，访问类成员的语法如下：

```
ClassName . 类成员;
```

例如，访问 Circle 类中的类变量和类方法的语句如下：

```
int num1=Circle. numOfObjects        //访问类变量 numOfObjects
int num2= Circle. getNumOfObjects()  //访问类方法 getNumOfObjects()
```

3. 静态方法与实例方法

实例方法体中可以使用实例成员和类成员，但是，静态方法体中只能使用类成员，不能使用实例成员。

下面的类定义中，静态方法体中使用了实例变量，属于错误的语法。

```
class employee{
int age=22 ;
  static sum;
  static int salary=1000 ;
  String name="李自成";
  int getsalary(){                  //实例方法
     return salary+age ;            //使用类变量 salary 和实例变量 age
  }
  static void setsalaryg(int z){    //静态方法
```

```
    sum=salary+200;          //使用类变量 salary 和 sum
    salary=sum+age ;         //非法语句。类方法体中不能使用实例变量 age
  }
}
```

下面的类定义中，静态方法体中调用了实例方法，属于错误的语法。

```
class Max_Min{
  float  max=0; //保存最大值
  float  min=0; //保存最小值
  void  max_A(float x,float y,flost z) {
    System.out.println(getmax(x,y,z)*100) ;
    System.out.println(getmin(x,y,z)/100) ;
  }
  static void max_B (float x,float y,float z) {
    System.out.println(getmax(x,y,z)*100) ;//在类方法体中可以调用类方法
    System.out.println(getmin(x,y,z)/100) ; //在类方法体中不能调用实例类方法。本语句非法
  }
  static float getmax(float x,float y,float z) {//求三个数的最大值
    float t;
    if(x<=y)    { t=y; }
    if (t<=z)    {  t=z; }
    return t;
  }
  float  getmin(float x,float y,float z){  //求三个数的最小值
    float t;
    if(x<=y)    { t=x; }
    if (t>=z)   { t=z; }
    return t;
  }
}
```

4. 类常量定义

要声明一个**类常量**，只需在 static 前加关键字 final 即可。例如，在 Circle 类中定义类常量 PI 的语句如下：

```
final static double PI=3.14159;
```

6.5.3　成员变量与局部变量

Java 语言中只有成员变量和局部变量。成员变量定义在类体中，局部变量定义在方法中。

1. 变量的作用域

可以在类中的任何位置定义成员变量，成员变量的作用域是整个类。局部变量的作用域是从变量定义的位置开始延续到包含它的块尾。**成员变量可以先使用后定义，局部变量必须先定义后使用。**

下面通过一个例子说明成员变量与局部变量的作用域。

```
class employee {
   int    age;
   String name;
   double salary;
   String hireDay;
   double getSalary(){
   int k=2000;            局部变量 k 的作用域
      return salary+k;
   }
   String getHireDay(){
      return hireDay+k; //该语句非法，k 不能在这个方法中使用
   }
}
```

4 个成员变量的作用域(age,name,salary,hireDay)

2. 局部变量与成员变量同名

如果局部变量的名称与成员变量的名称相同，则在方法体范围内，起作用的是局部变量。下面 People 类演示了同名的局部变量和成员变量的作用范围。

```
class People {
    String name;
    int age;
    double salary=1000;
    int  k =1 ;                 //成员变量 k
    People (String name1, int age1, double sal){
       this.name=name1;  this.age=age1;  this.salary=sal;
     }
      double getSalary(){
         int k=2000;             //局部变量 k 与上面的成员变量 k 同名
         return salary+k;        // 这里的 k 是局部变量起作用，k 值为2000,不是1
      }
      String getHireDay(){
         return hireDay;
      }
   }
}
```

在 People 类中定义了一个成员变量 k，在方法 getSalary 中定义了一个同名的局部变量 k，则在方法 getSalary 体内起作用的是局部变量 k，同名的成员变量 k 被屏蔽。

3. 使用同名的成员变量

如果在一个方法中定义了一个与成员变量同名的局部变量，而又想在这个方法中使用同名的成员变量，则必须使用关键字 this。对上面的 People 类进行重新定义如下：

```
class People {
   String name;
   int age;
   double salary=1000;
   int k =1 ;       //成员变量 k
   People (String name1, int age1, double sal){
      this.name=name1; this.age=age1; this.salary=sal;
   }
```

```
    double getSalary(){
        int k=2000;            //局部变量 k 与上面的成员变量 k 同名
        return salary+k;       // 这里的 k 是局部变量起作用，k 值为2000，不是1
    }
    String getHireDay(){
        return hireDay;
    }
}
```

4. 成员变量的声明与赋值

成员变量的声明和赋值一步完成是合法的。下面的类定义是合法的：

```
class People_A {
        String name="李世明";
}
```

成员变量的声明和赋值通过两步完成是非法的。下面的类定义是非法的：

```
class People_B {
    String name;            //变量声明
    name= "李世明";          //单独赋值语句是非法语句
}
```

6.6　Java 包

一个 Java 程序由多个类组成。为了有效地组织和管理类，将相关的类封装在一起保存在包中。一个包可以含有多个子包和多个类(或接口)，即包可以形成嵌套结构。这里的包可以理解为文件夹，子包理解为子文件夹。

引入包概念后，就要用到包命名语句(package)和包导入语句(import)。

6.6.1　package 语句

如果希望将多个类组织在一个包中，那么 Java 源文件中的第一条语句应该是一条 package 语句。package 语句的含义是将多个类(或接口)放在同一个文件夹中。包命名语句的通用格式如下：

```
package  packname ; //packname 是程序员给包起的名字
```

packname 可以是一个字符串，也可以是多个字符串通过 "." 符号连接起来的字符串。例如：

```
package zhang.wang;
```

下面的源文件编译后的所有字节码文件必须保存在 **java.wang** 包中。

```
package java.wang ; // java.wang 是程序员给包起的名字
class  Man{
}
class Woman{
}
```

package java.wang 语句的意思是，将该源文件编译后生成的字节码文件 Man.class 和 Woman.class 保存在 **java.wang** 包中，即保存在\java\wang\文件夹中。

如果源程序中省略了 package 语句，则源文件中定义的所有类被隐含地认为组织在一个无名包中，即该包没有名称。

6.6.2　import 语句

如果编写程序时要用到某个包中的类，可以使用 import 语句导入包中的类。一个 Java 源文件中可以有多个 import 语句，它们必须写在 package 语句(假如有 package 语句的话)之后、类定义之前。Java 系统提供了大约 130 多个包，每个包中包含大量的类。例如：

- java.applet：定义 Java Applet 小程序时要用到的类。
- java.awt：定义用户界面时要用到的抽象窗口工具包。
- java.awt.image：抽象窗口工具集中的图像处理类，实现图像处理。
- java.lang：基本语言包，该包由系统自动导入，不需要在程序中导入。
- java.io：包含所有的输入、输出和文件处理类，实现输入/输出处理。
- java.net：包含实现网络功能的类和接口。
- java.util：实现数据结构的类。

引入包中的类有两种方式：引入包中的所有类，或者引入包中的某个类。

1. 引入包中的所有类

如果要引入一个包中的所有类，可以用星号(*)来代替。例如，希望引入 java.awt 包中的所有类，其语句如下：

```
import   java.awt.*;      //引入包java.awt中的所有类
```

2. 引入包中某个类

例如，希望引入 java.until 包中的 Data 类，其语句如下：

```
import   java.until.Data;
```

6.7　可见性修饰符

在 Java 语言中，可见性修饰符又称为访问级别，用来定义类或者类中成员的可见范围。可见性修饰符出现在两个位置：修饰类和修饰类的成员。

6.7.1　修饰类

修饰类的可见性修饰符有两个：public 和默认修饰符(没有修饰符)。

1. public 修饰符

源文件 Book.java 中定义了 Book 和 Test 类，其中，关键字 public 修饰了 Book 类，Book 是一个公有类。公有类可以在任何类中实例化(实例化是指用 new 操作符创建一个对象的过程）。Book.java 的代码如下：

```
package pack6;
public class Book {  //public 修饰类
   String isbn;  String title;
   int width;   int height;   int numberOfPages;
}
class Test {
   Book b1=new Book();  //表示 Test 类使用 Book 创建一个对象
}
```

上面的公有类 Book，不仅可以被同一个包中的 Test 类使用，也可以被其他包中的类使用。例如，下面 pack7 包中的 NewReader 类使用 pack6 包中的 Book 类：

```
package pack7;
import  pack6.*;  //导入包 pack6 中的所有类
public class NewReader {
   String name;
   Book   b=new Book();  //表示 pack7 包中的 NewReader 类使用 pack6 包中的 Book 类实例化
}
```

2. 默认修饰符

默认修饰符就是没有修饰符，也称为包级别修饰符。如果用默认修饰符定义一个类，那么，这个类的可见性在包范围内，即它只能被同一个包中的类使用。

下面的例子中，People 类使用同一个包中的、可见性为默认级别的 Paper。

```
package pack8;
public class People {
   String name;  int age;
   Paper pa=new Paper();    //因为 Paper 类的可见性是包级别，因此可以被同一个包中的类使用
}
class Paper {                //Paper 类的可见性是默认级别，即包级别
   int width;  int height;
}
```

在下面的程序中，pack9 包中的 Man 不能使用 pack8 包中的 Paper，因为 Paper 类的可见性是包级别，即 Paper 类的可见性范围在 pack8 包内，在 pack8 包外不可见。

```
package pack9;
import  pack8.*;  //导入 pack8 包中的所有类
public class Man {
   String name;  int age;
   Paper pa=new Paper();  //语法错误。pack9 包中的 Man 不能使用 pack8 包中的 Paper
}
```

6.7.2　修饰类的成员

类的成员包括三种，即成员变量、成员方法和构造方法。类成员的可见性修饰符有 4 个，也就是有 4 个级别。可见性修饰符的级别从低到高的排列顺序如图 6-13 所示。

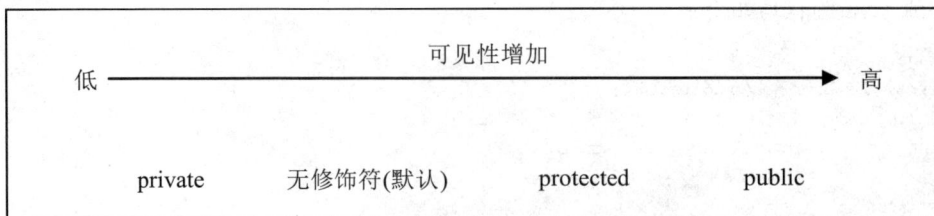

图 6-13　可见性修饰符级别的排列顺序

上面 4 个可见性修饰符都可以用来修饰类的成员。

1. private

如果类成员的可见性是 private，那么该成员只在自己的类里可见，即它只能被类中的其他成员访问。例如，Paper 类中的 **num** 的可见性是 private。

```
package pack90;
public class People {
    String name;  int age;
    Paper p=new Paper();
    int  number=p.num; //错误。因为num的可见性在Paper类范围里，在People类里不可见
}
class Paper {
    private int num; //num的可见性是private，可见性在Paper类范围里
    int width;
    protected int height;
    int getNum(){
        return width +num+10; //只有paper类中的成员才能访问num
    }
}
```

假设类 A1 中有一个成员 x，其可见性是 private(x 代表成员变量，或成员方法，或构造方法)，则 x 的可见性范围是 A1 内。可见性范围被标记为灰色部分，如图 6-14 所示。

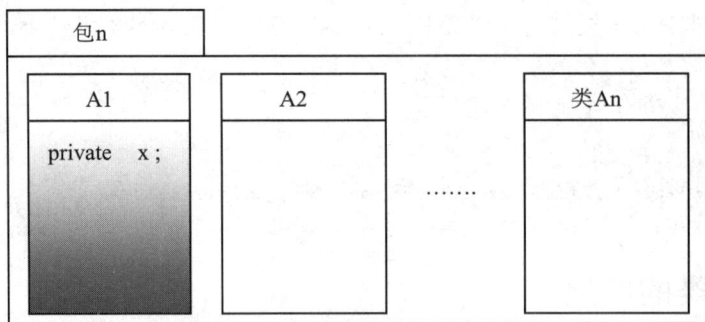

图 6-14　可见性为 private 的访问空间

2. 默认修饰符(没有修饰符)

如果类成员的可见性是默认修饰符(包级别)，那么该成员的可见性范围是同一个包中的

所有类。例如，Paper 类的成员 **width** 的可见性是默认修饰符，其可见性范围是同一包中的所有类，即同一包中的所有类都可以访问它。

```
package pack95;
public class People {
    String name;   int age;
    Paper p=new Paper();
    int wid=p.width;  //正确。由于width的可见性是包级别，可见性范围是同一包中的所有类
}
class Paper {
    private int num;
    int width; // width的可见性是默认值(包级别)
    protected int height;
    int getNum(){
        return width +num+10; // 只有paper类中的成员才能访问num
    }
}
```

由于 **width** 的可见性是包级别，其可见性范围是同一包中的 People 类和 Paper 类。在可见性范围内，都能访问 width(表达式 **p.width** 表示访问 width)。

假设类 A1、A2、⋯、An 在同一个包 m 中。可见性为包级别的成员 x(x 代表成员变量，或成员方法，或构造方法)的访问范围是同一个包内。可访问范围被标记为灰色部分，如图 6-15 所示。

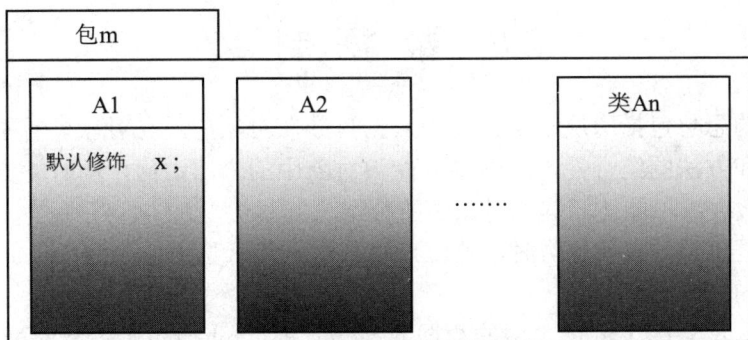

图 6-15　可见性为包级别的访问空间

3. protected

如果类成员的可见性是 protected，那么，成员在同一个包中可见、在子类中可见。

假设类 A1、A2、⋯、An 在同一个包 m 中。可见性为 protected 的成员 x 的可见性范围为同一个包内及子类(假设类 H1 是 A1 的子类，并在包 k 中)，可访问范围被标记为灰色部分，如图 6-16 所示。

4. public

如果类成员的可见性是 public，那么该成员的可见性范围是任意包中的任意类。所有的类都可以访问 public 成员。

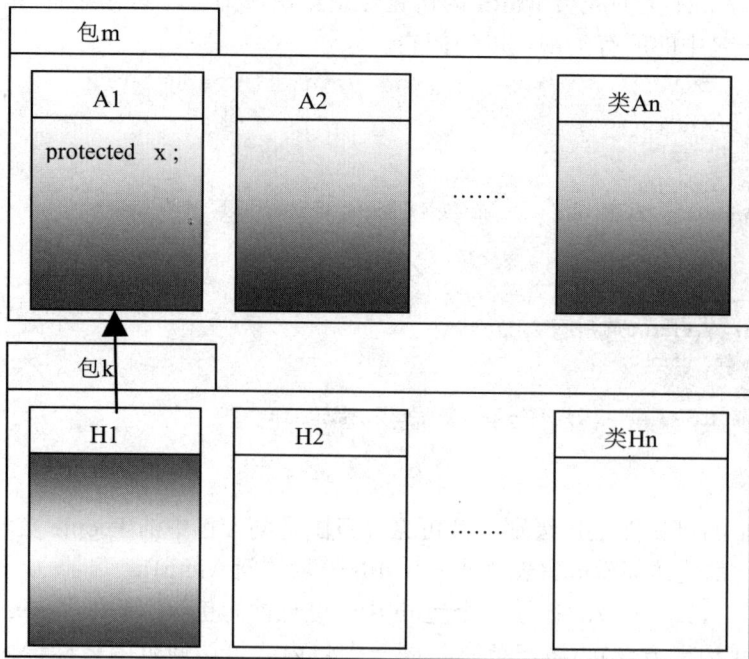

图 6-16　可见性为 protected 的访问空间

6.8　数　据　封　装

数据封装的思想包括两层含义：①指数据封装在对象里，在对象外看不见数据；②指对象中的数据和方法的结合性，即数据只能被对象中的方法访问，同时，方法只访问自己所在对象中的数据，不能访问其他对象中的数据。

要实现数据封装，在设计类时，就应该将数据域的可见性设计为 private，将方法的可见性设计为 public。

在程序清单 6-6 中，Circle 类中的数据域 radius 和 numberOfObjects 的可见性是包级别，因此，在同一包中的其他类里可以直接修改数据域 radius 和 numberOfObjects。例如，可以在 TestVariable 类中直接修改它们：c1.radius=-20，Circle.numberOfObjects=200。这种在其他类中直接修改数据域的程序设计方法是不科学的，原因有以下两种。

(1)　对象中的数据可能被篡改。

如果数据域的可见性不是 private，那么在其他类中可以直接修改数据域的值(直接修改数据域的格式：对象名.字段名=值)。例如，数据域 numberOfObjects 的值可以被其他类直接修改(例如，c1.numberOfObjects=8)。

(2)　类变得难以维护。

假设有多个客户程序使用 Circle 类，如果其中一个客户通过 c2.numberOfObjects=-20 直接修改了 numberOfObjects 的值，那么使用这个类的其他客户程序也会受影响。

为了防止数据域被直接修改，应该将数据域的可见性声明为 private。可见性被声明为 private 的数据域，只在类体中可见，在类外不可见，**这就是数据封装**。

数据域的可见性被声明为 private 后，客户怎样读取数据、更新数据呢？

为了读取私有数据域，可以提供一个 get 方法返回数据域的值；为了更新私有数据域，可以提供一个 set 方法给数据域设置新值。get 方法称为**读取器**，set 方法称为**修改器**。

假设私有数据域名称是 **xxx**，根据数据域的数据类型不同，程序员可以定义相应的 get 方法和 set 方法。

(1) 数据域的类型是 boolean。

数据域的类型是 boolean，设计类时，为其提供一个方法，方法声明格式如下：

```
public boolean isXxx();
```

(2) 数据域的类型不是 boolean。

数据域的类型不是 boolean，设计类时，为其提供两个方法：一个方法作为读取器，另一个方法作为修改器。下面是读取器和修改器的声明格式。

① 读取器。

```
public type  getXxx()
```

② 修改器。

```
public void  setXxx(datatype value1,…,datatype valuen)
```

现在修改程序清单 6-6 中的 Circle 类，将其中数据域的可见性都修改为 private，将其中所有方法的可见性设计为 public，并为数据域 radius 提供 set 方法和 get 方法。修改后的 Circle 类如下。

程序清单 6-7　Circle.java

```
class Circle {
  final  static  double PI=3.14159;           //定义类常量
  private double radius;
  private static int numOfObjects = 0;        //static 必须放在数据类型符号的前面
  public Circle(){
     radius = 1.0;  numOfObjects++;
  }
  public Circle(double r){
     radius = r;    numOfObjects++;
  }
  public double getRadius() {          // 读取器                      为数据域 radius
     return radius;                                                提供的读取器和
}                                                                 修改器
  public void setRadius(double newRadius){ // 修改器
     radius = newRadius;
}
  public static int getNumOfObjects(){ //返回对象数
     return numOfObjects;
  }
  public double getArea(){// 返回圆的面积
     return radius*radius* PI;
  }
}
```

修改后的 Circle 类，数据域(radius 和 numOfObjects)的可见性都被改为 private。这样，

数据被封装在对象内，在对象外是看不见数据域的。使用 Circle 类的客户程序，如果希望读取和修改 radius 的值，则必须通过 getRadius()和 setRadius()方法来实现。由于设计 Circle 类时，必须阻止客户程序直接修改 numOfObjects 的值，所以就没有为数据域 numOfObjects 提供修改器。

下面是一个客户程序，它使用修改后的 Circle 类创建两个对象，然后使用 setRadius()方法修改对象的半径。

程序清单 6-8 TestCircle2.java

```
1 public class TestCircle2
2 {
3  public static void main(String[] args){
4    Circle c1 = new Circle();
5    System.out.println("c1的半径是:"+c1.getRadius()+",创建的对象数是:"+c1.getNumOfObjects());
6    c1.setRadius(50); // 将 c1 的半径修改为50
7    c1.set NumOfObjects(100)  //Circle 没有为 numOfObjects 提供修改器，所以无法修改
8    c1. numOfObjects=100;   // 因为 numOfObjects 不可见，所以无法修改
9    Circle. numOfObjects=100;  //因为 numOfObjects 不可见，所以无法修改
10   Circle c2=new Circle(2);
11   c2.radius=20;          //因为 radius 不可见，所以无法修改
12   System.out.println("c1 半径是:"+c1.getRadius()+",创建的对象数是:"+c1.getNumOfObjects());
13 }
14 }
```

程序说明：

由于数据域(radius 和 numOfObjects)都被声明为私有的，在类外看不见私有数据，第 8、9、11 行都无法执行，属于语法错误。

类设计原则：

为了防止类中的数据域被其他类修改，同时为了使类容易维护，设计类时最好将数据域的可见性声明为 private，将方法的可见性声明为 public。

6.9 传 递 引 用

调用方法时，如果参数是基本类型，则实参将数据值传给形参。如果参数是引用类型，则实参将引用传递给形参，即把实参的地址传给形参。

【例 6.6】调用语句(printAreas(myCircle);)将对象的引用传递给方法 printAreas(Circle c)，该方法打印出半径分别是 1、2、3、4、5 的圆面积。

程序清单 6-9 TestPassingObject.java

```
public class TestPassingObject{
  public static void main(String[] args){
    for(int i=1;i<=5;i++){
          Circle myCircle = new Circle(i);
      printAreas(myCircle); //调用方法的语句
    }
  }
  // 输出圆的半径和面积
  public static void printAreas(Circle c){
```

```
        System.out.println("半径 \t\t 面积");
        System.out.println(c.getRadius()+ "\t\t" + c.getArea());
    }
}
```

6.10 对象数组

前面介绍的数组元素类型都是基本类型，数组元素也可以是对象。考虑下面的语句：

```
Circle cirArray[]=new Circle[10]; //由10个圆构成一个数组
```

下面的语句对数组 cirArray 初始化：

```
for(int i=0; i< cirArray.length; i++)  cirArray[i]=new Circle(i+1);
```

【例 6.7】累加圆的面积。创建包含 10 个圆的数组 cirArray，并显示它。

程序清单 6-10　TotalArea.java

```
public class TotalArea{
  public static void main(String[] args){
    Circle[] circleArray;                    // 声明变量 circleArray
    circleArray = createCircleArray();       // 创建数组 circleArray
    printCircleArray(circleArray);           // 打印数组，并累加圆的面积
  }
  public static Circle[] createCircleArray(){  // 创建由圆构成的数组
    Circle[] circleArray = new Circle[10];
    for (int i=0; i<circleArray.length; i++)  circleArray[i] = new Circle(Math.random()*100);
    return circleArray;
  }
  public static void printCircleArray(Circle[] circleArray){
    System.out.println("圆的半径\t\t\t\t\t 圆的面积");
    for (int i=0; i<circleArray.length; i++)
        System.out.println( circleArray[i].getRadius() + "\t\t\t\t"+ circleArray[i].getArea());
    System.out.println("总面积是: " + sum(circleArray)); // 计算和显示结果
  }
  public static double sum(Circle[] circleArray) {// 累加圆的面积
    double sum = 0;
    for (int i = 0; i < circleArray.length; i++)  sum += circleArray[i].getArea();// 累加圆的面积
    return sum;
  }
}
```

6.11 this 关键字

关键字 this 总是保存当前对象的地址，即 this 引用了当前对象，也就是说 this 是当前对象的名字。下面是一个 Person 类。

程序清单 6-11　Person.java

```
class Person{
  String name ;
  public void setName(String name){
```

```
    this.name= name ;  //将形参 name 的值赋给实例变量 name
  }
}
```

假设 CPU 正在执行 setName(String **name**)方法，那么该方法所属的对象(CPU 正在执行的对象就是当前对象)的地址就保存在变量 this 中，内存分配情况如图 6-17 所示。

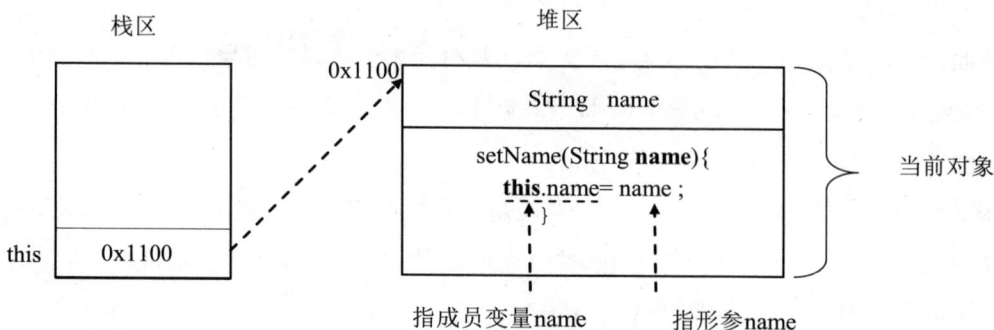

图 6-17　this 是当前对象的名字

由于已经知道当前对象名是 this，按照"对象名.成员变量"的语法格式，可以把成员变量 name 表示为 this.name。当执行流程进入 setName(String **name**)方法体后，同名的成员变量 name 被隐藏。

方法 setName(String name)中的局部变量 name 隐藏了成员变量 name。为了使用成员变量 name，用 this.name 表示成员变量 name。

当类中的一个构造方法调用同类中另一个构造方法时，可以使用 this。例如，下面的 Circle 类定义：

```
public class Circle {
  private  double radius;
  public Circle(double  radius){
    this.radius = radius;
  }
  public Circle(){
    this(10.0);  //这条语句相当于调用方法 Circle(10.0)，但是，this(10.0)不等于 Circle(10.0)
  }
  public double getArea()  {
    return  radius*radius*Math.PI;
  }
}
```

注意：

(1)　this()语句出现在构造方法中时，必须作为构造方法体中的第一条语句。

(2)　为了在方法中使用被隐藏的类成员(类变量或类方法)，用"**类名.类成员**"访问被隐藏的类变量和类方法；用"this.实例成员"访问被隐藏的实例变量和实例方法。但不能用"this.类成员"格式访问类变量和类方法。

6.12　本章小结

世界上所有的事物都是对象，类是对一组对象的共同特征的抽象和描述，对象是类的一个实例。在 Java 语言中，类包括两部分：类声明和类体。类体包括三个部分：成员变量、成员方法和构造方法。类的使用者使用构造方法构造对象。

用关键字 static 修饰的成员变量称为类变量(或称静态变量)，用关键字 static 修饰的成员方法称为类方法(或称静态方法)。类变量和类方法属于一个类所有，它们保存在类的公有存储区。

没有 static 修饰的成员变量称为实例变量，没有 static 修饰的成员方法称为实例方法，实例变量和实例方法属于一个实例所有。

包是对空间的划分机制，一个包等价于一个文件夹，一个包可以含有多个子包和多个类(或接口)。

可见性分为类的可见性和类成员的可见性。类的可见性有 2 种：public 和默认方式。类成员的可见性有 4 种：private、默认方式、protected、public。

为了实现数据封装的目标，设计类时将数据域的可见性设计为 private，将方法的可见性设计为 public。

6.13　习　　题

1. 如果一个 Java 源文件中的包语句是 package java.chan，则编译后的字节码文件应该保存在哪里？其他包中的类应该如何使用该包中的类？

2. 类的 2 种可见性有什么区别？类成员的 4 种可见性有什么区别？请举例说明。

3. 定义一个名为 Rectangle 的矩形类。其属性分别是：宽(width)、高(height)和颜色(color)。width 和 height 的数据类型是 float，color 的数据类型是 String。假定所有矩形的颜色相同。要求定义计算矩形面积的方法(getArea())。

4. 定义人类(People)和羊类(Sheep)。要求为每个属性提供访问器方法。

5. 举例说明成员变量与局部变量的区别、类变量与实例变量的区别、类方法与实例方法的区别。

6. 编写一个满足下列要求的程序：

- 定义学生类，属性分别是：姓名(name,String)、学号(ID,int)和年级(state,int，1: 新生，2: 二年级，3: 三年级，4: 四年级)。
- 创建 30 个学生，学生的姓名、学号、年级通过键盘输入。
- 查找二年级的学生人数，并输出姓名和学号。

第7章 字 符 串

本章要点

- String 类；
- StringBuffer 类；
- StringTokenizer 类。

学习目标

掌握 String 类、StringBuffer 类和 StringTokenizer 类的使用方法。

本章介绍三种字符串处理类，它们是 java.lang 包中的 String 类和 StringBuffer 类、java.util 包中的 StringTokenizer 类。

7.1 String 类

String 类是一个 final 类，即没有子类。用 String 类创建的字符串在内存中分配的空间大小不能修改，也无法修改字符串中的任何字符。

字符串的字面常量是用双引号括起的文本，例如，"同志们好"、"88.33"都是字符串字面常量。Java 程序执行时自动将字符串常量封装为一个对象并保存在堆区。

7.1.1 构造字符串

创建字符串常见的几种语句格式介绍如下。

1. 字符串常量

用字符串字面常量构造字符串对象，例如：

```
String str="中山大学计算机学院" ;
```

编译器扫描到字符串字面常量("中山大学计算机学院")时，自动在堆区创建一个对象并返回对象的地址，然后，地址赋给变量 str，即 str 引用字符串。

2. 构造方法

1) String()
用默认构造方法创建一个空的字符串。例如：

```
String s=new String();
```

2) String(String value)
(1) 用字符串作参数构造一个字符串。例如：

```
String s=new String("Java");
```

上面的语句与下面的语句作用是等价的：

```
String s="Java";
```

(2)　用字符数组作参数构造字符串。

● String(char[]value)：用整个字符数组创建一个字符串。

● String(char[]value,int offset,int count)：用字符数组的一部分创建字符串。

其中：value 是字符数组，offset 是 value 的下标，count 是字符个数。例如：

```
char ch[]={'a','b','c','d','e','f','g','h','i','j'};
    String s1=new String(ch);         //s1="abcdefghij"
    String s2=new String(ch,2,3);     //s2="cde"
```

(3)　用字节数组作参数构造字符串。

● String(byte[]bytes)：用整个字节数组创建一个字符串。

● String(byte[]bytes,int offset,int length)：用字节数组的一部分创建字符串。

● String(byte[]bytes,int offset,int length,String charsetName)：用字节数组的一部分创建字符串，使用的字符集是 charset Name。

● String(byte[]bytes,String charsetName)：用字节数组和指定字符编码创建字符串。

其中：bytes 是字节数组，offset 是 bytes 的下标，length 是字节数，charsetName 是字符编码(如 iso-8859-1、gb2312 等)，若不指明则为系统默认的字符编码。例如：

```
        byte bt[]={65,66,67,68,69,70,71,72,73,74,};
        String s1=new String(bt);         //s1="ABCDEFGHIJ"
        String s2=new String(bt,3,4);     //s2="DEFG"
```

3)　String(StringBuffer buffer)

用缓冲字符串为参数构造字符串。

7.1.2　常用方法

1. 获取字符串的长度

用 int length()方法获取字符串的长度，即字符个数。例如：

```
String s = "Java 程序设计";   //每个汉字算一个字符
int n = s.length( );         //n 的值为 8
int k ="test".length( )      //k 的值为 4
```

2. 字符串比较

(1)　判断两个字符串的内容是否相等。

● boolean equals (Object anObject)：区分大小写。

● boolean equalsIgnoreCase (Object anObject)：不区分大小写。

例如：

```
        "Hello".equals("Hello");          //结果为 true
        "Hello".equals("hello");          //结果为 false
```

```
"Hello".equalsIgnoreCase("hello");      //结果为true
```

(2) 比较两个字符串的大小。

- int compareTo (String anotherString)：区分大小写。
- int compareToIgnoreCase (String anotherString)：不区分大小写。

例如：

```
String s1="java p", s2="java P";//注意p的大小写
s1.compareTo("java q")            // s1 小于"java q"。结果为-1
s1.compareTo(s2)                  //s1 大于s2，返回一个正数
s1.compareToIgnoreCase(s2)        //s1 等于s2，返回结果为0
```

(3) 运算符 "==" 与 equals()的区别。

- ==：两个数值的比较。
- equals()：两个字符串内容的比较。

程序清单 7-1　CompareDemo.java

```
1    public class CompareDemo {
2    public static void main(String args[]) {
3        String s1="xyz";        //1.字符串字面常量
4        String s2="xyz";        //2.字符串字面常量。与前一个字面常量相同
5         String s3=new String("xyz");
6        String s4=new String("xyz");
       System.out.println("s1==s2?: "+(s1==s2));//关系运算符是比较两个数据值的大小
       System.out.println("s1==s3?: "+(s1==s3));
       System.out.println("s3==s4?: "+(s3==s4));
       System.out.println("s1.equals(s2)?:"+s1.equals(s2)); //equals是比较两个对象是否相等
       System.out.println("s1.equals(s3)?:"+s1.equals(s3));
       System.out.println("s3.equals(s4)?:"+s3.equals(s4));
       System.out.println("s1.equals(s3)?:"+s1.compareTo(s3));
       }
}
```

(1) 程序执行第 3 行。系统把**字符串字面常量** xyz 封装为一个对象(假设对象的地址是0x6800)并返回对象的地址，然后将地址赋给变量 s1。内存的分配情况如图 7-1 所示。

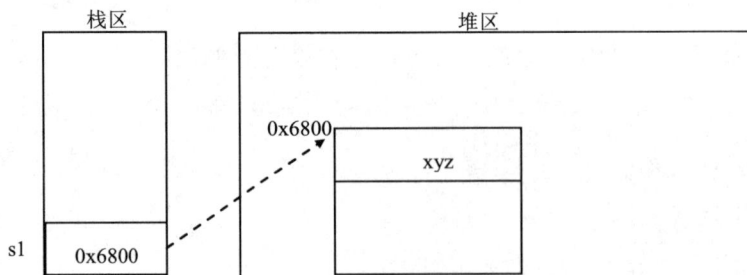

图 7-1　内存分配图(1)

(2) 程序执行第 4 行时，再次发现**相同的字符串字面常量** xyz，由于已经将字符串字面常量 xyz 封装为对象了，因此，此时系统不再把字符串字面常量 xyz 封装为对象，而是将前面已经封装为对象的地址赋给 s2，内存的分配情况如图 7-2 所示。

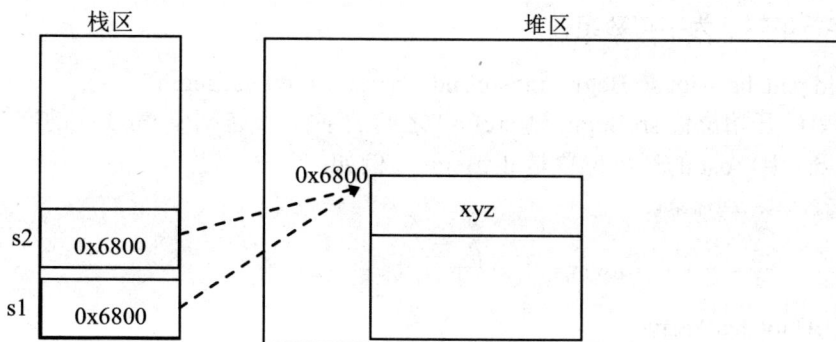

图 7-2　内存分配图(2)

(3)　程序执行第 5、6 行后的内存分配情况，如图 7-3 所示。

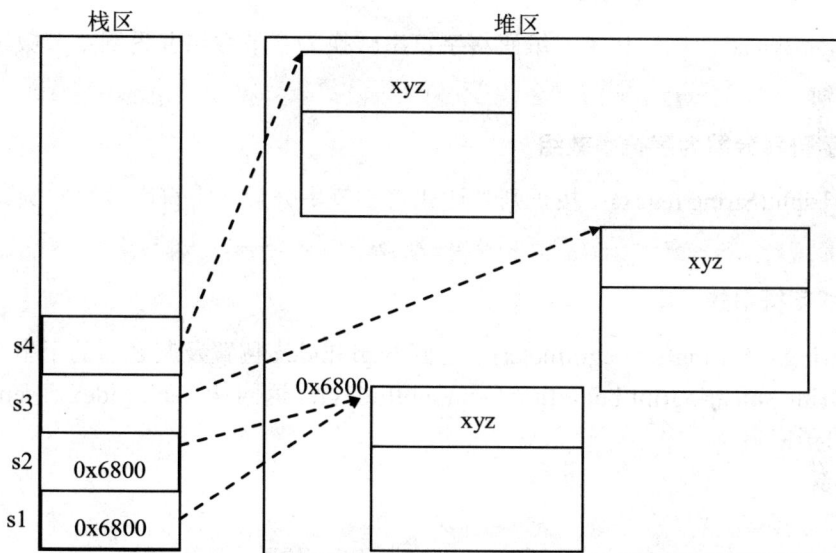

图 7-3　内存分配图(3)

程序运行结果：

```
s1==s2?: true
s1==s3?: false
s3==s4?: false
s1.equals(s2)?:true
s1.equals(s3)?:true
s3.equals(s4)?:true
s1.equals(s3)?:0
```

3. 从字符串中获取指定位置的字符

char charAt (int index)：其中 index 值的范围是 0~字符串长度-1。例如：

```
char c="Hello".charAt(1);        //c 的值是 'e'
```

4. 将字符串转换为字符数组

(1) void getChars(int srcBegin, int srcEnd, char[] dst, int dstBegin)

将字符串的开始位置 srcBegin 到 srcEnd 之间的字符(不包括 srcEnd 处的字符)复制到目标字符数组 dst 中，dst 的开始位置是 dstBegin。例如：

```
String s="中山大学计算机学院";
char[] buf=new char[10];
s.getChars(4, 7, buf, 0); //buf[0]='计', buf[1]='算', buf[2]='机'
```

(2) char[] toCharArray()。

将字符串中的字符转换为字符数组，功能与 getChars()方法类似。例如：

```
char[] buf= "Hello ".toCharArray();
```

5. 将字符串转换为字节数组

byte[] getBytes()：以默认字符编码将字符串转换为字节数组并返回字节数组。例如：

```
byte[] buf= "Hello ".getBytes();
```

6. 将字符串分解为字符串数组

String[] split(String regex)：按正则表达式将字符串分解为字符串数组。例如：

```
String [] str="boo:and:foo".split(":"); // str 的值是：{"boo", "and", "foo"}
```

7. 获取字符串的子串

- String substring(int beginIndex)：返回 beginIndex 位置及其之后的子串。
- String substring(int beginIndex, int endIndex)：返回从 beginIndex 到 endIndex 之间的子串。

例如：

```
"substring".substring(3); //返回值是："string"
"substring".substring(3,6);//返回值是："str"  注意，不包括 6 号位置处的字符
```

8. 检索字符

(1) 从前往后检索。

- int indexOf(int ch)：从字符串的索引 0 开始往后检索字符 ch，返回第一次出现 ch 的位置。若未找到返回-1。
- int indexOf(int ch, int fromIndex)：从字符串的索引 fromIndex 开始往后检索字符 ch，返回第一次出现 ch 的位置。若未找到返回-1。

其中，ch 是要检索的字符，其数据类型可以是 int 或 char。例如：

```
String s="Java is a programming language.";
s.indexOf('a');        //返回值是：1
s.indexOf('a',4);      //返回值是：8
```

(2) 从后往前检索。

- int lastindexOf(int ch)：从字符串的最后往前检索字符 ch，返回第一次出现 ch 的位

置。若未找到返回-1。

- int lastindexOf(int ch, int fromIndex)：从字符串索引 fromIndex 开始往前检索字符 ch，返回第一次出现 ch 的位置。若未找到返回-1。

例如：

```
String s="Java is a programming language.";
s.lastIndexOf('a');        // 27
s.lastIndexOf('a',20);     // 15
```

9. 检索子串

(1) 从前往后检索。

- int indexOf(String str)：从字符串的索引 0 开始往后检索子串 str，返回第一次出现 str 的位置。若未找到返回-1。
- int indexOf(String str, int fromIndex)：从字符串的索引 fromIndex 开始往后检索子串 str，返回第一次出现 str 的位置。若未找到返回-1。

例如：

```
String s="Java is a programming language.";
s.indexOf("is");       // 返回值是: 5
s.indexOf("prop");     //返回值是: -1
```

(2) 从后往前检索。

- int lastIndexOf(String str)：从字符串的最后往前检索子串 str，返回第一次出现 str 的位置。若未找到返回-1。
- int lastIndexOf(String str, int fromIndex)：从字符串的索引 fromIndex 开始往前检索子串 str，返回第一次出现 str 的位置。若未找到返回-1。

例如：

```
String s="Java is a is";
s.lastIndexOf("is");       //返回值是: 10
s.lastIndexOf("is",9);     // 返回值是: 5
```

10. 字符串的连接

String concat(String str)：连接两个字符串。例如：

```
String str="This".concat(" is a demo"); //str 的值是: "This is a demo"
```

11. 字符的替换

String replace(char oldChar, char newChar)：用字符 newChar 替换字符串中的 oldChar 字符。例如：

```
String str="java".replace('a','b');   // str 的值是: "jbvb"
```

12. 去掉字符串中开头与结尾处的空格

String trim()：去掉字符串前面和后面的空格。例如：

```
String str=" Hello, Mr Wang ".trim(); // str 的值是: "Hello, Mr Wang"
```

13. 把字符串中的所有字符转换成小写

String toLowerCase()：将字符串中的所有字符转换为小写。例如：

```
String str="Hello".toLowerCase(); // str 的值是："hello"
```

14. 把字符串中的所有字符转换成大写

String toUpperCase()：将字符串中的所有字符转换为大写。例如：

```
String str="Hello".toUpperCase(); // str 的值是："HELLO"
```

15. 字符串的前缀和后缀

- boolean startsWith(String s)：判断 s 是否与字符串的前缀匹配。
- boolean endsWith(String s)：判断 s 是否与字符串的后缀匹配。

例如：

```
String  str ="0123456789";
boolean t1=str.endsWith("789");       //返回 true。"789"与 str 的后缀匹配
boolean t2=str.startsWith("012"));    //返回 true。"012"与 str 的前缀匹配
```

7.2　StringBuffer 类

StringBuffer 类创建的是一个字符串缓冲区，可以向缓冲区中添加、插入新的内容，或替换缓冲区中的字符、字符串。

7.2.1　构造方法

- StringBuffer()：建立一个空串的缓冲区，缓冲区容量为 16 个字符。
- StringBuffer (int length)：建立一个容量为 length 个字符的空串缓冲区。
- StringBuffer (String str)：建立一个包含 str 字符串的缓冲区。还额外增加 16 个字符的空闲空间。缓冲区总容量是 str +16。

例如：

```
StringBuffer sb=new StringBuffer("12345");
System.out.println(sb.length());        //长度为 5
System.out.println(sb.capacity());      //容量为 21(即 5+16)
```

注意：缓冲区的容量与字符串的长度是两个不同的概念。

7.2.2　实用方法

下面的所有方法都是对缓冲区中字符或字符串的操作。

1. 获取字符串的长度

int length()：获取字符串的长度，即字符个数。

2. 设置字符串的长度

void setLength(int newLength)：设置字符串的长度。如果 newLength 比当前字符串的长度大，将在字符串尾部加空字符('\u0000')；若 newLength 比当前字符串的长度小，将缓冲区的字符串长度修改为 newLength。

3. 获取缓冲区容量的大小

int capacity()：获取缓冲区容量的大小，单位是字符个数。

程序清单 7-2　StringBufferDemo.java

```
public class StringBufferDemo {
    public static void main(String args[]) {
        StringBuffer sb = new StringBuffer("abcdefghijklmnopqrstuvwxyz");
        System.out.println("缓冲区中的字符串: "+ sb.toString());
        System.out.println("sb.length()= "+ sb.length());
        System.out.println("sb.capacity()= "+ sb.capacity());
        System.out.println("设置sb的新长度为10后"); sb.setLength(10);
        System.out.println("字符串的内容为: "+ sb.toString());
        System.out.println("sb.length()= "+ sb.length());
        System.out.println("sb.capacity()= "+ sb.capacity());
    }
}
```

程序运行结果：

```
缓冲区中的字符串: abcdefghijklmnopqrstuvwxyz
sb.length()= 26
sb.capacity()= 42
设置sb的新长度为10后
字符串的内容为: abcdefghij
sb.length()= 10
sb.capacity()= 42
```

4. 追加各种类型的数据

StringBuffer append(type data)：把数据 data 追加到字符串的尾部，其中，type 代表任意数据类型。例如：

```
StringBuffer sb= new StringBuffer();
sb.append(12);  //缓冲区中的字符串是: "12"。将各种类型数据当作字符串追加到字符串尾部
sb.append(true); //缓冲区中的字符串是: "12true"
```

5. 插入各种类型数据

StringBuffer insert(int offset, type data)：在字符串的 offset 位置插入数据 data。其中，offset 是字符的索引，type 代表任意数据类型。例如：

```
StringBuffer sb= new StringBuffer("abcdef");  //创建缓冲区 sb
sb.insert(0,12);  //缓冲区中的字符串是: "12abcdef"
sb.insert(4, true); //缓冲区中的字符串是: "12abtruecdef"
```

6. 删除字符或字符串

● 　StringBuffer delete(int start, int end)：删除 start 至 end 之间的字符串。其中，start

和 end 是索引(字符的索引就是字符的下标号)。

- StringBuffer deleteCharAt(int index)：删除字符串中索引 index 对应的字符。

7. 替换指定位置的字符串

StringBuffer replace(int start, int end, String str)：用 str 替换 start 至 end 之间的子串。

8. 获取指定位置的字符

char charAt(int index)：获取字符串中索引 index 处的字符。

9. 设置指定位置处的字符

void setCharAt(int index, char ch)：将字符串中索引 index 处的字符设置为 ch。

10. 获取子串

- String substring(int start)：获取 start 至最后之间的子串。
- String substring(int start, int end)：获取 start 至 end 之间的子串。

11. 字符串逆序

StringBuffer reverse()：将字符串逆序排列。例如：

```
StringBuffer sb= new StringBuffer("abcdef");
sb.reverse();    //该方法执行后，缓冲区中的字符串是："fedcba"
```

12. 字符串类型转换

String toString()：将 StringBuffer 对象转换成 String 对象。

程序清单 7-3 BufferModified.java

```
public class BufferModified {
    public static void main(String args[]) {
        char ch[] = { 'a', 'b', 'c', 'd', 'e' };
        StringBuffer sb = new StringBuffer("12345");
        sb.append("ABCDE");              // sb 包含的字符串为:"12345ABCDE"
        sb.insert(0, ch);               // sb 包含的字符串为:"abcde12345ABCDE"
        System.out.println("增加字符串后,sb 包含的字符串为: "+ sb.toString());
        sb.replace(5, 10, "00000");     // sb 包含的字符串为:"abcde00000ABCDE"
        System.out.println("替换字符串后,sb 包含的字符串为: "+ sb.toString());
        sb.delete(5, 10);               // sb 包含的字符串为:"abcdeABCDE"
        System.out.println("删除字符串后,sb 包含的字符串为: "+ sb.toString());
        sb.reverse();                   // sb 包含的字符串为:"EDCBAedcba"
        System.out.println("逆序后,sb 包含的字符串为: "+ sb.toString());
    }
}
```

程序运行结果：

```
增加字符串后,sb 包含的字符串为: abcde12345ABCDE
替换字符串后,sb 包含的字符串为: abcde00000ABCDE
删除字符串后,sb 包含的字符串为: abcdeABCDE
逆序后,sb 包含的字符串为: EDCBAedcba
```

7.3　StringTokenizer 类

有时需要把一个字符串分解成多个单词，这些单词被称为语言符号(也称为 Token)。例如，以逗号当作分隔符时，字符串" I, am, a, student"含有四个单词：I　am　a　student。StringTokenizer 对象称作分析器，分析器中的分隔符把字符串分解为多个单词。

1. 构造方法

StringTokenizer(String str)：使用默认分隔符为字符串 str 构造一个分析器。默认的分隔符有：空格符(多个空格被当作一个空格)、换行符、回车符、Tab 符、进纸符。

例如，使用默认分隔符创建一个分析器 fenxi1：

```
StringTokenizer fenxi1=new String Tokenizer("我是 中国人");
```

StringTokenizer(String str,String delim)：使用分隔符 dilim 为字符串 str 构造一个分析器。

例如，使用分隔符逗号(,)或分号(;)创建一个分析器 fenxi2：

```
StringTokenizer fenxi2=new String Tokenizer("I ,am;a ,student", ", ; ");
```

分析器被创建后，有一个指针指向第一个单词的前面。例如，分析器 fenxi2 的内存数据结构如图 7-4 所示。

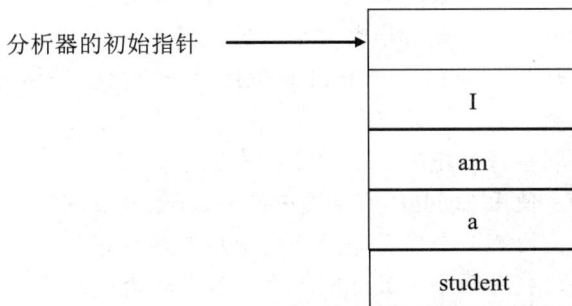

图 7-4　fenxi2 的数据结构

2. 常用方法

- boolean hasMoreTokens()：如果当前指针后面有单词，返回 true，否则返回 false。
- String nextToken()：获取当前指针后的一个单词，然后指针下移一行。
- int countTokens()：返回分析器中单词的个数。

程序清单 7-4　StringTokenizer.java

```java
import java.util.*;
public class StringTokenizerDemo {
  public static void main(String args[]) {          //从字符串"This is a man"中提取单词并显示它们
        Scanner sn=new Scanner(System.in);        //把键盘字节输入流封装为字符输入流 sn
        System.out.print("请输入: this is a man");
        String s1=sn.nextLine(); //从键盘读取一行字符串
        StringTokenizer stk = new StringTokenizer(s1);
        System.out.println("字符串中包含"+stk.countTokens()+"个单词:");
```

```
        while (stk.hasMoreTokens()){  //如果当前指针后有单词，就进入循环体
        String str = stk.nextToken();//获取当前指针后的一个单词，并将指针下移一行
    System.out.println(str);
        }
    }
}
```

7.4 本 章 小 结

创建字符串的三个类是 String、StringBuffer 和 StringTokenizer。字符串是一个对象，要访问字符串，必须声明一个变量引用字符串。

用 String 类创建的字符串不能改动。StringBuffer 类本质上是一个字符串缓冲区，可以对缓冲区中的字符或字符串进行添加、删除、修改和替换操作。用 StringTokenizer 类构造字符串分析器，可以用分析器分析字符串中的单词。

7.5 习　　题

1. 编写程序，提示用户输入两个字符串，并检验第一个字符串是否为第二个字符串的子串。

2. 编写程序，从命令行参数读取一个字符串并检验它是否是回文。

3. 定义方法：输出"我，是清华大学毕业的，高才生!"中的单词并返回单词的个数。

4. 定义方法：将一个 char 值、一个 char 数组、一个数值转换为一个字符串。

5. 编写程序，判断一个字符是字母还是数字，如果为字母则判断是大写还是小写。

6. 编写程序，获取字符串缓冲区中的字符串 s。

7. 定义一个方法，使用 StringBuffer 类中的 reverse 方法倒转字符串。

8. 定义一个方法，检测一个字符串是否包含所有的数字值。

9. 定义一个方法，包含两个参数(a,b)，要求参数从命令行获得。求 a%b 的值。

第8章 继承和多态

本章要点

- 继承、覆盖和多态;
- super 关键字和 final 关键字;
- 子类对象的构造顺序;
- 动态绑定和静态绑定。

学习目标

- 理解继承、覆盖和多态的含义;
- 掌握 super 关键字的使用方法;
- 理解静态绑定与动态绑定之间的区别。

继承是面向对象编程的一项重要特性,是实现代码重用、扩展软件功能的重要手段。多态是指对象的行为具有多种形式或形态。

8.1 什么是继承

在面向对象的程序设计中,**从已有的类中扩展出新类的过程称作继承**。例如,图 8-1 中,Animal 是一个表示所有动物的类,它包括各种动物,比如,鸟、鱼、狗等都是动物,因此,可以扩展 Animal 类,创建三个子类,分别是 Bird、Fish 和 Dog。

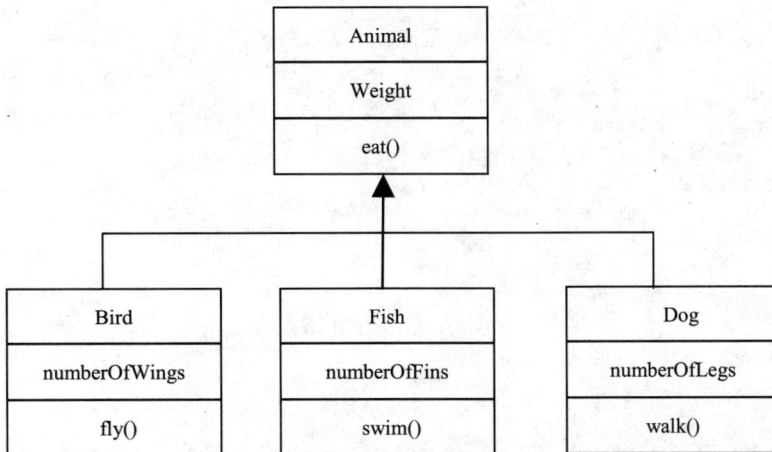

图 8-1 继承范例

在 Java 术语中,把原始类称为**父类或基类,或超类**,把从原始类中扩展出来的类称为**子类或扩展类,或派生类**。图 8-1 中,从父类 Animal 中派生出三个子类: Bird、Fish 和 Dog。

8.2　Java 实现继承

从父类中派生子类的过程，就是子类继承父类的过程。下面是 Java 语言继承父类，定义子类的语法：

```
class 子类名 extends 父类名{
        成员变量
        成员方法            扩展部分，即在子类体中定义的成员
        构造方法(0~n 个)
}
```

下面定义一个 Person 类。

程序清单 8-1　Person.java

```
package pack1;
class Person {
    String name;    int age;    String sex;
    public String getName() {return name;}
    public void setName(String name) {this.name = name;}
    public int getAge() {return age;}
    public void setAge(int age) {this.age = age;}
    public String getSex() {return sex;}
    public void setSex(String sex) {this.sex = sex;}
    public String toString() {return "姓名:" + name + ", 年龄:" + age + ", 性别:" + sex;}
}
```

以 Person 为父类创建一个子类 Student，用 UML 符号表示，如图 8-2 所示。

继承父类 Person 定义子类 Student 的程序清单如下。

程序清单 8-2　Student.java

```
                子类名          父类名
package pack1;
class Student extends Person {
    String school;  ◄----- 1.成员变量
    Student() {
                         2.构造方法
    }
public String getSchool() {
        return school;
    }
    public void setSchool(String school) {
        this.school = school;
    }                                       3.成员方法
    public String toString() {
        return super.toString() + ", 学校:" + school;
    }
}
```

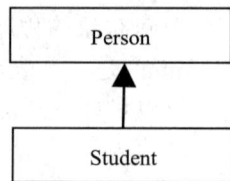

图 8-2　子类 Student 扩展父类 Person

子类 Student 从父类 Person 中继承了所有的成员变量和成员方法(不管父类成员的可见性是什么都会被子类继承)，但是，父类中的构造方法不能被子类继承。

1．子类包含的成员

子类包含两部分：一部分从父类中继承(父类中的成员变量和成员方法)，另一部分是扩展部分，包括：

(1)　成员变量；

(2)　成员方法；

(3)　构造方法(0~n 个)。

2．子类成员隐藏了同名的父类成员

在父子类关系中，常常出现这种情况：子类成员变量与父类成员变量同名，子类中定义的成员方法与父类成员方法同名。例如，下面重新定义一个 Person。

程序清单 8-3　Person.java

```
package pack2;
class Person {      //重新定义的 Person
    String name;  int age;  String sex;   //性别
    String num;  //学校代号
    public String getName() {return name;}
    public void setName(String name) {this.name = name;}
    public int getAge() {return age;}
    public void setAge(int age) {this.age = age;}
    public String getSex() {return sex;}
    public void setSex(String sex) {this.sex = sex;}
    public String toString() {return "姓名:" + name + ", 年龄:" + age + ", 性别:" + sex;}
}
```

以 Person 为父类，扩展一个子类 Student。

程序清单 8-4　Student.java

```
package pack2;
class Student extends Person {  //重新定义的 Student
    String school;
    String num;  ◄--- 这里的 num 是学号，它与父类中的学校代码 num 同名
    Student() {
    }
public String getSchool() {return school;  }
    public void setSchool(String school){this.school = school;  }
    public String toString() {  ◄--------与父类的方法声明相同
      return "姓名:" + name + ", 年龄:" + age + ", 性别:" + sex + ",学校:" + school;
    }
}
```

比较程序清单 8-3 和程序清单 8-4 可知，子类 Student 中有与父类同名的成员变量 **num**、有与父类同名的方法声明 **String toString()**。在这种情况下，**从父类继承的同名成员变量和相同方法声明被子类隐藏。**也就是说，在子类中永远无法访问从父类中继承的同名的成员变量和成员方法。

3．覆盖

上面的例子中，子类与父类中出现了相同的方法声明：**String toString()**。在 Java 语言

中，把子类中的方法声明与父类中的方法声明相同、而方法体不相同的现象称为覆盖，即，子类方法覆盖了父类方法，也把这种现象称为重写(子类方法对父类方法的重写)。

8.3 super 关键字

如果希望在子类中访问被隐藏的父类成员(成员变量或成员方法)，或者调用父类中的构造方法，就必须使用关键字 super。

1. 访问父类中被子类隐藏的成员

关键字 this 引用当前对象，关键字 super 引用直接父类对象，即 super 是直接父类对象的名字，因此，通过 super 可以访问直接父类的成员。

程序清单 8-5　Student.java

```
package pack3;
class Person {
    String name;    int age;   String sex;
    String num;   //学校代码
    public String getName() {return name;}
    public void setName(String name) {this.name = name;}
    public int getAge() {return age;}
    public void setAge(int age) {this.age = age;}
    public String getSex() {return sex;}
    public void setSex(String sex) {this.sex = sex;}
    public String toString() {
        return "姓名:" + name + ", 年龄:" + age + ", 性别:" + sex;
    }
}
public class Student extends Person {
  String school; //学校名称
  String num;       //学号
    Student() {
    }                          访问父类中被子类隐藏的成员变量
public String getSchool() {
        return super.num+ school;
    }
    public void setSchool(String school) {
        this.school = school;       访问父类中被子类隐藏的成员方法
    }
    public String toString() {
        return "学校:" + getSchool()+ super.toString();
    }
}
```

2. 调用父类的构造方法

子类不能继承父类的构造方法，因此要使用父类的构造方法，必须在子类的构造方法中使用关键字 super，而且 super 必须作为子类构造方法中的第 1 条语句。

程序清单 8-6　Student.java

```
package pack4;
```

```
class Person {
    String name;    int age;    String sex;
    String num="123456";//学校代码
    public String getName() {return name;}
    public void setName(String name) {this.name = name;}
    public int getAge() {return age;}
    public void setAge(int age) {    this.age = age;}
    public String getSex() {return sex;    }
    public void setSex(String sex) {this.sex = sex;    }
    public String toString() {return "姓名:" + name + ", 年龄:" + age + ", 性别:" + sex;}
}
public class Student extends Person {
    String school; //学校名称
  public Student() {
        super(); //调用父类的构造方法。必须是子类构造方法中的第 1 条语句
    }
  public String getSchool() {return super.num+ school;}
    public void setSchool(String school) {this.school = school;}
    public String toString() {return "学校:" + this.getSchool()+ super.toString();}
}
```

(1)　super()调用父类的默认构造方法，super(参数表)调用父类的带参构造方法。这两条语句必须写在子类构造方法体中的第一行。

(2)　如果在子类的构造方法体中没有显式地使用 super 语句，则编译器会在子类的默认构造方法体中的第一行添加 super()语句。

(3)　如果在父类中定义了构造方法，但是没有定义默认构造方法，则子类中就不能调用父类的默认构造方法，否则会出错。

3. 重写方法的访问级别

子类方法对父类方法重写后，子类方法的访问级别不能低于父类方法的访问级别。被子类重写的方法的访问级别只允许提高，不允许降低。例如，在下面的代码中，父类方法 toString()的访问级别是 **protected**，子类方法 toString()的访问级别是 **public**。

程序清单 8-7　Student.java

```
package pack5;
class Person {
    String name;
    int age;
    protected String toString() {
        return "姓名:" + name + "年龄:" + age + "性别:" + sex;
    }
}
public class Student extends Person {
    String school;
    public String toString() {
        return "学校:" + this.getSchool()+ super.toString();
    }
}
```

由于父类方法的访问级别是 protected，所以方法重写后，访问级别只能是 protected 或 public。

4. protected 修饰符

已知父类 Person 在 pack10 包中，子类 Student 在 pack20 包中。在父类 Person 中声明的两个成员 name 和 age 的可见性是 protected，这两个成员在同一个包内可见、在子类 Student 中可见，因此，在子类中可以使用表达式 super.name 和 super.age 访问 name 和 age。

程序清单 8-8 Person.java

```java
package pack10;
public class Person {
    protected String name="";
    protected int age=0;
    public Person(String name, int age){
        this.name=name; this.age=age;
    }
    public String getName(){return name; }
    public int getAge(){ return age;        }
}
```

程序清单 8-9 Student.java

```java
package pack20;
import pack10.Person;
public class Student extends Person{
    public Student(String name, int age){
        super(name, age);
    }
    public String toString(){
        String str="";
        str=str+"姓名: "+ super.name;
        str=str+", 年龄: "+super.age;
        return str;
    }
public static void main(String args[]){
        Student wang=new Student("王小丽", 20);
        System.out.println(wang.toString());
    }
}
```

> 由于父类中的成员 name 和 age 的可见性是 protected，在子类中可见，所以，在子类中可以访问它们。如果它们在父类中的可见性是默认或 private，那么在子类中就无法访问它们。

8.4 Object 类

定义在 java.lang 包中的 Object 类是所有 Java 类的祖先。如果在定义一个类时没有指定其父类，Java 编译器就把 Object 类看作其默认的父类。例如，下面定义一个 Circle 类。

程序清单 8-10 Circle.java

```java
public class Circle {
  double radius;
  Circle(double r){ radius = r; }
  double getArea(){ return radius*radius*Math* PI; }
}
```

Java 编译器自动给 Circle 类加上父类 Object，因此程序清单 8-10 等价于下面的代码：

```
public class Circle  extends Object{ // 编译器把Object类看作其默认父类
double radius;
  Circle(double r){ radius = r; }
  double getArea(){ return  radius*radius*Math* PI; }
}
```

下面介绍 Object 类中的三个重要方法。

1)　boolean equals(Object object)

设 ob1 与 ob2 属于同一类对象，则 equals 方法的使用格式如下：

```
boolean   k=Ob1.equals(Ob2);
```

如果 ob1 引用的对象与 ob2 引用的对象内容相同，则返回 true，否则，返回 false。

2)　String toString()

设 ob1 引用了一个对象，则 toString 方法的使用格式如下：

```
String  str=Ob1. toString ();
```

toString 方法返回一个字符串，该字符串由 ob1 所属的类名、@、一串数字组成。如下面的代码：

```
Circle  c1=new Circle(10);
String  str=c1. toString ();
```

str 的值类似于 Circle@2356781。其中的数字 2356781 是对象 c1 被创建时，由计算机随机分配的。

由于 Object 类是所有类的超类，所以在实际应用中，Object 的子类都对 toString 方法进行了覆盖。例如，可以在定义 Circle 类时对 toString 方法进行覆盖：

```
public  String  toString(){
    return  "Circle 的半径="+this.radius;
}
```

3)　public Object clone()

有时为了在内存中复制一个新的对象，必须使用 clone 方法，格式如下：

```
newObject=someObject.clone();
```

该语句的作用是，将 someObject 对象复制到一个新的内存空间。

要想让某个对象成为可以复制的对象，必须使该对象所属的类实现接口 java.lang.Cloneable。

8.5　子类对象的构造顺序

下面用一个例子说明子类对象的构造顺序。例如，假设 A 类有子类 B，B 有子类 C。

程序清单 8-11　CreateDemo.java

```
class A{
    public A(){
        System.out.println("调用了A类的构造方法, 构造一个A类对象");
```

```
      }
}
class B extends A{
    public B(){
        System.out.println("调用了B类的构造方法, 构造一个B类对象");
    }
}
class C extends B {
    public C(){
        System.out.println("调用了C类的构造方法, 构造一个C类对象");
    }
}
public class CreateDemo{    //测试类
    public static void main(String args[]) {
        C c=new C();        //构造一个子类对象
    }
}
```

编译器在编译上面源代码时，自动在每个子类默认构造器的第 1 行添加一条语句 **(super())**，这条语句的作用是调用直接父类的默认构造器。因此，程序清单 8-11 等价于程序清单 8-12。

程序清单 8-12　CreateDemo.java

```
23    class A extends Object {
22        public A(){
21          super();//调用 Object 的默认构造器
20          System.out.println("调用了A类的构造方法, 构造一个A类对象");
19        }
18    }
17    class B extends A{
16        public B(){
15          super();
14          System.out.println("调用了B类的构造方法, 构造一个B类对象");
13        }
12    }
11    class C extends B {
10        public C(){
9           super();
8           System.out.println("调用了C类的构造方法, 构造一个C类对象");
7         }
6     }
5     public class CreateDemo{   //测试类
4         public static void main(String args[]) {
3           C c=new C();              //构造一个子类对象
2         }
1     }
```

程序执行结果：

```
调用了A类的构造方法, 构造一个A类对象
调用了B类的构造方法, 构造一个B类对象
调用了C类的构造方法, 构造一个C类对象
```

构造方法上溯顺序：

程序从第 3 行开始执行，首先调用 C 类默认构造方法→转向第 9 行→转向第 15 行→转向第 21 行。即，构造方法的上溯顺序是：C 类构造方法→B 类构造方法→A 类构造方法→

Object 类构造方法并开始构造对象。

构造对象的顺序：

(1) 执行第 21 行语句，构造一个 Object 类对象，控制权返回到第 21 行的分号处；

(2) 执行 20~19 行创建一个 A 类对象，控制权返回到第 15 行的分号处；

(3) 执行 14~13 行创建一个 B 类对象，控制权返回到第 9 行的分号处；

(4) 执行 8~7 行创建一个 C 类对象，控制权返回到第 3 行的分号处，整个程序结束。

8.6 final 关键字

用关键字 final 修饰的类称为**终极类**，终极类没有子类。用关键字 final 修饰的方法称为**终极方法**，终极方法不能被子类方法覆盖。用关键字 final 修饰一个变量，这个变量就成为**常量**了。例如，下面的类 Graduate 就是一个终极类：

```
final class Graduate{   //该类没有子类
    …
}
```

有时出于安全考虑，会将一些类定义为 final 类。例如 Java 提供的 String 类被定义为 final 类。

有时，若希望某些方法不被子类方法覆盖，就可以将其定义为终极方法。下面的方法 max() 就是一个终极方法：

```
class Test{
  final float max() {  //该方法被定义为final方法。子类方法无法覆盖这个父类方法
    …
  }
}
```

8.7 多　态

多态是指对象的行为表现出多种形式或不同的内容。例如，对于"嚎叫"这种行为，每种动物发出"嚎叫"的形式和内容都不同。例如，老虎的"嚎叫"内容为"嗷"；狗的"嚎叫"内容为"汪"；猫的"嚎叫"内容为"喵"。

不同对象收到同一个消息后执行的内容和形式不同，这种现象称为对象的多态。

Java 类体系中的子类方法对父类方法重写后，子类和父类之间、子类之间存在**相同的方法签名，但有不同的方法实现**。因此，由不同类创建的对象调用同一个方法必然表现出不同的行为，这就是对象多态的表现。表现出多态行为的对象称为**多态对象**。

Animal 包括 Cat 和 Dog 等，它们之间的继承关系如图 8-3 所示。

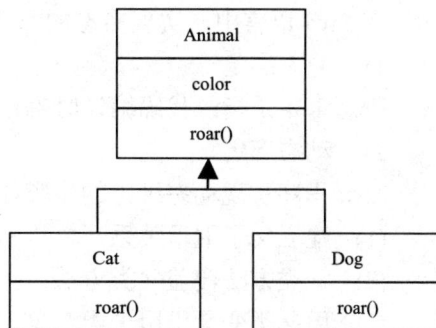

图 8-3 动物之间的继承关系

根据上面的继承关系，定义一个父类和两个子类的代码如下。

程序清单 8-13 Animal.java

```
package pack11;
public class Animal {
    public void roar(){System.out.println("动物叫:...");    }
}
class Cat extends Animal {
public void roar(){System.out.println("猫叫:喵,喵,喵,...");}
}
class Dog extends Animal {
    public void roar(){System.out.println("狗叫:汪,汪,汪,...");}
}
```

在类继承体系中，子类的实例也是父类的实例。例如，猫是 Cat 类的一个实例，猫也是一个动物，即猫也是父类 Animal 的一个实例。但是，父类的实例不一定是子类的实例。例如，一个动物不一定就是猫。因此，总可以把子类实例传递给父类变量，例如，程序清单 8-14 中的第 5 行、第 7 行，就是把子类对象传递给父类变量。

在程序清单 8-14 中，主方法中分别创建一只猫和一只狗，然后，让猫和狗都发出叫声，即两个对象都调用方法 roar()，结果，每个对象叫的具体内容和形式不同。

程序清单 8-14 PolymorphismDemo.java

```
1 package pack11;
2 public class PolymorphismDemo {
3    public static void main(String args[]){
4       Animal an=null;
5       an= new Dog();
6       an.roar();//狗发出叫声
7       an= new Cat();
8       an.roar();//猫发出叫声
9    }
}
```

> 猫和狗都可以发出叫声(roar())，但是，发出叫声的具体内容不同，这就是多态

程序运行结果：

```
狗叫:汪,汪,汪,...
猫叫:喵,喵,喵,...
```

在 Java 语言中，实现多态的方式有两种：一个是静态绑定，另一个是动态绑定。

1) 静态绑定

静态绑定是指源代码编译时确定要调用哪个方法，方法重载就属于静态绑定。

2) 动态绑定

Java 程序实现动态绑定的步骤如下：

(1) 建立父子继承关系；

(2) 子类方法覆盖父类方法；

(3) 用父类变量引用子类对象。

8.8　动　态　绑　定

如果一个方法在父类中定义，又在子类中覆盖，那么用这种类创建的对象就是**多态对象**。多态对象作为实参传递给形参后，系统调用了谁的方法？考虑下面的程序。

程序清单 8-15　DynamicBinding.java

```
1 package pack11;
2 public class DynamicBinding {
3    public static void main(String args[]){
4        speak(new Dog());   //实参是: new Dog()对象
5        speak(new Cat());         //实参是: new Cat()对象
6    }
7    public static void speak(Animal an){//编译时, 确定了 an 的声明类型是 Animal
8        an.roar();                //an 调用的是引用类型中的方法 roar()
9    }
}
```

程序执行第 4 行时，相当于执行下面两条语句：

```
Animal an=new Dog();
an.roar();
```

这里的 an 调用的是父类 Animal 中的 roar()还是 Dog 中的 roar()？我们首先分清变量的两种类型，即变量的**声明类型**和**引用类型**。

变量定义时的数据类型是变量的声明类型，变量的引用类型是它引用的对象的类型。如果变量的值是 null，说明变量没有引用任何对象。一个变量可以引用声明类型或其子类型的实例。

现在继续分析上面的两条语句：

```
1   Animal an=new Dog(); //an 的声明类型是 Animal, an 引用的是 Dog
2   an.roar();
```

第 1 行代码说明：an 的声明类型是 Animal、引用类型是 Dog；第 2 行代码说明：an 调用的是 Dog 类中的 roar()方法，即 **an 调用的是引用类型中的方法**。

在程序清单 8-15 中，变量 an 的声明类型是 Animal。当执行第 4 行调用语句并且流程转向第 7 行后，变量 an 的引用类型是 Dog，执行到第 8 行时，an 调用的是 Dog 类中的方法。当执行第 5 行调用语句并且流程转向第 7 行后，变量 an 的引用类型是 Cat，执行到第 8 行时，an 调用的是 Cat 类中的方法。

下面的程序是演示动态绑定的一个例子。

程序清单 8-16　Dynamic.java

```
1   package pack11;
2   public class Dynamic {
3     public static void main(String []args){
4         display(new Person());  //本语句执行时, 传递给形参 p 的引用类型是 Person
5         display(new Student());//本语句执行时, 传递给形参 p 的引用类型是 Student
6         display(new Graduate());//本语句执行时, 传递给形参 p 的引用类型是 Graduate
7     }
```

```
8      public static void display(Person p){//变量 p 的声明类型是 Person
9          System.out.println( p.toString());
10     }
11  }
12  class Person extends Object {
13     public String toString() {
14         return "我是人";
15     }
16  }
17  class Student extends Person {
18     public String toString() {    //覆盖父类 Person 的 toString()方法
19         return "我是学生";
20     }
21  }
22  class Graduate extends Student { //覆盖父类 Student 的 toString()方法
23     public String toString() {
24         return "我是研究生";
25     }
26  }
```

程序运行结果：

```
我是人
我是学生
我是研究生
```

程序分析：

(1) 编译器编译源程序时将第 8 行中**变量 p 的声明类型指定为 Person**；

(2) 当执行第 4 行时，实参传递给形参 p 的引用类型是 Person，因此，第 9 行中变量 p 调用的是 Person 中的 **toString()**方法；

(3) 当执行第 5 行时，实参传递给形参 p 的引用类型是 Student，因此，第 9 行中变量 p 调用的是 Student 中的 **toString()**方法；

(4) 当执行第 6 行时，实参传递给形参 p 的引用类型是 Graduate，因此，第 9 行中变量 p 调用的是 Graduate 中的 **toString()**方法。

从程序的第 4、5、6 行可以知道，**实参的类型就是形参 p 的引用类型**，p 调用的就是实参类型中的方法。因此，仅当方法调用语句执行后，形参的引用类型才能确定下来，系统才知道要调用哪个方法。即，在程序执行期间才能确定要调用哪个方法的现象称为方法的**动态绑定**。

程序清单 8-14 中的第 6 行语句 **an.roar()**和第 8 行语句 **an.roar()**，都是在编译期间就已经确定要调用对象 an 中的哪个方法，这种在编译期间就确定要调用哪个方法的现象称为**静态绑定**。

8.9 对　象　转　换

可以把一种基本类型的数据转换为另一种基本类型的数据，也可以把一种类型的对象转换为另一种类型的对象。

1)　自动转换

子类对象到父类对象的转换是自动转换,不需要程序员干预。程序清单 8-16 中的方法调用语句如下:

```
display(new Student());
```

这条语句执行时,等价于下面两条语句:

```
Person p = new Student(); //系统自动将子类对象(Student)转换为父类对象(Person)
display(p);
```

子类对象转换为父类对象称为**对象向上转换**,对象向上转换是系统自动实现的。

2)　显式转换

父类对象转换为子类对象称为**对象向下转换**。对象向下转换,必须在被转换的对象前加上**目标类型符号**。例如:

```
Person p = new Student();//子类对象转换为父类对象p
Student b=(Student)p;//父类对象p转换为子类对象。对象p前面加上了目标类型符号:(Student)
```

将父类对象转换为子类对象的前提是:只有当被转换的对象本身就是子类的一个实例时才能转换成功,否则会出现转换异常。

在转换前,为确保对象是某个类的实例,可以用运算符号 instanceof 测试。测试对象 object 是不是 Student 类的一个实例的代码如下:

```
Object object = new Student();
if (object instanceof Student){
    Student s=( Student)object; //将对象object转换为Student类对象
}
```

下面的例子演示了对象的向上转换和向下转换。在主方法中创建两个对象 p1 和 p2,然后调用方法 displayPerson 显示两个对象的信息。

程序清单 8-17　TestCast.java

```
package pack11;
public class TestCast{
  public static void main(String[] args){
    Object p1 = new Student();         //学生对象向上转换。自动转换
    Object p2 = new Graduate();        //研究生对象向上转换。自动转换
    displayObject(p1);  displayObject(p2);
  }
  static void displayObject(Object object) {    //显示对象的信息
    if (object instanceof Graduate){          //测试object是不是Graduate的一个实例
       Graduate g=(Graduate)object;            //对象向下转换。显式转换
        System.out.println(g.toString());
     }
    else if (object instanceof Student){       //测试object是不是Student的一个实例
        Student s=(Student)object;             //对象向下转换。显示转换
       System.out.println(s.toString());
    }
  }
}
```

调用 displayObject(Object object)方法时，实参类型都要转换为 Object(父类型)。当执行流程进入方法体后，还要对传入的参数进行类型测试，然后执行显式转换。

8.10 本章小结

继承就是子类拥有父类的特征(成员变量和方法)，并有可能添加了新的特征。

当向多个对象发送相同的消息后，每个对象执行的代码不同，因此每个对象表现出不同的行为，这种现象便称为多态。

8.11 习 题

1. 举例说明 protected 方法和 public 方法的区别。举例说明 this 和 super 的应用场合。

2. 每一个类都有 toString 方法吗？它是从哪里来的？

3. equals、hashCode、finalize、clone 和 getClass 方法定义在哪个类里？

4. 子类继承了父类的哪些成员？子类在什么情况下隐藏父类的成员变量和方法？

5. 定义一个 Person 类和它的两个子类 Student 和 Employee。Employee 有子类 Faculty 和 Staff。Person 的属性包括：姓名、地址、电话号码和电子邮件地址。Student 的属性包括：班级、状态(1年级、2年级、3年级和4年级)，将这些状态定义为常量。Employee 类包括的属性：姓名、工资、受雇日期。Faculty 的属性包括：办公时间和级别。Staff 的属性有职务。要求每个类对 tostring 方法重写，重写后的方法具有显示类名和人名。

第9章 接口和抽象类

本章要点

● 接口、实现类；

● 抽象类、内部类。

学习目标

● 熟悉接口、抽象类和实现类的设计方法；

● 掌握内部类的使用方法。

在面向对象的程序设计中，开-闭原则是类设计最核心的原则，即类对扩展是开放的、对更改是封闭的。Java 语言中**接口和抽象类的设计技术**正是开-闭原则的具体反映。

9.1 接　　口

9.1.1 什么是接口

接口是服务提供者与客户之间的一个合同、一个服务声明。提供服务的称为服务**提供者**，使用服务的称为**客户**。例如，柜员机提供存款、取款、转账和查询服务，因此，柜员机是服务的提供者，使用这些服务的用户就是客户。

例如，康华公司打算通过竞标采购一批手机，在合同上要求手机具备存款(Deposits)、取款(withdrawals)、转账(transfers)和查询(query)等服务声明。康华公司与手机制造商签订的合同，就是手机与用户之间的合同(手机是服务提供者，使用手机的用户是客户)。本质上合同就是服务声明的集合，这个集合是：(Deposits, withdrawals, transfers, query)。

9.1.2 Java 中的接口

Java 语言中把合同定义为一个接口。

例如，阿里巴巴希望采购一批 PAD 设备，要求 PAD 设备提供存款、取款、转账和查询服务，这些服务声明的集合组成一个合同，合同的总体要求概括为**资金管理**，可以用 FundManage 作为接口名。**接口名要反映合同的总体要求。**

阿里巴巴与 PAD 制造商签订的合同，用 Java 接口表示如下。

程序清单 9-1 FundManage.java

```
interface  FundManage {                    ◄--------- 接口声明
  void  deposits (float money);            //存款      1.合同中的每个服务声明对应
  float  withdrawals (float money);        //取款      接口中的一个方法；
  void transfers (int accou, float money); //转账
  void  query()                            //查询      2.所有的方法都没有方法体
}
```

FundManage 是接口的名字，关键字 interface 表示 FundManage 是一个接口。接口体中的四个抽象方法(Deposits,withdrawals,transfers,query)分别对应四个服务声明。

定义一个接口的通用语法格式如下：

```
可见性修饰符  interface  接口的名字 {
    [常量定义]
    [抽象方法的定义]
}
```

与类的可见性修饰符一样，接口的可见性修饰符只有两种：public 和默认值。

Java 把接口当作一个特殊的类看待。一个 Java 源文件可以包含多个接口，对 Java 源文件编译后，每个接口被编译为一个独立的字节码文件。接口没有实例。

由于接口体中只有常量和抽象方法，因此，默认情况下，所有的常量修饰符都是 public、static、final 类型，所有的方法修饰符都是 public、abstract。

下面定义一个电视机接口 Tv，代码如下：

```
public interface Tv {
    String name="三星";
    void channel();  //改变电视频道
    void volume();  //改变音量
}
```

上面定义的接口 Tv 等价于下面定义的接口 Tv：

```
public interface Tv {
    public static final String name="三星";
    public abstract  void channel();        //改变电视机频道
    public abstract  void volume();        //改变音量
}
```

提示：*如果希望访问接口中的常量，可以使用语法"**接口名.常量名**"，比如，表达式 Tv.name 就是访问接口中的常量 name。*

9.1.3　类实现接口

从应用的角度看，接口是一份合同、是一份服务声明书。从 Java 代码角度看，接口是常量和抽象方法的集合。抽象方法是没有实现的方法声明。程序清单 9-1 中，FundManage 接口包括四个方法声明，所有方法声明都没有提供方法实现，即没有提供方法体。类实现接口是指类实现接口中方法声明的服务，即给方法声明提供方法体。

例如，康华公司与柜员机制造商签订了一份合同，合同上要求柜员机要提供资金管理的功能，也就是说柜员机类要实现接口 FundManage，即**柜员机要**实现接口中声明的存款、取款、转账和查询服务。下面是 ATM 类(柜员机)实现 FundManage 接口的程序清单。

程序清单 9-2　ATM.java

```
1 public class ATM implement FundManage {
2   public static final String manufactur="ATM";
```

```
3   public void deposits (float money){
        //这里是实现存款的代码
    }
    public float withdrawals (float money){
        //这里是实现取款的代码
    }
    public void transfers (float src, float dec){
        //这里是实现转账的代码
    }
    public void query() {
        //这里是实现查询的代码
    }
}
```

> 在 ATM 类中，实现 FundManage 接口中的所有抽象方法，即为每个方法加上具体的实现代码，以实现接口声明的服务。

(1) 第 1 行的语义：声明 ATM 类要实现 FundManage 接口。关键字 implement 的含义是"实现"，即实现 FundManage 接口。

(2) ATM 类实现 FundManage 接口包含两层含义：第一层含义是，ATM 类继承 FundManage 接口中所有的抽象方法；第二层含义是，必须为每个被继承的抽象方法加上方法的实现，即为抽象方法提供方法体并实现方法头声明的服务。

把实现接口的类称为**实现类**，例如，ATM 类就是 FundManage 接口的实现类。类实现接口的通用语法如下：

```
class  ClassName implements Printable, Addable { //多个接口间用逗号隔开
    [常量的定义]
    [变量的定义]
    实现从接口中继承的方法(1~n 个方法)。给继承下来的方法加上方法体，即实现方法声明的服务
}
```

若一个类用 implements 声明实现一个或多个接口，则该类就继承了接口中的所有成员，类与接口的关系如同子类与父类间的关系(接口相当于父类)。

ClassName 类声明要实现接口 Printable 和 Addable，也意味着接口 Printable 和 Addable 是 ClassName 的父类。ClassName 继承了接口 Printable 和 Addable 中的所有成员。

下面是 PAD 类(平板电脑)实现 FundManage 接口。

程序清单 9-3 PAD.java

```
1 public class PAD implement FundManage {
2   public static final String manufactur="PAD";
3   public void deposits (float money){
        //这里是实现存款的代码
    }
    public float withdrawals (float money){
        //这里是实现取款的代码
    }
    public void transfers (float src, float dec){
        //这里是实现转账的代码
    }
    public void query() {
        //这里是实现查询的代码
    }
}
```

同理，手机也可以实现 FundManage 接口，实现了 FundManage 接口的手机就会具备存款、取款、转账和查询功能。

9.1.4 接口当作类使用

接口与实现类之间的关系可以看作是父类与子类的关系，因此可以把接口当作一个类来声明一个变量，这个变量可以引用实现类及其子类对象。

类设计模型如图 9-1 所示，有三个类 Animal、Tiger 和 Lion，有两个接口 Sleep 和 Interest。

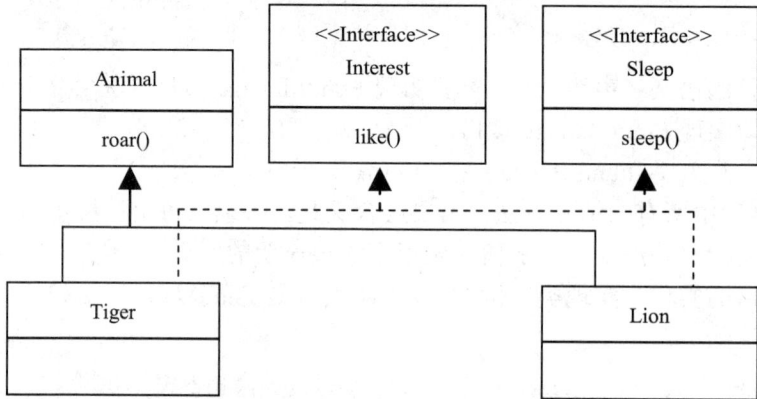

图 9-1 类设计模型

Animal 类定义如下：

```
public class Animal {
    public void roar(){
        System.out.println("动物叫:...");
    }
}
```

接口 Sleep 和 Interest 的定义如下：

```
public interface Sleep { //睡眠
    public void sleep();
}
public interface Interest { //爱好
    public void like();
}
```

Tiger 类继承了 Animal 类并实现 Interest 和 Sleep 接口。Tiger 类的定义如下：

```
public class Tiger extends Animal implements Interest,Sleep {
    public void sleep(){
        System.out.println("老虎睡眠: 2 小时");          实现 Sleep 接口中的方法
    }

    public void like(){
        System.out.println("老虎喜欢: 鱼, 虾米...");      实现 Interest 接口中的方法
    }
```

```
        public void roar(){
            System.out.println("老虎:嗷, 嗷...");
        }
    }
```

┌─────────────────────────┐
│ 重写父类 Animal 中的方法 │
└─────────────────────────┘

Lion 类继承了 Animal 类并实现 Interest 和 Sleep 接口。Lion 类的定义如下：

```
public class Lion extends Animal implements Interest,Sleep {
    public void sleep(){ System.out.println("狮子睡眠: 10 小时");  }
    public void like(){ System.out.println("狮子喜欢: 猪肉, 羊肉...");   }
    public void roar(){ System.out.println("狮子:呜, 呜...");      }
}
```

测试类 InterfaceDemo 把接口当作类使用。InterfaceDemo 类的定义如下。

程序清单 9-4 InterfaceDemo.java

```
public class InterfaceDemo {
  public static void main(String []args){
      Sleep tiger=new Tiger(); //接口 Sleep 是 Tiger 的父类,用父类 Sleep 声明一个变量 tiger
      tiger.sleep();
      Sleep lion=new Lion();     //接口 Sleep 是 Lion 的父类,用父类 Sleep 声明一个变量 lion
      lion.sleep();
  }
}
```

程序运行结果：

```
老虎睡眠: 2 小时
狮子睡眠: 10 小时
```

9.1.5 接口继承

假设系统开发的初始阶段定义了接口 SalInte：

```
interface SalInte{
  void doSomething(int i, double x);
  int doSomethingElse(String s);
}
```

程序员针对 SalInte 接口，已经定义了大量的实现类，随着需求的变更，希望在 SalInte 接口中增加一个 newMethod(int i, double x)方法，将 SalInte 接口修改为：

```
interface SalInte{
    void doSomething(int i, double x);
    int doSomethingElse(String s);
    int newMethod(int i, double x); //增加的方法
}
```

接口被修改后，问题出现了：那些实现了初期的 SalInte 接口的类都要随之改变。如果需要修改的类有很多，就会花费大量的人力资源，为了避免出现上面的情况，合理的做法是将原先的 SalInte 接口作为父接口，派生出一个子接口 NewSalInte：

```
interface NewSalInte extends SalInte {
    int newMethod(int i, double x); //新增的方法
}
```

9.2　抽　象　类

接口中的方法都是抽象方法，实现接口的类必须为接口中的所有抽象方法提供方法实现。如果接口中的方法很多，在定义实现类时，必须为接口中的每个抽象方法提供方法实现，这就要浪费大量的时间。虽然有的实现类并不关心接口中的某些方法，但是程序员还是要花时间为这些方法提供方法实现。如何解决这个问题呢？

抽象类的作用与接口类似，也可以作为服务提供者与客户之间的一个契约，它可以包括抽象方法和具体方法(既有方法声明，也有方法体)。

在类继承体系中，从上往下看，类变得越来越具体；从下往上看，类变得越来越抽象。对于有的类来说，由于太抽象，在现实世界中没有具体对应的实例。例如，苹果、梨、橘子的父类是水果，水果仅仅是一个概念，在现实世界中找不出水果的实例。再比如，圆类、三角形类、长方形类的父类是图形，图形这个类在现实世界中也没有实例。

在 Java 语言中，把没有实例的类称为**抽象类**。定义抽象类的通用语法如下：

```
abstract class ClassName{   //声明类时增加一个关键字 abstract
    [常量、变量的定义]
    [抽象方法]        //只有方法声明，没有方法体
    [具体方法]        //既有方法声明，也有方法体
}
```

抽象类中既可以包括具体方法，也可以包括抽象方法。定义抽象方法的通用语法如下：

abstract 修饰符 返回值类型　方法名(参数表)；　//声明方法时增加一个关键字 **abstract**

抽象方法只有方法声明，没有方法体。

9.2.1　抽象类设计

下面的例子演示了设计类模型和定义 Java 类的过程。

1. 设计类模型

设计类模型的过程是一个从特殊到一般、从子类到父类的抽象思维过程。

在现实生活中，有圆类、矩形类、三角形类等，这些类具有共同的静态属性。比如，都有颜色(color)；都有共同的行为，如计算面积(getArea)和计算周长(getPerimeter)。运用抽象思维，对圆类、矩形类、三角形类进行抽象，抽取它们共同的属性和共同的行为，建立一个新的名词概念(类)，即图形类(Shape)。经过分析，将圆类、矩形类和图形类的关系模型设计如图 9-2 所示。

由于圆类和矩形类都有共同的行为：计算面积和周长，都有共同的属性：color。因此，图形类(Shape)应该包括圆类和矩形类的共同行为(getArea 和 getPerimeter)，还应该包括共同的属性(color)。

图形只是一个概念类，在现实世界中没有图形类的实例。图形类中的 getArea()方法不知道如何计算面积，getPerimeter()方法也不知道如何计算周长，因此，将 getArea()方法和 getPerimeter()方法定义为抽象方法，将 Shape 类定义为抽象类。

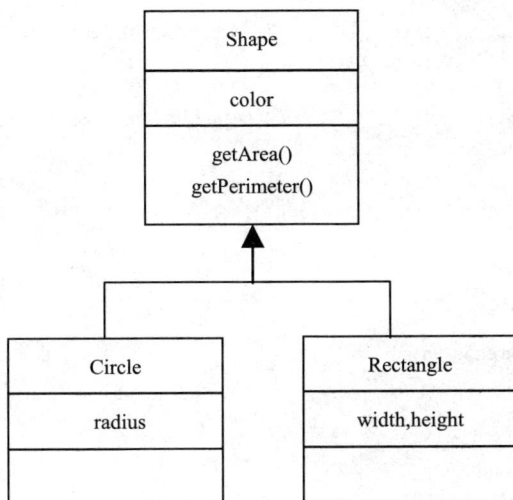

图 9-2　类设计模型

抽象类的好处在于能够实现面向对象设计的最核心的**开-闭原则**。

2. 定义 Java 类

定义 Java 类的过程是从父类到子类的细化过程，即首先定义父类，其次定义子类。

1)　定义父类 Shape

程序清单 9-5　Shape.java

```java
public abstract class Shape{
    protected String color;
    protected Shape(){ this.color = "white"; }
    protected Shape(String color) { this.color = color; }
    public String getColor() { return color; }
    public void setColor(String color){ this.color = color; }
    //下面定义两个抽象方法
    public abstract double getArea();
    public abstract double getPerimeter();
}
```

2)　定义子类 Circle

程序清单 9-6　Circle.java

```java
public class Circle extends Shape{
    protected double radius;
    public Circle(){ this(1.0, "white"); }
    public Circle(double radius){ super("white"); this.radius = radius; }
    public Circle(double radius, String color) { super(color); this.radius = radius; }
    public double getRadius() { return radius; }
    public void setRadius(double radius) { this.radius = radius; }
    public double getArea(){           //实现从父类中继承的抽象方法 getArea()
        return radius*radius*Math.PI;
    }
    public double getPerimeter(){      //实现从父类中继承的抽象方法 getPerimeter()
        return 2*radius*Math.PI;
```

```
    }
    public boolean equals(Circle circle) {    // 覆盖 Object 类中的方法 equals()
        return this.radius == circle.getRadius();
    }
    public String toString(){                     //覆盖 Object 类中的方法 toString()
        return "[Circle] radius = " + radius;
    }
}
```

3) 定义子类 Rectangle

程序清单 9-7 Rectangle.java

```
public class Rectangle extends Shape{
    protected double width;
    protected double height;
    public Rectangle(){ //默认构造方法
        this(1.0, 1.0, "white");
    }
    public Rectangle(double width, double height) { this.width = width; this.height = height; }
    public Rectangle(double width, double height, String color) {
        super(color);
        this.width = width;   this.height = height;
    }
    public double getWidth() { return width; }
    public void setWidth(double width) { this.width = width; }
    public double getHeight() { return height; }
    public void setHeight(double height) { this.height = height; }
    public double getArea(){                   //实现从父类中继承的抽象方法 getArea()
        return width*height;
    }
    public double getPerimeter(){              //实现从父类中继承的抽象方法 getPerimeter()
        return 2*(width + height);
    }
    public boolean equals(Rectangle rectangle){    //覆盖祖先类 Object 中的方法 equals()
        return (width == rectangle.getWidth()) && (height == rectangle.getHeight());
    }
    public String toString() {                  //覆盖祖先类 Object 中的方法 toString()
        return "[Rectangle] width = " + width + " and height = " + height;
    }
}
```

方法 toString 和 equals 在 Object 中定义，在 Rectangle、Circle 中被覆盖。

测试类如下。

程序清单 9-8 TestAbstract.java

```
public class TestAbstract { //测试类
    public static void main(String []args){
        Shape ob1=new Circle(10);
        Shape ob2=new Rectangle(5,8);
        System.out.print("ob1 与 ob2 的面积相等吗? "+equalArea(ob1,ob2));
    }
    public static boolean equalArea(Shape ob1,Shape ob2){ return ob1.getArea()==ob2.getArea(); }
}
```

9.2.2　抽象类的特点

抽象类具有以下特点。

(1) 如果子类不能实现抽象父类中的所有抽象方法,那么子类必须声明为抽象类。换句话说,如果希望抽象类的子类不是抽象类,则子类必须实现父类中所有的抽象方法。

(2) 抽象类没有实例,不能用 new 操作符创建对象,但是可以调用抽象类中的构造方法对抽象类中定义的成员变量初始化。

(3) 包含抽象方法的类必须声明为抽象类。但是,一个抽象类可以不包含任何抽象方法。

(4) 即使父类是具体类(不是抽象类),也可以把子类声明为抽象类。

(5) 子类可以把父类中的具体方法重写为抽象方法。

(6) 抽象方法都不能声明为静态方法。

(7) 抽象类也是一种数据类型,可以用抽象类声明变量。

9.3　接口与抽象类的区别

抽象类中的抽象方法为它的所有子类制定了共同的服务声明,接口中的抽象方法为所有实现类制定了共同的服务声明;抽象类有构造方法,但是接口没有构造方法;抽象类可以有具体方法,也可以有抽象方法,但是接口中的方法都是抽象方法。

一个类只能有单一的父类,但是,可以实现多个接口。例如:

```
public class NewClass extends BaseClass implements Interface1,…,InterfaceN {
    …
}
```

一个具体的类(非抽象类)必须实现接口中所有的抽象方法,即 NewClass 类必须实现 Interface1,…,InterfaceN 接口中的所有的抽象方法,否则,NewClass 类必须声明为抽象类。

一个接口可以继承多个父接口。例如:

```
public interface NewInterface extends Interface1,...,InterfaceN {
    …
}
```

所有的类共享同一个根类 Object,但是接口没有共同的根。接口、类和抽象类都是一种数据类型,都可以用来声明变量。

下面的例子演示了如何使用接口和抽象类提高编程的效率。假设已经定义好了接口 ShapAndFundManage。

程序清单 9-9　ShapAndFundManage.java

```
public interface  ShapAndFundManage{
    void deposits (float money);
    float withdrawals (float money);
    void transfers (float src, float dec);
    void query()
    double getArea();
```

```
        double getPerimeter();
    }
```

现在可以通过实现 ShapAndFundManage 接口来定义两个抽象的**实现类**：一个是图形类 Shap，另一个是资金管理类 FundManage。

程序清单 9-10　Shap.java

```
public abstract class Shap implement ShapAndFundManage {
    void deposits (float money){
    }
    float withdrawals (float money){
    }
    void transfers (float src, float dec){        给不关心的方法加上
    }                                             空实现
    void query(){
    }
}
```

Shap 类只关心 getArea 方法和 getPerimeter 方法，因此，给其他 4 个不关心的方法声明加上空实现(空实现是指方法体中无语句)。

程序清单 9-11　FundManage.java

```
public abstract class FundManage implement ShapAndFundManage {
    double getArea(){
    }                              给不关心的方法加上空实现
    double getPerimeter(){
    }
}
```

FundManage 类不关心方法声明 getArea() 和 getPerimeter()，给这两个方法声明加上空实现。

有了抽象的实现类 Shap 后，程序员通过扩展 Shap，可以快速地定义需要的各种几何图形类；有了抽象的实现类 FundManage 后，程序员通过扩展 FundManage，可以快速地定义需要的各种资金管理类

如果不定义 Shap 类，而是直接实现 ShapAndFundManage 接口来定义圆类、矩形类等几何类，则每次都要给 ShapAndFundManage 接口中不关心的方法加上空实现，这就降低了编程的效率。

9.4　内　部　类

类体中不仅可以包括成员变量、成员方法和构造方法，还可以包括类，被包含的类称为**内部类**，包含内部类的类称为**外部类**。

类成员的修饰符有 public、protected、默认修饰符、private 和 static 5 个，这 5 个修饰符同样可以修饰内部类。

内部类可以是方法的一个成员，也可以是外部类的一个成员。内部类如果是外部类的一个成员，有以下特征。

(1)　内部类可访问外部类中任何可见性的成员变量和成员方法；

(2) 内部类编译后得到的字节码文件的格式是："外部类名**$**内部类名**.class**"。

9.4.1　内部类是外部类的一个成员

如果内部类是外部类的一个成员，则与成员变量属于同一个级别。下面列举三种类型的内部类。

1. 内部类是非静态成员

程序清单 9-12　VarDemo.java

```java
class Out {
    private int age = 100;
    class In { //内部类是非静态成员
        private int age = 10;
        public void print() {
            int age = 1;
            System.out.println("局部变量age:" + age);
            System.out.println("内部类成员变量age:" + this.age);
            System.out.println("外部类成员变量age:" + Out.this.age);
        }
    }
}
public class VarDemo {
    public static void main(String[] args) {
        //创建外部对象new Out()之后，才能创建内部对象new In()
        Out.In in = new Out().new In();  //创建非静态内部类对象的语法
        in.print();
    }
}
```

程序运行结果：

```
局部变量age:1
内部类成员变量age:10
外部类成员变量age:100
```

2. 内部类是静态成员

程序清单 9-13　StaticDemo.java

```java
class Out {
    private static int age = 100;
    static class In { //内部类作为外部类Out的一个静态成员
        public void print() { System.out.println(age); }
    }
}
public class StaticDemo {
    public static void main(String[] args) {
        Out.In in = new Out.In(); //创建静态内部类对象的语法
        in.print(); //输出100
    }
}
```

3. 内部类是私有成员

程序清单 9-14　PrivateDemo.java

```
class Out {
    private int age =150;
    private class In {//如果只希望外部类中的方法访问内部类，可以使用private声明内部类
        public void print() { System.out.println(age); }
    }
    public void outPrint() {
        new In().print();
    }
}
public class PrivateDemo {
    public static void main(String[] args) {
        Out out = new Out();
        out.outPrint();//输出150
        /*如果将上面两行代码替换为下面的代码，是无效的
        Out.In in = new Out().new In();
        in.print(); */
    }
}
```

9.4.2　内部类是方法的一个成员

程序清单 9-15　MethodDemo.java

```
class Out {
    private int age = 1;
    public void Print(final int x) {
        class In {  //内部类In是方法的一个成员
            public void inPrint() { System.out.println(x); System.out.println(age); }
        }
        new In().inPrint();
    }
}
public class MethodDemo {
    public static void main(String[] args) { Out out = new Out(); out.Print(3); }
}
```

9.5　本　章　小　结

接口是一个合同，它包括一系列服务声明，每个服务声明用一个抽象方法表示。从代码的角度看，接口定义包括两个部分：接口声明和接口体，接口体包括两大部分：常量定义和抽象方法。接口中的抽象方法为所有的实现类规定了相同的服务声明。

接口与实现类之间的关系，相当于父类与子类之间的关系，一个类可以实现多个接口。

定义接口有两个目的：一是为了方便类扩展，二是为所有实现类制定共同的行为。

抽象类中既可以包含抽象方法，也可以包含具体方法，抽象类具备类和接口的优点。可以调用抽象类中的构造方法初始化成员变量，但是，抽象类不能创建对象。

　　为了提高编程效率，经常定义一些抽象的实现类，实现类给接口中不关心的抽象方法提供空实现，然后，通过扩展抽象的实现类来定义程序员需要的子类。

　　内部类可以是外部类的一个成员，也可以是成员方法的成员。

9.6　习　　题

1. 接口应用在哪些方面？试举例说明，然后编写一个类实现 2 个接口的程序。

2. 举例说明抽象类与接口的异同点。

3. 举例说明方法覆盖和方法重载之间的区别。

4. 定义 1 个接口，定义 2 个抽象的实现类，以 2 个抽象类为父类扩展 2 个子类。

5. 编写程序：在一个接口的基础上扩展 2 个子接口，并为 2 个子接口提供 2 个抽象的实现类。

第 10 章　常 用 类 库

本章要点

- Math 类和 Random 类；
- 包装类和日期日历类；
- Runtime 类和 System 类。

学习目标

- 理解自动装箱和拆箱的概念；
- 掌握常用类的使用方法。

10.1　Math 类和 Random 类

Math 类是定义在 java.lang 包中的一个 final 类，其方法都是静态方法，主要用于数学运算和几何函数运算。表 10-1 列出了 Math 类中的部分方法。

表 10-1　Math 类中的部分方法

方　　法	作　　用
double sin (double numvalue)	计算角 numvalue 的正弦值
double cos (double numvalue)	计算角 numvalue 的余弦值
double pow (double a, double b)	计算 a 的 b 次方
double sqrt (double numvalue)	计算给定值的平方根
int abs (int numvalue)	求 numvalue 的绝对值。参数也可以是 long、float 和 double
double ceil (double numvalue)	返回大于等于 numvalue 的最小整数值
double floor (double numvalue)	返回小于等于 numvalue 的最大整数值
int max(int a, int b)	求 a 和 b 中的较大值。参数也可以是 long、float 和 double
int min(int a, int b)	返回 a 和 b 中的较小值。参数也可以是 long、float 和 double
double random()	返回一个 0~1 的随机数

程序清单 **10-1**　MathDemo.java

```java
public class MathDemo {
    public static void main(String[] args) {
        System.out.println("e值:"+Math.E);
        System.out.println("PI值 :"+Math.PI);
        System.out.println("e的平方:"+Math.exp(2));
        System.out.println("产生0~1随机数 :"+Math.random());
        System.out.println("100的平方根:"+Math.sqrt(100.0));
        System.out.println("3的4次方 :"+Math.pow(3, 4));
```

```
        System.out.println("四舍五入 :"+Math.round(99.5));
        System.out.println("求绝对值 :"+Math.abs(-5.55));
    }
}
```

Random 类定义在 java.util 包中，用来产生随机数。表 10-2 列出了 Random 类中的部分方法。

表 10-2　Random 类中的部分方法

方　　法	作　　用
public boolean nextBoolean()	随机生成 boolean 值
public double nextDouble()	随机生成 double 值
public float nextFloat()	随机生成 float 值
public int nextInt()	随机生成 int 值
public int nextInt(int n)	随机生成给定最大值的 int 值
public long nextLong()	随机生成 long 值

程序清单 10-2　RandomDemo.java

```
import java.util.Random;
public class RandomDemo {
    public static void main(String args[]){
        Random r = new Random();
        for(int i=0;i<10;i++){    System.out.print(r.nextInt(10)+"\t") ;}// 产生 0~10 的随机整数
    }
}
```

程序运行结果：

```
3 0 1 6 0 2 1 8 2 7
```

10.2　包　装　类

将基本类型数据转换为对象时就需要用到包装类。Java 为每个基本类型提供了一个对应的包装类，包装类定义在 java.lang 包中。基本类型与包装类的对应关系如表 10-3 所示。

表 10-3　基本类型与包装类的对应关系

基本数据类型	对应的包装类
int(整型)	Integer(数值包装类)
byte(字节型)	Byte(数值包装类)
short(短整型)	Short(数值包装类)
long(长整型)	Long(数值包装类)
float(浮点型)	Float(数值包装类)
double(双精度型)	Double(数值包装类)

基本数据类型	对应的包装类
char(字符型)	Character(字符包装类)
boolean(布尔型)	Boolean (布尔型包装类)

8 个基本数据类型中除了 char 和 int 外(char 的包装类是 Character，int 的包装类是 Integer)，其他 6 个基本数据类型的名字与对应的包装类的名字一样。不同的是，对应包装类名字的第一个字母是大写，如 byte 数据类型的包装类是 Byte。

10.2.1 构造包装对象

构造包装对象的方法有以下两种。

1. 用基本类型数据构造包装对象

例如，用基本类型数据作参数构造包装对象的程序片段：

```
Double   num1=new Double(7.8);        //构造 Double 包装对象
Integer  num2=new Integer (25);       //构造 Integer 包装对象
Short    num3=new Short(12);          //构造 Short 包装对象
```

2. 用字符串构造包装对象

例如，用字符串作参数构造包装对象的程序片段：

```
Double   num1=new Double("7.8");      //构造 Double 包装对象
Integer  num2=new Integer ("25");     //构造 Integer 包装对象
Short    num3=new Short("12");        //构造 Short 包装对象
```

10.2.2 实用方法

1. 包装对象转换为基本类型数据

将包装对象转换为基本类型的方法有 Float 类中的 floatValue()、Double 类中的 doubleValue()、Byte 类中的 byteValue()、Short 类中的 shortValue、Integer 类中的 intValue()、Long 类中的 longValue()。例如：

```
Integer obj1=new Integer(10);
int n=obj1.intValue();          //将包装对象obj1转换为基本类型int
Double obj2=new Double(10.2);
double n=obj2.doubleValue();    //将包装对象obj2转换为基本类型double
```

2. 包装对象转换为字符串

用包装类中的静态方法 toString(包装对象)将包装对象转换为字符串。例如：

```
String str1=Integer.toString(new Integer(10));    //将 Int 型包装对象转换为字符串
String str2=Float.toString(new Float(10.0f));     //将 Float 型包装对象转换为字符串
```

3. 字符串转换为包装对象

用包装类中的静态方法 valueOf(String)，将字符串转换为包装对象。例如：

```
Integer obj1=Integer.valueOf("1234");
Float  obj2=Float.valueOf("123.5");
```

4. "数字"字符串转换为基本数据类型

用包装类中的静态方法将"数字"字符串转换为基本类型数据。

(1) "数字"字符串转换为整数。

下面四个方法分别将"数字"字符串转转为四种整数类型。

- static byte parseByte(String s)：将"数字"字符串 s 转换为 byte 型。
- static short parseShort(String s)：将"数字"字符串 s 转换为 short 型。
- static int parseInt(String s)：将"数字"字符串 s 转换为 int 型。
- static long parseByte(String s)：将"数字"字符串 s 转换为 long 型。

例如：

```
String s="123";
byte k=Byte.parseByte(s);        //转换为byte 型
short k=Short.parseShort(s);     //转换为short 型
int k=Int.parseInt(s);           //转换为int 型
long k=Long.parseLong(s);        //转换为long 型
```

(2) "数字"字符串转换为 float 数据。

将"数字"字符串转换为 float 数据有两种方法。

第一种方法举例：

```
String s="123.88";               //数字格式的字符串
Float obj1= Float.valueOf(s);    //1.用字符串 s 构造 Float 包装对象
float k=obj1.floatValue();       //2.再将 Float 包装对象转换为 float 基本类型数据
```

第二种方法举例：

```
String s="123.88";               //数字格式的字符串
float k= Float.parseFloat(s);
```

(3) "数字"字符串转换为 double 型数据。

将"数字"字符串转换为 double 型数据也有两种方法。

第一种方法举例：

```
String  s="12345.88";            //数字格式的字符串
Double obj1= Double.valueOf(s);  //1.用字符串 s 构造 Double 包装对象
double  k=obj1.doubleValue();    //2.再将 Doublet 包装对象转换为 double 基本类型数据
```

第二种方法举例：

```
String s="12345.88";             //数字格式的字符串
double k= Double.parseDouble(s);
```

程序清单 10-3 WrapperDemo.java

```
public class WrapperDemo {
    public static void main(String[] args) {
    int m=5;
    Integer obj=new Integer(m);      //1.基本数据类型作参数构造包装对象
    int n=obj.intValue();            //包装对象obj 转换为基本数据类型
```

```
        String b="123";
        Double d=Double.valueOf(b);//123.0 //2.将"数字"格式的字符串转换为包装对象
        Double e=Double.valueOf(12.5);
        System.out.println(e.doubleValue());//12.5
    }
}
```

下面的程序将十进制整数 123456 分别以二进制和十六进制格式输出。

程序清单 10-4　NumberScale.java

```
class NumberScale{
    public static void main(String[] args){
        int number = 123456;
        String binaryString = Long.toBinaryString(number);    //将 number 转为二进制
        System.out.println(number+"表示为二进制数: "+binaryString);
        String Hexadecimal= Long.toString(number, 16);        //将 number 转为十六进制
        System.out.println(number+"表示为十六进制数: "+Hexadecimal);
    }
}
```

程序运行结果：

```
123456 表示为二进制数: 11110001001000000
123456 表示为十六进制数: 1e240
```

10.2.3　自动装箱和拆箱

Java 语言在 JDK 1.5 版本后才引入自动装箱和拆箱的概念。自动装箱是指编译器自动将基本类型数据转换为包装对象，自动拆箱是指编译器自动将包装对象转换为基本类型数据。

1. 自动装箱

例如，下面的程序片段：

```
Integer i = 100; //自动装箱。将基本类型数据转换为包装对象
```

编译器自动将整数 100 转换为一个包装对象，即编译器自动将上面的语句替换为下面的语句：

```
Integer i = Integer.valueOf(100);
```

2. 自动拆箱

例如，下面的程序片段：

```
1   Integer i = 100; //自动装箱
2   int    j = i;     //自动拆箱
```

当编译器执行第 2 行语句时，自动将包装对象 i 转换为一个基本类型数据。即编译器自动将第 2 行语句替换为下面的语句：

```
int j = i.intValue();
```

由于只能向集合(如 ArrayList)中添加对象，不能添加基本类型数据，若要将基本类型数据加入集合中，就要将基本类型数据转换为包装对象(如 Integer、Double、Float 等)。JDK 1.5

提供了自动装箱和拆箱机制，可以省略装箱与拆箱的代码，这不仅可以缩减程序的长度，而且加快了程序的开发进程，但也影响了系统的性能。

程序清单 10-5　AutoBoxingUnboxing.java

```
import java.util.*;
public class AutoBoxingUnboxing{
    public static void main(String [] args) {
    ArrayList<Float> mylist=new ArrayList<Float>();
    mylist.add(20.0f); //自动装箱，编译器自动将20.0f转换为包装对象
        mylist.add(50.0f); mylist.add(80.0f);
        float myarray[]=new float[3];
        for(int i=0;i<mylist.size();i++)
        myarray[i]=mylist.get(i);//自动拆箱。编译器自动将取出的包装对象转换为基本类型数据
    for(float f:myarray){ System.out.print (f+"\t"); }
 }
}
```

10.2.4　包装类 Character

Character 类中的一些方法可以用来对字符分类，比如判断一个字符是否是数字字符或改变一个字符的大小写等。表 10-4 列出了 Character 类的一些常用方法。

表 10-4　Character 类的常用方法

静态方法	说　明
isDigit(char ch)	如果 ch 是数字字符，则返回 true，否则返回 false
isLetter(char ch)	如果 ch 是字母，则返回 true，否则返回 false
isLetterOrDigit(char ch)	如果 ch 是数字字符或字母，则返回 true，否则返回 false
isLowerCase(char ch)	如果 ch 是小写字母，则该方法返回 true，否则返回 false
isUpperCase(char ch)	如果 ch 是大写字母，则该方法返回 true，否则返回 false
toLowerCase(char ch)	返回 ch 的小写形式
toUpperCase(char ch)	返回 ch 的大写形式
isSpaceChar(char ch)	如果 ch 是空格，则返回 true，否则返回 false

程序清单 10-6　CharacterDemo.java

```
public class CharacterDemo{
    public static void main(String[] args) {
    char[] ch = {'*', '8', 't', 'B', ' '};
    for (int i = 0; i < ch.length; i++) {
        if (Character.isDigit(ch[i]))  System.out.println(ch[i] + "是一个数字");
        if (Character.isLetter(ch[i]))  System.out.println(ch[i] + "是一个字母");
        if (Character.isUpperCase(ch[i])) System.out.println(ch[i] + "是大写形式");
    }
  }
}
```

10.3 日期日历类

Java 中的日期日历操作主要用到 Date 类、Calendar 类、GregorianCalendar 类和 SimpleDateFormat 类。

10.3.1 Date 类

Date 类定义在 java.util 包中，用于表示日期和时间。系统规定计算时间的起点是 GMT 1970.1.1 00:00:00。

1. 构造方法

- Date()：用系统当前的时间构造一个日期对象。
- Date(long date)：用指定时间构造一个日期对象。其中 date 是指距离 GMT1970 年 1 月 1 日 0 时 0 分 0 秒的长度，单位为毫秒。(注：1 秒=1000 毫秒)

2. 常用方法

- boolean after(Date d)：判断日期是否在 d 之后。
- boolean before(Date d)：判断日期是否在 d 之前。
- long getTime()：返回 1970.1.1 00:00:00 GMT 以来流逝的时间长度，单位为毫秒数。
- void setTime(long)：设置新时间，单位为毫秒。

程序清单 10-7 DateDemo.java

```java
import java.util.Date;
public class DateDemo {
    public static void main(String[] args) {
      Date currentDate = new Date();
      System.out.println("当前日期: "+ currentDate);
      Date newDate = new Date(100000L); // 距离起点的10万毫秒创建一个临时日期
      System.out.println("创建的临时日期是: "+ newDate);
      System.out.println("当前日期早于临时日期: "+ currentDate.before(newDate));
      System.out.println("当前日期晚于临时日期: "+ currentDate.after(newDate));
      System.out.println("当前日期距离GMT 1970.1.1 00:00:00的毫秒数: "+currentDate.getTime());
    }
}
```

10.3.2 Calendar 类和 GregorianCalendar 类

Calendar 是一个抽象类，它和 GregorianCalendar 类都在 java.util 包中。GregorianCalendar 是 Calendar 类的一个子类，并支持多种日历处理。

1. 构造方法

- GregorianCalendar()：用当前时间构造一个日历对象。
- GregorianCalendar(int year, int month, int day)：用指定的参数构造一个日历对象。

其中的参数指定了年(year)、月(month)、日(day)，参数都是整数。

- GregorianCalendar(int year, int month, int day, int hour, int minute, int second)：用指定的参数构造一个日历对象。参数指定了年(year)、月(month)、日(day)、小时(hour)、分钟(minute)、秒(second)。用 0~11 表示月份，即 0 表示 1 月，11 表示 12 月，也可以用日期常量表示。
- GregorianCalendar(Locale aLocale)：用指定的语言环境构造基于当前时间的日历。

表 10-5 列出了 Calendar 类中各种常量的含义，这些常量被 GregorianCalendar 类继承。

表 10-5　Calendar 类中的静态常量

静态常量	说　明
DAY_OF_MONTH	一个月中的第几天
DAY_OF_YEAR	一年中的第几天
DAY_OF_WEEK	一个星期中的第几天
DAY_OF_WEEK_IN_MONTH	当天是当月中的第几个星期
HOUR_OF_DAY	一天中的第几个小时
WEEK_OF_MONTH	一个月中的第几个星期
WEEK_OF_YEAR	一年中的第几个星期
YEAR	年
MONTH	月
DATE	日
HOUR	小时
MINUTE	分钟
SECOND	秒

2. 常用方法

- void add(int wh , int val)：将 val 加到 wh 指定的时间分量上，val 为负时则相减。
- void clear()：所有的时间清零。
- int get (int field)：得到指定时间分量的值。
- void set(int field, int val)：设置指定时间分量的值。
- Date getTime()：得到相同时间的 Date 对象。
- boolean after(Object)：作用与 Date 的同名方法一样。
- boolean before(Object)：作用与 Date 的同名方法一样。
- long getTimeInMillis()：返回从起点至现在所经过的毫秒数。

程序清单 **10-8**　CalendarDemo.java

```
import java.util.*;
public class CalendarDemo {
    public static void main(String[] args) {
        Calendar calendar = new GregorianCalendar();// 以当前时间创建一个日历对象
        Date now = calendar.getTime();  System.out.println("当前时间: "+ now);
        System.out.println("YEAR: "+ calendar.get(Calendar.YEAR));
```

```
            System.out.println("MONTH: "+ calendar.get(Calendar.MONTH));
            System.out.println("DATE: "+ calendar.get(Calendar.DATE));
            System.out.println("AM_PM: "+ calendar.get(Calendar.AM_PM));
            System.out.println("HOUR: "+ calendar.get(Calendar.HOUR));
            System.out.println("HOUR_OF_DAY: "+ calendar.get(Calendar.HOUR_OF_DAY));
            System.out.println("MINUTE: "+ calendar.get(Calendar.MINUTE));
            System.out.println("SECOND: "+ calendar.get(Calendar.SECOND));
            System.out.println("重新设置小时数后:");
            calendar.set(Calendar.HOUR, 8);
            System.out.println("HOUR: "+ calendar.get(Calendar.HOUR));
            System.out.println("HOUR_OF_DAY: "+ calendar.get(Calendar.HOUR_OF_DAY));
    }
}
```

程序运行结果：

```
当前时间: Wed Jan 30 13:34:21 CST 2019
YEAR: 2019
MONTH: 0
DATE: 30
AM_PM: 1
HOUR: 1
HOUR_OF_DAY: 13
MINUTE: 34
SECOND: 21
重新设置小时数后:
HOUR: 8
HOUR_OF_DAY: 20
```

10.3.3　SimpleDateFormat 类

SimpleDateFormat 类定义在 java.text 包中，用于格式化输出日期。

1. 构造方法

- SimpleDateFormat()：用默认模式创建一个模式对象。
- SimpleDateFormat(String pattern)：用指定模式创建一个模式对象。创建模式用到的字母含义如表 10-6 所示。

表 10-6　字母含义

字　母	含　义	字　母	含　义
y	年	h	时
M	月	m	分
d	天	s	秒
E	星期	a	am/pm

2. 常用方法

- void applyPattern(String pattern)：设置输出模式。
- String format(Date date)：将日期格式转换为字符串。

按照格式输出日期的一般步骤如下。

(1)　创建 SimpleDateFormat 模式对象。

(2)　调用 applyPattern()方法设置模式对象的输出模式。

(3)　调用 format()方法，按照输出模式，返回 date 对象的字符串格式的日期。

(4)　输出字符串格式的日期。

程序清单 10-9　SimpleDateFormatDemo.java

```java
import java.util.*;import java.text.*;
public class SimpleDateFormatDemo {
    public static void main(String[] args) {
        Calendar now = new GregorianCalendar();// 以系统当前时间来创建日历对象
        //创建 SimpleDateFormat 对象
        SimpleDateFormat formatter = new SimpleDateFormat();// 创建一个模式对象
        formatter.applyPattern("现在时间：yyyy年MM月dd日 HH时mm分ss秒");// 设置输出模式
        Date date=now.getTime(); //将日历对象转换成 Date 类型
        String str = formatter.format(date);// 按照 formatter 模式返回 date 对象的字符串格式
        System.out.println(str);
        //下面以某时间为参数，创建另一个日历对象
        Calendar Asian21 = new GregorianCalendar(2020, 10, 12, 20, 0, 0);
        //得到这两个时点之间相差的毫秒数
        long distance = Asian21.getTimeInMillis() - now.getTimeInMillis();
        int days = (int) (distance / (24 * 60 * 60 * 1000)); // 转换为天数
        //剩余的毫秒数转换为"总秒数"，再依次得到时、分、秒
        long seconds = (distance % (24 * 60 * 60 * 1000)) / 1000;
        int hh = (int) (seconds / (60 * 60));          //得到小时数
        int mm = (int) ((seconds % (60 * 60)) / 60);   //得到分钟数
        int ss = (int) ((seconds % (60 * 60)) % 60);   //得到秒钟数
        System.out.println("距离 2020 年 10 月 12 日还有："
                + days + "天"+ hh + "时"+ mm + "分"+ ss + "秒");
    }
}
```

程序运行结果：

现在时间：2019 年 01 月 30 日 14 时 39 分 36 秒
距离 2020 年 10 月 12 日还有：652 天 5 时 20 分 23 秒

输出日历，如以下程序。

程序清单 10-10　CalendarOupt.java

```java
import java.text.ParseException;import java.util.*;
public class CalendarOupt {
    public static void main(String[] args) throws ParseException {
        System.out.println("请输入日期(格式为：2018-3-5):");
        Scanner scanner = new Scanner(System.in);//将键盘字节输入流 in 转换为字符输入流 scanner
        String dateString = scanner.nextLine(); //从键盘上读取字符串(日期)
        //将输入的字符串转化成日期类
        System.out.println("您刚刚输入的日期是:" + dateString);
        System.out.println();
        String[] str = dateString.split("-");//将字符串分割为字符串数组
        int year = Integer.parseInt(str[0]);//将字符串转换为整数
        int month = Integer.parseInt(str[1]);
        int day = Integer.parseInt(str[2]);//也可以写为：day =new Integer(str[2])
```

```
Calendar c = new GregorianCalendar(year, month - 1, day); //Month:0-11
/*大家自己补充另一种方式:将字符串通过SImpleDateFormat转换成Date对象,
  再将Date对象转换成日期类
SimpleDateFormat sdfDateFormat = new SimpleDateFormat("yyyy-MM-dd");
Date date = sdfDateFormat.parse(dateString);
Calendar c = new GregorianCalendar();
c.setTime(date);
int day = c.get(Calendar.DATE); */
c.set(Calendar.DATE, 1);
int dow = c.get(Calendar.DAY_OF_WEEK); //week:1-7 日一二三四五六
System.out.println("日\t一\t二\t三\t四\t五\t六");
for (int i = 0; i < dow - 1; i++) {
    System.out.print("\t");
}
int maxDate = c.getActualMaximum(Calendar.DATE);
//System.out.println("maxDate:"+maxDate);
for (int i = 1; i <= maxDate; i++) {
    StringBuilder sBuilder = new StringBuilder();
    if(c.get(Calendar.DATE) == day) {
        sBuilder.append(c.get(Calendar.DATE) + "*\t");
    }else{
        sBuilder.append(c.get(Calendar.DATE) + "\t");
    }
    System.out.print(sBuilder);
    //System.out.print(c.get(Calendar.DATE)+((c.get(Calendar.DATE)==day)?"*":"")+"\t");
    if(c.get(Calendar.DAY_OF_WEEK) == Calendar.SATURDAY) {
        System.out.print("\n");
    }
    c.add(Calendar.DATE, 1);
}
    }
}
```

10.4　Runtime 类

Runtime 类的实例是一个虚拟机对象。常使用 Runtime 类了解 JVM 内存的使用情况。也可以直接使用 Runtime 类运行计算机上可执行的程序。下面是 Runtime 类的常用方法。

- public static Runtime getRuntime()：取得 Runtime 类的实例。
- public long freeMemory()：返回 Java 虚拟机中的空闲内存量。
- public long maxMemory()：返回 JVM 的最大内存量。
- public void gc()：运行垃圾回收器，释放空间。
- public Process exec(String command) throws IOException：执行 command 命令。

程序清单 10-11　RuntimeDemo1.java

```
public class RuntimeDemo1 {
    public static void main(String[] args) {
        Runtime jvm = Runtime.getRuntime();// 通过Runtime类的静态方法获取JVM实例
        System.out.println("JVM最大内存量: " +jvm.maxMemory());          //获取JVM的最大内存
        System.out.println("JVM空闲内存量: " + jvm.freeMemory());        //程序运行前的内存空闲量
        String str = "Hello" ;        System.out.println(str);
```

```
        for (int i = 0; i < 5000; i++) str += i;      // 创建 5000 个字符串，会占用大量的内存
        System.out.println("创建 5000 个字符串之后，JVM 剩下的空闲内存: " + jvm.freeMemory());
            jvm.gc();                              // 垃圾回收，释放空间
        System.out.println("垃圾回收后的 JVM 空闲内存量:"+ jvm.freeMemory());
    }
}
```

在 Java 程序中调用记事本程序。

程序清单 10-12　RuntimeDemo1.java

```
public class RunCommand {
    public static void main(String[] args) {
        Runtime run = Runtime.getRuntime();// 通过 Runtime 类的静态方法为其实例化
        try { run.exec("notepad.exe") ;} // 调用记事本程序
        catch (Exception e) { e.printStackTrace();}
    }
}
```

10.5　System 类

System 是一个定义在 java.lang 包中的 final 类，其成员都是静态的，它提供标准输入流 (System.in：键盘)、标准输出流(System.out：显示器)和错误输出流(System.err)。利用 System 类可以访问外部定义的属性和环境变量。System 类的部分方法如表 10-7 所示。

表 10-7　System 类的部分方法

方　　法	说　　明
static void exit(int status)	如果 status 为非 0 就表示退出
static void gc()	垃圾回收
static long currentTimeMillis()	返回从起点至当前的时间长度，单位为毫秒
static void arraycopy(Object src,int srcPos,Object dest,int destPos,int length)	数组拷贝操作
static Properties getProperties()	取得当前系统的全部属性
static String getProperty(String key)	根据键值取得属性的具体内容

计算执行循环语句所耗费的时间。

程序清单 10-13　ExecutionTime.java

```
public class ExecutionTime {
    public static void main(String[] args) {
        long startTime = System.currentTimeMillis();        //执行循环语句之前的时间
        int sum = 0;                                         //sum 存放累计时间
        for (int i = 0; i < 30000000; i++) { sum += i;    }
        long endTime = System.currentTimeMillis();//执行循环语句之后的时间
        System.out.println("执行循环语句所花费的时间: " + (endTime - startTime)+"毫秒");
    }
}
```

列出系统的全部属性。

程序清单 10-14　SystemProPert.java

```
public class SystemProPert {
    public static void main(String[] args) {
        System.getProperties().list(System.out);    //列出系统的全部属性
    }
}
```

列出指定的属性。

程序清单 10-15　SystemProPert2.java

```
public class SystemProPert2 {
public static void main(String[] args) {
    System.out.println("系统版本为:" + System.getProperty("os.name")
    + System.getProperty("os.version")+ System.getProperty("os.arch"));    //获取当前系统版本
    System.out.println("系统用户为:" + System.getProperty("user.name"));
    System.out.println("当前用户目录:" + System.getProperty("user.home"));
        System.out.println("当前用户工作目录:" + System.getProperty("user.dir"));
    }
}
```

演示垃圾回收。

程序清单 10-16　SystemGc.java

```
class People{
    private String name ; private int age ;
    public People(String name,int age){this.name = name ;this.age = age ;}
    public String getString(){return  this.name ;}
    public void finalize() throws Throwable {        // 对象释放空间时默认调用此方法
        System.out.println("被释放的对象是: " + this.getString()) ;
    }
    }
    public class SystemGc {
    public static void main(String[] args) {
        People per = new People("刘文彩",100) ;
        per = null ;                                 // 断开引用,释放空间
        System.gc() ;                                // 强制性释放空间
    }
}
```

10.6　本章小结

　　本章讲解了常用类的构造方法和实用方法，通过程序代码演示了每个类的使用方法和语法规则。

　　包装类中的 Character 类用于测试字符的属性，其中的一些方法可以用来进行字符分类，比如，判断一个字符是否是数字字符或改变一个字符的大小写等。

　　每个基本数据类型对应一个包装类。向集合中添加基本数据时，系统自动将基本数据包装为对象，从集合中取出数据时，系统自动将对象转换为基本类型数据。

　　日期日历类主要包括：Date 类、Calendar 类、GregorianCalendar 类和 SimpleDateFormat

类。通过这些类来操作日期和时间。

　　Runtime 类的实例代表一个虚拟机，使用其中的方法可以了解 JVM 内存的使用情况，也可以直接使用 Runtime 对象调用可执行的程序。

　　System 类提供标准输入、标准输出和错误输出流。

10.7　习　　题

　　1. 如何将一个 char 值、一个字符数组、一个数值转换为一个字符串？通过程序说明。

　　2. 怎样判断一个字母是大写还是小写？怎样判断一个字符是字母或数字？通过程序说明。

　　3. 定义一个方法，检测字符串是否包含所有的数字值。

　　4. 为什么要引入包装类？如何将整数 80 变成一个整型对象？怎样将字符串"123.45"转换成数值类型？

　　5. Date 类有什么作用？在设计上有何缺陷？

　　6. 如何使用 GregorianCalendar 类构造一个表示当前时间的对象？该类的 get、set 方法如何使用？通过程序说明。

　　7. SimpleDateFormat 类有什么作用？如何用它来输出一个带格式的日期？通过程序说明。

第 11 章　泛　　型

本章要点

泛型、通配符。

学习目标

掌握泛型和通配符的使用方法。

Java 语言在 JDK 5.0 以后才引入泛型。泛型包括泛型类、泛型接口、泛型方法、泛型变量和泛型数组。泛型提高了 Java 应用程序的类型安全、可维护性和可靠性。

11.1　泛　　型　类

泛型类的声明和一般类的声明语法一样，不同的是，泛型类声明中出现了代表类的形参，而且，泛型类声明中可以有多个形参。

1. 声明泛型类

声明一个泛型类 Point，其中，形参 T 的值可以是 Integer、Float 或 String。

程序清单 11-1　Point.java

```
public class Point <T> ┼------ 表示 T 是一个形参, 它代表一个类
    private T x;
    private T y;
    public void setX(T x) {this.x = x;    }
    public void setY(T y) {this.y = y;    }
    public T getX() {     return this.x;  }
    public T getY() {     return this.y;  }
}
```

2. 使用泛型类

程序清单 11-2　PointDemo.java

```
1 public class PointDemo {
2    public static void main(String args[]){
3        Point<String> p1 = new Point< String>() ; //参数 T 指定为 String 类
4        p1.setX("东经 180 度") ;
5        p1.setY("北纬 210 度");
6        System.out.println("p1 的坐标是: "+p1.getX()+","+p1.getY()) ;
7        Point<Float> p2=new Point<Float>(); //参数 T 指定为包装类 Float
         p2.setX(56.0f) ;
         p2.setY(78.0f);
         System.out.println("p2 的坐标是: "+p2.getX()+","+p2.getY()) ;
     }
 }
```

程序运行结果：

```
p1 的坐标是: 东经 180 度,北纬 210 度
p2 的坐标是: 56.0,78.0
```

使用泛型类时要指定形参的值，例如，第 3 行指定泛型类 Point 的形参 T 的值为 String，这时的泛型类 Point 等价于程序清单 11-3 声明的类 Point；第 7 行指定泛型类 Point 的形参 T 的值为 Float，这时的泛型类 Point 等价于程序清单 11-4 声明的类 Point。

程序清单 11-3　Point.java

```java
public class Point {
    private String x;                    //x 的数据类型是 String
    private String y;                    //y 的数据类型是 String
    public void setX(String x) {this.x = x;}
    public void setY(String y) {this.y = y;}
    public String getX() {return this.x;}
    public String getY() {return this.y;}
}
```

程序清单 11-4　Point.java

```java
public class Point {
    private Float x;                //x 的数据类型是 Float
    private Float y;                //y 的数据类型是 Float
    public void setX(Float x) {this.x = x;}
    public void setY(Float y) {this.y = y;}
    public float getX() {return this.x;}
    public float getY() {return this.y;}
}
```

11.2　泛　型　接　口

泛型接口的声明语法和泛型类的声明语法类似，也是在接口名后面加上代表类的参数 <T>，泛型接口声明的语法如下：

```
可见性修饰符 interface 接口名称<T> { //T 是一个代表类的形参
    //接口成员写在这里
}
```

1. 声明泛型接口

```java
public interface CountryList<T> {
    public T next(int k);
}
```

2. 使用泛型接口

```java
public class ImpCountryList implements CountryList<String> {    //使用泛型接口时，指定了形参 T 的值
    private String[] guo = new String[]{"中国", "日本", "新加坡"};    //接口 CountryList 中的元素是字符串
    public String next(int k){    //接口中继承的抽象方法中的 T 被指定为 String
        return guo[k];
    }
}
```

3. 测试泛型接口

```
public class ImpDemo {
  public static void main(String[] args) {
            CountryList list = new ImpCountryList();
    System.out.print(list.next(0)+" "+list.next(1)+" "+list.next(2));
  }
}
```

程序运行结果:

中国 日本 新加坡

11.3 通 配 符

泛型声明中出现了代表类的形参。有以下三个地方使用泛型。

(1) 使用泛型类(泛型接口)作为父类扩展子类。

(2) 使用泛型类(泛型接口)声明变量。

(3) 使用泛型类的构造方法构造对象。

使用泛型类时需要指定泛型类中形参的值,指定泛型类中形参值的方式有两种:一种方式是,给泛型类中的形参指定一个具体的类,如程序清单 11-2 所示;另一种方式是,泛型类中形参的值以通配符的形式指定。

在使用泛型类(泛型接口)时,用通配符指定形参值的方式有三种。

(1) 无限定通配符(<?>):表示泛型类中的形参是任意类。

(2) 上限通配符(<? extends E>):表示泛型类中的形参只能是 E 类或其子类。

(3) 下限通配符(<? supper E>):表示泛型类中的形参只能是 E 类或其父类。

1. 泛型接口 List

Java 提供的泛型接口 List<E>的声明格式等价如下:

```
public abstract interface List<T> {
  public void add(T);
  public void remove(Object);
  ...
}
```

将 List 理解为一个集合,T 理解为集合中元素的类型。

2. 使用泛型接口 List

下面的例子使用泛型接口 List 声明方法中的形参,这时必须采用通配符的形式指定 List<T>中的形参 T。

程序清单 11-5 WildcardUse.java

```
import java.util.ArrayList; import java.util.List;
class Animal {
    String name;
    Animal(String name) { this.name = name; }
    public String toString() { return name; }
```

```
}
class Cat extends Animal {
    Cat(String name) { super(name); }
}
class RedCat extends Cat {
    RedCat(String name) { super(name); }
}
public class WildcardUse {
    public static void deleteCat(List<? extends Cat> catList, Cat cat) { //上限通配符
        catList.remove(cat);    //从列表catList中删除猫cat
        System.out.println("从列表中删除猫");
    }
    public static void addCat(List<? super RedCat> catList) {        //下限通配符
        catList.add(new RedCat("红色猫"));                          //向列表catList中添加红色的猫
        System.out.println("添加猫");
    }
    public static void printAll(List<?> list) {                     //无限定通配符，表示实参可以是任意类型对象
        for (Object item : list)
            System.out.println(item + " ");//会调用Animal类中的toString方法
    }
    public static void main(String[] args) {
        List<Animal> animalList = new ArrayList<Animal>();
        List<RedCat> redCatList = new ArrayList<RedCat>();
        addCat(animalList);                 // 红色猫或其超类构成的列表
        addCat(redCatList); addCat(redCatList);         // 红色猫构成的列表
        printAll(animalList); printAll(redCatList);     // 显示所有动物
        Cat cat = redCatList.get(0);
        deleteCat(redCatList, cat);         // 删除猫
        printAll(redCatList);
    }
}
```

11.4 泛型方法

定义泛型方法的格式与定义普通方法的格式一样，只是在方法返回值类型前加上了修饰符：<T>。下面定义一个泛型方法 show(T t)，具体代码如下：

```
public <T> void show(T t) {//泛型方法的参数也应该是泛型，否则这个方法就没意义了
// do something
}
```

1. 泛型方法声明

程序清单 11-6 GenericMethod.java

```
public class GenericMethod{
    public <T> T fun(T t){
                                    泛型方法：在方法签名中出现了代表类的形参
        return t ;
    }
}
```

2. 使用泛型方法

程序清单 11-7　　GenericDemo.java

```
public class GenericDemo{
      public static void main(String args[]){
        GenericMethod d = new GenericMethod();
4     String str = d.fun("我是邓国强"); //泛型方法中实参值的类型是String，所以T值是String
5       System.out.println(str);
6       int i = d.fun(93); //泛型方法中实参值的类型是Integer。所以T值是Integer
        System.out.println(i);
      }
}
```

程序运行结果：

```
我是邓国强
93
```

第 4 行方法调用语句 **d.fun**("我是邓国强")执行时，实参值的类型是 String，系统推断方法 fun(**T** t)形参 t 的类型是 String，即 T 的值是 String。同理，第 6 行，**d.fun**(93)执行时，系统推断方法 fun(**T** t)的形参 t 的类型是 Integer，即 T 的值是 Integer。

11.5　泛　型　数　组

数组元素的类型是使用代表类的形参声明的。用代表类的形参声明的数组变量称为泛型数组变量。

泛型方法返回一个泛型数组。

程序清单 11-8　　GenericsArray.java

```
public class GenericsArray{
public static void main(String args[]) {
      Integer i[] = fun1(8,7,6,4,5,3);      //返回泛型数组
      fun2(i) ;                             //输出数组内容
}
public static <T> T[] fun1(T ...arg){       //接受可变参数，返回泛型数组
      return arg ;                          //返回泛型数组
}
public static <T> void fun2(T param[]) {    //数组变量param的类型是用代表类的形参声明的
      System.out.print("接受泛型数组: ") ;
      for(T t : param){    System.out.print(t + "、") ;      }
      System.out.println() ;
}
}
```

11.6　本　章　小　结

本章介绍了泛型类、泛型接口、泛型方法、泛型变量和泛型数组的声明格式和使用方法。通过程序演示了无限定通配符、上限通配符、下限通配符的使用方法。

11.7　习　　题

1. 什么是泛型？使用泛型有什么优点？
2. 如何声明 ArryaList 类分别对应 String、Double 类型的对象 mylist1、mylist2？
3. 请分别定义泛型类、泛型方法、泛型变量、泛型数组。
4. 静态方法可以使用泛型类作参数吗？

第 12 章 集 合 框 架

本章要点

- 接口：Collection、Set、SortedSet、List、Queue、Map、SortedMap;
- Set 接口的实现类：HashSet 和 Linked HashSet;
- SortedSet 接口的实现类：TreeSet;
- List 接口的实现类：ArrayList、LinkedList 和 Vector;
- Map 接口的实现类：AbstractMap 和 HashTable。

学习目标

掌握实现类操作各种数据结构。

Java 集合框架由描述集合行为特征的接口和实现接口的类组成。接口中的方法描述了集合的行为特征，接口的实现类提供集合操作功能，即实现类处理队列、栈、链表、线性表、树、图等数据结构，这些接口和类都定义在 java.util 包中。

Java 集合包括三种：规则集、线性表和图。规则集的行为特征由 Set 接口描述，线性表的行为特征由 List 接口描述，图的行为特征由 Map 接口描述。接口继承关系如图 12-1 所示。

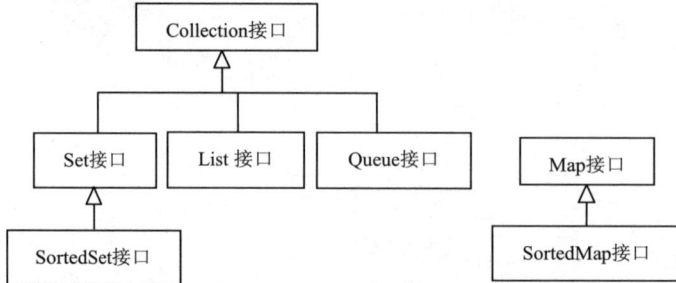

图 12-1 Java 集合的接口关系

12.1 Collection 接口

由 Collection 接口描述的集合称为 Collection 集合，Collection 集合中的每个元素类型可以不同，元素可以重复。Collection 接口中的方法介绍如下。

1) 基本操作
- int size()：返回集合的大小。
- boolean isEmpty()：判断集合是否为空。
- boolean contains(Object element)：是否包含某一元素。
- boolean add(Object element)：添加某一元素。
- boolean remove(Object element)：删除某一元素。

- Iterator iterator()：返回集合的迭代器。

2) 集合操作

- boolean containsAll(Collection c)：是否包含某一集合。
- boolean addAll(Collection c)：添加某一集合。
- boolean removeAll(Collection c)：删除某一集合。
- boolean retainAll(Collection c)：仅保留集合中的元素。
- void clear()：清空所有元素。

3) 数组操作

- Object[] toArray()：以数组方式返回集合中的元素。
- T[] toArray(T a[])：返回数组，类型为 T。

程序清单 12-1　CollectionDemo.java

```java
import java.util.*;
public class CollectionDemo {
    public static void main(String[] args) {
        Collection<String> c = new Vector<String>();// Vector 实现了 List 接口，即实现了 Collection
        c.add("中山大学");  c.add("计算机学院");  c.add("Java 程序设计");
        Iterator iter = c.iterator();//获取集合 c 的迭代器。然后通过迭代器遍历集合 c
        while (iter.hasNext()) {System.out.println(iter.next());}
    }
}
```

程序运行结果：

```
中山大学
计算机学院
Java 程序设计
```

12.2　Set 接口

Set 是 Collection 的一个子接口，用来描述**无重复元素的集合**，除了继承 Collection 接口中的方法外并没有增加额外的方法。Set 接口的实现类有 HashSet 和 Linked HashSet。

当调用 add 方法向集合中添加元素时，若元素已存在，则 add 方法返回 false，且集合内容不会发生任何更改。两个包含相同元素的 Set 对象可视为相等。

程序清单 12-2　SetDemo.java

```java
import java.util.*;
public class SetDemo {
  public static void main(String[] args) {
    Set <String> set = new HashSet <String>();
    set.add("a");  set.add("b");  set.add("c");
    set.add("a"); //无法添加重复的元素
    set.add("b");//无法添加重复的元素
    set.add("o");  set.remove("o");  set.add("u");  set.add("u");
    Iterator<String> itera = set.iterator();//获取集合 set 的迭代器
    while (itera.hasNext()) { System.out.print(itera.next()+" "); }
  }
}
```

程序运行结果：

```
u b c a
```

12.3   SortedSet 接口

SortedSet 是 Set 的一个子接口，用来描述**无重复的有序集合**，它的实现类是 TreeSet。默认情况下，SortedSet 集合中的元素按升序排列，排序依据是其自然值或实例化期间提供的比较器。SortedSet 接口提供了三大类方法：范围视图、端点操作和比较器访问。

1. 范围视图(Range-view)

- SortedSet subSet(Object fromElement, Object toElement)：返回 fromElement 元素至 toElement 元素构成的集合。
- SortedSet headSet(Object toElement)：返回第一个元素至 toElement 元素构成的集合。
- SortedSet tailSet(Object fromElement)：返回 fromElement 元素至最后一个元素构成的集合。

2. 端点操作(End Point)

- Object first()：返回头元素。
- Object last()：返回尾元素。

3. 比较器访问(Comparator Access)

- int compare(Object o1,Object o2)。
- boolean equals(Object obj)。

程序清单 12-3   SortedSetDemo.java

```java
import java.util.*;
public class SortedSetDemo {
    public static void main(String[] args) {
        SortedSet <String> set = new TreeSet<String>();
        set.add("a");set.add("b");set.add("u");set.add("c");set.add("f");set.add("q");
        Iterator i = set.iterator();
        System.out.print("集合set中的元素有: ");
        while (i.hasNext()) { System.out.print(i.next()+" ");}
        System.out.print("\n集合set中的子集:");
        SortedSet <String> subset = set.subSet("c","q");//返回set的子集。子集没有包括q
        Iterator i2 = subset.iterator();
        while (i2.hasNext()) {      System.out.print(i2.next()+" ");}
    }
}
```

程序运行结果：

```
集合set中的元素有: a b c f q u
集合set中的子集:c f
```

12.4　List 接口和 Queue 接口

List 和 Queue 都是 Collection 的子接口。List 接口描述一种可重复的有序集合，其中每个元素都有索引，用户可以在指定的索引位置插入新元素。List 接口的实现类有 Vector、ArrayList、LinkedList。

Queue 接口描述的队列是一种先进先出的数据结构，在队列头部删除元素，在队列尾部添加元素。Queue 的实现类是 LinkedList，因此，可以用 LinkedList 创建队列。

List 除了有从 Collection 接口继承的方法外，本身还提供了以下方法。

1. 位置访问

- Object get(int index)：返回索引 index 处的元素。
- Object set(int index, Object element)：将索引 index 处设置为 element。
- void add(int index, Object element)：在索引 index 处添加元素 element。
- Object remove(int index)：删除索引 index 处的元素。
- boolean addAll(int index, Collection c)：在索引 index 处添加集合 c。

2. 搜索

- int indexOf(Object o)：返回对象 o 的索引号(从前往后找)。
- int lastIndexOf(Object o)：返回对象 o 的索引号(从后往前找)。

3. 迭代

- ListIterator listIterator()：获得集合的双向迭代器，可以从两个方向进行迭代。
- ListIterator listIterator(int index)：功能同上。迭代基于的集合是从 index 处至尾部。

4. 范围查找

List subList(int from, int to)：返回从索引 from 至 to 之间的一个子集。

程序清单 12-4　ListDemo.java

```java
import java.util.*;
public class ListDemo{
    public static void main( String[] args) {
        List list = new Vector();
        for(int i=1;i<=10;i++)       list.add(i);
        ListIterator i = list.listIterator();              //获得集合的双向迭代器
        while(i.hasNext()){System.out.print(i.next()+" ");}   //正向访问，从前往后遍历
        System.out.println();
        while(i.hasPrevious())       System.out.print(i.previous()+" "); //反向访问，从后往前遍历
    }
}
```

程序运行结果：

```
1 2 3 4 5 6 7 8 9 10
10 9 8 7 6 5 4 3 2 1
```

12.4.1　ArrayList 类

ArrayList 类是一个大小可以动态变化的数组，其中的方法不具备同步特征。

程序清单 12-5　ArrayListDemo.java

```java
import java.util.ArrayList;
public class ArrayListDemo{
  public static void main(String[] args){
        ArrayList list = new ArrayList();
        list.add(new Circle(1)); list.add(new Circle(2)); list.add(new Circle(3)); list.add(new Circle(3));
        for(int i = 0; i < list.size(); i++){ int k =i+1; System.out.println("第"+k+"个"
            +(Circle)list.get(i)); }
  }
}
class Circle {
    double radius; //radius 表示圆的半径
    Circle(){ radius = 1.0; }
    Circle(double radiusData){ radius = radiusData; }
    double getArea() { return radius*radius*Math.PI; } //计算圆的面积
    double getPerimeter() { return 2*radius*Math.PI; } //计算圆的周长
    public String toString(){ return "圆的面积是: "+String.valueOf(getArea()); }
}
```

程序运行结果：

```
第1个圆的面积是: 3.141592653589793
第2个圆的面积是: 12.566370614359172
第3个圆的面积是: 28.274333882308138
第4个圆的面积是: 28.274333882308138
```

12.4.2　LinkedList 类

LinkedList 类是一个双向链表，并具有动态数组的功能，它实现了 List 接口和 Queue 接口。LinkedList 类中定义了以下方法：addFirst()、addLast()、getFirst()、getLast()、removeFirst()、removeLast()。

程序清单 12-6　LinkedListDemo.java

```java
import java.util.*;
public class LinkedListDemo {
    public static void main(String[] args) {
        LinkedList<String> list = new LinkedList<String>();
        list.add("中国");       list.add("美国");     list.add("日本");
        Iterator<String> iterator = list.iterator(); //获取列表 list 的迭代器
        System.out.print("链表中的元素: ");
        while(iterator.hasNext()){ System.out.print(iterator.next()+",");}
        System.out.println();
        iterator.remove();
        System.out.print("删除一个元素后链表中的元素: ");
        for(int i = 0; i < list.size(); i++){System.out.print(list.get(i)+",");}
    }
}
```

程序运行结果：

链表中的元素：中国,美国,日本,
删除一个元素后链表中的元素：中国,美国,

12.4.3 Vector 类

Vector(向量)也是一种动态数组列表，作用与 ArrayList 相同，但是向量中的元素可以是任意类型，方法都具备同步特征。

程序清单 12-7 VectorDemo.java

```java
import java.util.*;
public class VectorDemo{
  public static void main(String[] args){
    Vector vec = new Vector(); Circle c1 = new Circle(2);String str = new String("Java 程序设计");
    Integer number = new Integer(100);
    vec.add(c1);      //往向量中添加一个圆
    vec.add(str);     //往向量中添加一个字符串
    vec.add(number);  //往向量中添加一个 Integer 型对象
    for(int i = 0; i < vec.size(); i++){ System.out.println(vec.get(i)); }
  }
}
```

程序运行结果：

圆的面积是：12.566370614359172
Java 程序设计
100

12.4.4 Stack 类

栈是一种"后进先出"的数据结构，只能在一端进行输入或输出数据的操作。Java 由 Stack 创建栈，Stack 是 Vector 的一个子类，常用方法如下。

- Object push(Object data)：将 data 压栈。执行"压栈"操作。
- Object pop()：输出数据。执行"出栈"操作。
- boolean empty()：判断栈中是否还有数据。

程序清单 12-8 StackDemo.java

```java
import java.util.*;
public class StackDemo{
  public static void main(String args[]){
    Stack mystack=new Stack();
    for(char c='A';c<='E';c++){ mystack.push(new Character(c));} //数据压栈
    while(!(mystack.empty())){
        Character temp=(Character)mystack.pop();                 //数据出栈
      System.out.print("弹出数据:"+temp.charValue());
      System.out.println(" ,栈中还剩"+mystack.size()+"个数据");
    }
  }
}
```

12.5　Map 接口

Map 接口中的元素是键-值对，即由**键-值**对构成的集合，也称为映射，集合中的键和值都是对象。典型的 Map 集合如图 12-2 所示，集合中有 4 个元素：123-中国、235-美国、357-日本、478-中国，每个元素是一个**键-值**对。下面介绍 Map 接口与实现类的关系。

(1)　实现了 Map 接口的类：抽象类 AbstractMap 和 Hashtable 类。

(2)　AbstractMap 有两个子类：HashMap 和 TreeMap。

(3)　HashMap 的子类：LinkedHashMap。

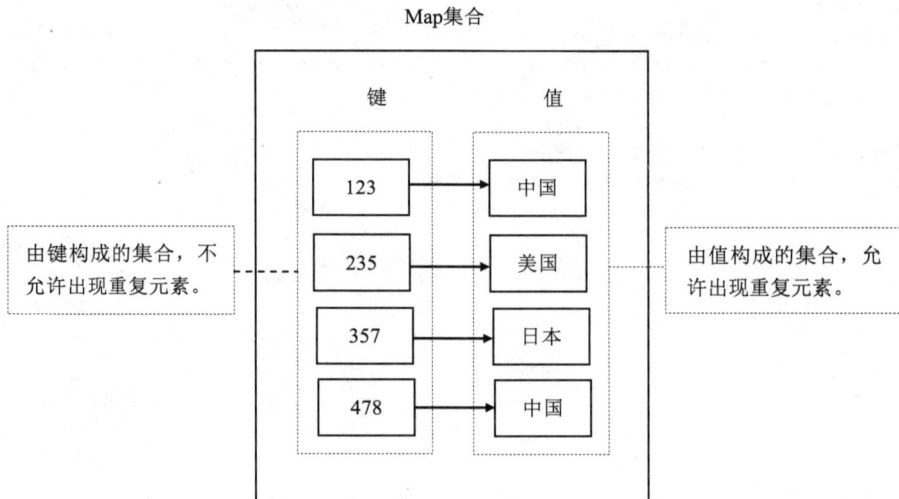

图 12-2　Map 集合

Map 接口提供了以下两大类方法。

1. 基本操作

- Object put(Object key, Object value)：向集合中添加元素。
- Object get(Object key)：取得 key 键所对应的值。
- Object remove(Object key)：删除指定 key 键对应的元素。
- boolean containsKey(Object key)：判断集合中是否包含 key 键。
- boolean containsValue(Object value)：判断集合中是否包含 value 值。

2. 批量操作

- int size()：取得集合的大小。
- boolean isEmpty()：判断集合是否为空。
- void putAll(Map t)：向集合添加映射 t。
- void clear()：清除集合中的所有元素。
- Set keySet()：获得键集。
- Collection values()：获得值集。

● Set entrySet()：获得包含映射关系的 Set 视图。

12.5.1　SortedMap 接口

Map 的子接口 SortedMap 的实现类是 TreeMap。TreeMap 对集合中的元素按升序、自然顺序或所提供的比较器排序。SortedMap 接口的方法如下。

1. 范围查看操作

● SortedMap subMap(Object fromKey, Object toKey)：返回键大于或等于 fromKey，且小于 toKey 的映射。
● SortedMap headMap(Object toKey)：返回键小于 toKey 的映射。
● SortedMap tailMap(Object fromKey)：返回键大于或等于 fromKey 的映射。

2. 端点操作

● Object first()：获取集合中的第一个元素。
● Object last()：获取集合中的最后一个元素。

3. 比较器操作

Comparator comparator()：比较器。

程序清单 12-9　TreeMapDemo.java

```
import java.util.*;
public class TreeMapDemo {
  public static void main(String args[]) {
    Map map = new TreeMap();
    for(int i=1; i<4; i++) { map.put(i, "str"+i); }
    System.out.println("Map 的容量:" + map.size()); System.out.println("Map 的元素:" +map);
  }
}
```

程序运行结果：

```
Map 的容量:3
Map 的元素:{1=str1, 2=str2, 3=str3}
```

12.5.2　HashMap 类和 Hashtable 类

由 JDK 1.2 提供的 Hashtable 具备同步特征，其查找速度比 HashMap 更快(HashMap 没有同步特征，不允许使用 null 值)。

程序清单 12-10　HashTableDemo.java

```
1    import java.util.*;
2    public class HashTableDemo {
3    public static void main(String[] args) {
4       long totalTime = 0; long callTime=0;
5      Map map = new Hashtable();
6         //Map map = new HashMap();
          System.out.println("写入/读取 10 万个数据所用时间比较:(单位:毫秒)\n");
```

```
        callTime = System.currentTimeMillis();
        for(int i = 0; i < 100000; i++){ map.put(""+i, new Integer(i));}
        totalTime = System.currentTimeMillis() - callTime;
        System.out.println("Hashtable 写入时所用时间: " + totalTime);
        callTime = System.currentTimeMillis();
        for(int i = 0; i < 100000; i++) { map.get(""+i);    }
        totalTime = System.currentTimeMillis() - callTime;
        System.out.println("Hashtable 读取时所用时间: " + totalTime);
    }
}
```

为了比较 Hashtable 和 HashMap 的速度，请将第 5 行注释掉，启用第 6 行代码，测试 HashMap 的速度。

12.5.3 Properties 类

Properties 是 Hashtable 的一个子类，因此，Properties 类创建的集合中元素的格式也是键-值对，并且，**键和值的数据类型都是字符串**。

Properties 类的常用方法如下。

- setProperty(String key, String value)：往集合中添加键-值对。
- getProperty(String key)：获得键 key 对应的值。
- load(InputStream inStream)：从字节输入流中读取键-值对。
- load(Reader reader)：从字符输入流中读取键-值对。
- store(OutputStream out, String comments)：将集合中的键-值对写入输出流。
- void list(PrintStream out)：将集合中的键-值对写入输出流。
- void list(PrintWriter out)：将集合中的键-值对写入输出流。
- Enumeration propertyNames()：获得集合中的键构成的枚举。

显示当前系统的属性设置。

程序清单 12-11　PropertiesDemo.java

```
import java.util.*;
public class PropertiesDemo {
    public static void main(String[] args){
        Properties proper = System.getProperties();       //获得当前系统的属性名/值构成的集合
        Enumeration enum1 = proper.propertyNames();        //获得集合 proper 中的键(属性名)构成的枚举
        while(enum1.hasMoreElements()){
            String key = (String)enum1.nextElement(); //获得集合中的键
            String pro = proper.getProperty(key);     //获得键对应的值
            System.out.println(key + "=" + pro);
        }
    }
}
```

假设文件 D/ch18/ drivers.properties (数据库配置文件)的内容如下：

```
drivers= org.gjt.mm.mysql.Driver
url= jdbc:mysql://localhost:3306/test
user= root
password=12345
```

　　下面的程序使用数据库配置文件加载数据库驱动程序、用户名、密码等参数。程序的算法是：第一步，创建一个 Properties 对象；第二步，使用方法 load()加载配置文件内容；第三步，调用 getProperty(键)方法得到相应的值。

程序清单 12-12　PropertyRead.java

```java
import java.util.*;import java.io.*;
public class PropertyRead {
    public static void getProperty(){
        Properties prop = new Properties();
        try{ FileInputStream in = new FileInputStream("D:/ch18/Driver.properties");
            prop.load(in); //加载数据库配置文件
            String driver = prop.getProperty("drivers");//根据属性名获得属性值
            String url = prop.getProperty("url");
            String userName = prop.getProperty("user");
            String password = prop.getProperty("password");
         }
        catch(FileNotFoundException e){ e.printStackTrace(); }
        catch(IOException e){ e.printStackTrace(); }
    }
public static void main(String[] args) {
        getProperty();
    }

}
```

12.6　辅　助　接　口

辅助数据结构处理的接口有 Enumeration 接口、Comparator 接口、Iterator 接口等。

12.6.1　Enumeration 接口和 Comparator 接口

1. Enumeration 接口

Enumeration 是一个功能与 Iterator 类似的老式接口，用于集合遍历的方法：

- boolean hasMoreElements()：判断当前指针后是否有元素。
- Object nextElement()：返回当前指针的下一个元素并且指针下移一行。

2. Comparator 接口

Comparator 接口指定集合的排序方式，其中有以下两个方法。

- int compare(Object obj1, Object obj2)：比较对象 obj1 和 obj2 的大小。
- boolean equals(Object obj)：判断对象是否相同。

下面的例子演示 Comparator 接口的应用方法。

1)　创建比较器

定义的类 ComparatorCircle 实现 Comparator 接口。比较的对象类型是 Circle。

程序清单 12-13 ComparatorCircle.java

```
import java.util.Comparator;
public class ComparatorCircle implements Comparator<Circle>{
//比较器类ComparatorCircle必须实现Comparator接口,即重写compare方法
    public int compare(Circle c1, Circle c2) {
        if (c1.getArea()>c2.getArea())  { return 1; }
        else if (c1.getArea()<c2.getArea()) { return -1;}
        return 0;
    }
}
```

2) 使用比较器

使用 Collections 接口中的 sort 方法对圆进行排序。sort 方法中的第一个参数是要排序的列表 cirList，第二个参数是列表中的元素进行比较时使用的比较器。

程序清单 12-14 ComparatorDemo.java

```
import java.util.*;
public class ComparatorDemo {
    public static void main(String[] args) {
        List<Circle> cirList =new ArrayList<Circle>();
        Circle s1 = new Circle(3); Circle s2 = new Circle(2); Circle s3= new Circle(1);
        //把3个Circle实例添加到cirList中
        cirList.add(s1);    cirList.add(s2);cirList.add(s3);
        System.out.print("排序前的列表: ");
        for (Circle c : cirList) { System.out.print(c.getArea()+" "); }//使用foreach遍历cirList
        System.out.println();
        //使用Collections.sort排序。第一个参数是要排序的列表cirList,第二个参数是比较器对象
        Collections.sort(cirList,new ComparatorCircle());
        System.out.print("按升序排列后: ");
        for (Circle c : cirList) { System.out.print(c.getArea()+" "); }
    }
}
```

程序运行结果：

```
排序前的列表: 28.274333882308138 12.566370614359172 3.141592653589793
按升序排列后: 3.141592653589793 12.566370614359172 28.274333882308138
```

12.6.2 Iterator 接口

接口 Iterator 专门用于集合的迭代输出。Iterator 的一个子接口 ListIterator 专门用于输出 List 中的内容。Iterator 接口中的方法如表 12-1 所示。

表 12-1 Iterator 接口中的方法

方　法	作　用
public boolean hasNext()	判断是否有下一个元素
public Object next()	返回下一个元素
public void remove()	删除当前指针后的元素

删除指定的元素。

程序清单 12-15　IteratorDel.java

```java
import java.util.*;
public class IteratorDel {
    public static void main(String[] args) {
        List<String> list = new ArrayList<String>();
        list.add("中"); list.add("山"); list.add("大学");// 增加元素
        Iterator<String> iter = list.iterator();          // 获取列表 list 的迭代器
        while (iter.hasNext()) {                 // 判断当前指针后是否有元素
            String str = iter.next();            // 取出当前指针后的元素并赋给 str
            if ("山".equals(str)) {              // 判断 str 是否为 "山"
                iter.remove();                   // 删除当前指针后的元素
            }
            else { System.out.print(str + ", "); }
        }
        System.out.println("\n 删除之后的集合: " + list);     //输出集合内容, 调用 toString() 方法
    }
}
```

程序运行结果:

```
中, 大学,
删除之后的集合: [中, 大学]
```

12.7　Collections 类

工具类 Collections 用于集合操作, 其中的方法都是静态的。下面是部分方法的说明。

- static <T> void sort(List<T> list): 对列表排序, 默认情况下按自然顺序排序。
- static <T> int binarySearch(List<?> list,T key): 二分查找。
- static <T> T max(Collection<?> coll): 返回最大值。
- static void reverse(List<?> list): 对列表数据反转。
- static void shuffle(List<?> list): 随机置换。

程序清单 12-16　CollectionsDemo.java

```java
import java.util.*;
public class CollectionsDemo {
    public static void main(String[] args) {
        List<Integer> list = new ArrayList<Integer>(); // 创建集合 list
        list.add(30); list.add(20); list.add(50); list.add(10);  list.add(40);
        System.out.println("排序前:" + list); //list:[30, 20, 50, 10, 40]
        Collections.sort(list);//默认情况下按照自然顺序排序
        System.out.println("排序后:" + list); //list:[10, 20, 30, 40, 50]
        System.out.println("数据 30 的索引号:" + Collections.binarySearch(list, 30)); // 二分查找
        System.out.println("集合中的最大值:" + Collections.max(list)); //max:50
        Collections.reverse(list);//对集合反转
        System.out.println("反转后:"+list);
        Collections.shuffle(list);//随机置换
        System.out.println("随机置换后:" + list);
    }
}
```

程序运行结果：

```
排序前:[30, 20, 50, 10, 40]
排序后:[10, 20, 30, 40, 50]
数据30 的索引号:2
集合中的最大值:50
反转后:[50, 40, 30, 20, 10]
随机置换后:[10, 30, 40, 20, 50]
```

12.8　枚　　举

JDK 1.5 版本引入枚举(enum)，枚举的声明和使用与类相似。在枚举中可以定义变量、方法，枚举也可以实现一个或多个接口。枚举的特点如下。

(1) 枚举没有构造方法，不能创建 enum 实例。

(2) 枚举值都是常量，常量的修饰符是 public、static 或 final。

(3) 枚举默认实现 java.lang.Comparable 接口。

(4) 枚举覆载 toString 方法，表达式 Color.Blue.toString()返回字符串"Blue"。

(5) 枚举提供一个 valueOf 方法，调用 valueOf("Blue")将返回 Color.Blue。

(6) 枚举提供的 values 方法可遍历所有的枚举值。

(7) 枚举提供的 oridinal 方法返回枚举值在枚举类中的顺序。

1. 定义枚举

可以直接定义一个枚举，把相关的常量放入一个枚举类型里。下面定义一个枚举 **Size**：

```
public enum Size {//代表服务的尺码
        S,M,L,XL,XXL,XXXL;
}
```

2. 使用枚举

枚举跟类一样，可以用来声明一个变量。下面的程序中，用枚举 Size 声明一个变量。
程序清单 12-17　Shirt.java

```
public class Shirt {
    private String name;//名称
    private double bid;//价格
    private Size size; //尺码，用枚举表示
    public Shirt(){  }
    public void setName(String name){this.name = name;}
    public String getName(){return name;}
    public void setBid(double bid){this.bid = bid;   }
    public double getBid(){return bid;    }
    public void setSize(Size size){this.size = size; }
    public Size getSize(){     return size;    }
    public String toString(){
      StringBuilder sb = new StringBuilder();
      sb.append("名称:"+this.getName()+"; "); sb.append("价格:"+this.getBid()+"; ");
      sb.append("尺码:"+this.getSize());
      return sb.toString();
    }
}
```

3. 测试枚举

程序清单 12-18　ShirtDemo.java

```
public class ShirtDemo{
    public static void main(String[] args) {
        Shirt shirt1 = new Shirt();
        shirt1.setName("花衬衫"); shirt1.setBid(23.5); shirt1.setSize(Size.M);
    System.out.println(shirt1);
    }
}
```

程序运行结果：

名称:花衬衫；价格:23.5；尺码:M

12.9　本 章 小 结

Collection 是一个根接口，它允许有重复的元素，它的两个子接口是 List 和 Set。

Set 接口用来描述没有重复元素的集合。List 接口用来描述一种可重复的有序集合。Set 接口的实现类有 HashSet、TreeSet 和 Linked HashSet。List 接口的实现类有 Vector、ArrayList 和 LinkedList。

Map 接口描述由键-值对构成的集合，实现类有 AbstractMap 和 HashTable 类。接口 SortedMap 的实现类为 TreeMap。

栈 Stack 是一种"后进先出"的数据结构，只能在一端进行输入或输出数据的操作。

接口 Iterator 专门用于集合的迭代输出，其子接口是 ListIterator。

枚举(enum)是 JDK 1.5 版本开始引入的新类型，枚举的定义和使用与类相似。

12.10　习　　　题

1. hashCode 和 equals 方法在 Object 类中已定义，为什么还要在 Collection 接口中覆盖？

2. HashSet、LinkHashSet 和 TreeSet 三者的差别是什么？

3. 举例说明如何遍历一个集合？可以按任意顺序遍历集合中的元素吗？

4. 举例说明如何调用 Comparable 接口中的方法 compareTo 对集合中的元素排序？如何使用 Comparator 接口对集合中的元素排序？

5. Comparable 接口与 Comparator 接口有什么不同？它们分别属于哪个包？

6. 如何在线性表中添加元素和删除元素？如何从两端遍历线性表？

7. 假设线性表 list1 包含字符串"red"、"yellow"、"green"。线性表 list2 包含字符串"red"、"yellow"、"blue"。回答下列问题：

- 执行 list1.addAll(list2)方法后，线性表 list1、list2 分别变成了什么？
- 执行 list1.add(list2)方法后，线性表 list1、list2 分别变成了什么？
- 执行 list1.removeAll(list2)方法后，线性表 list1、list2 分别变成了什么？
- 执行 list1.remove(list2)方法后，线性表 list1、list2 分别变成了什么？

● 执行 list1.retainAll(list2)方法后，线性表 list1、list2 分别变成了什么？

● 执行 list1.clear()方法后，线性表 list1 变成了什么？

8. ArrayList 与 LinkedList 之间的区别是什么？LinkedList 是否包含 ArrayList 中的所有方法？哪些方法在 LinkedList 中有，但在 ArrayList 中没有？

9. 举例说明如何创建 Vector 的一个实例？如何在向量中追加或插入新的元素？如何在向量中删除元素？如何确定向量的大小？

10. 举例说明如何创建 Stack 的一个实例？如何在栈中追加或插入新的元素？如何在栈中删除元素？如何确定栈的大小？

11. 举例说明如何创建一个 Map 实例？如何向一个 Map 实例中添加一个键-值对？如何删除一个键-值对？如何遍历 Map 中的元素？

12. Collections 类和 Arrays 类中的方法都是静态的吗？

13. 举例说明 Iterator 接口的使用方法。

第 3 篇

图形程序设计

第 13 章　图形程序设计入门

本章要点

- 图形类库;
- 容器、组件和布局管理器;
- 图形绘制类;
- 事件驱动程序设计。

学习目标

- 熟练运用布局管理器组织用户界面;
- 掌握图形的绘制方法;
- 掌握事件驱动程序的设计方法。

Java 的图形界面由两种组件构成，一种是 AWT 组件，另一种是 Swing 组件。创建 AWT 组件的类定义在 java.awt 包中，创建 Swing 组件的类定义在 javax.swing 包中。

13.1　Java 图形类库

根据图形界面中组件的作用，将创建组件的类分为三种：容器类、组件类和辅助类。

1. 容器类

容器是能容纳其他组件的组件。容器分两大类：一类是 java.awt 包中的 Panel、Window、Frame、Dialog 类；另一类是 javax.swing 包中的 JApplet、JFrame、JDialog、JApplet 类。容器都属于重型组件。

2. 组件类

组件是一个相对独立的软件部件。如图 13-1 所示，虚线框中的所有类组织在 javax.swing 包中，其他类都组织在 java.awt 包中。

1)　AWT 组件

抽象类 Component 的子类创建的对象就是 AWT 组件，AWT 组件也称为**重型组件**，重型组件类的层次结构如图 13-2 所示。重型组件的特点如下。

- 重型组件依赖本地 GUI 资源。
- 重型组件只适用于简单的 GUI 程序设计，不适用复杂的 GUI 项目。
- 重型组件易发生平台故障，不稳定，不灵活。

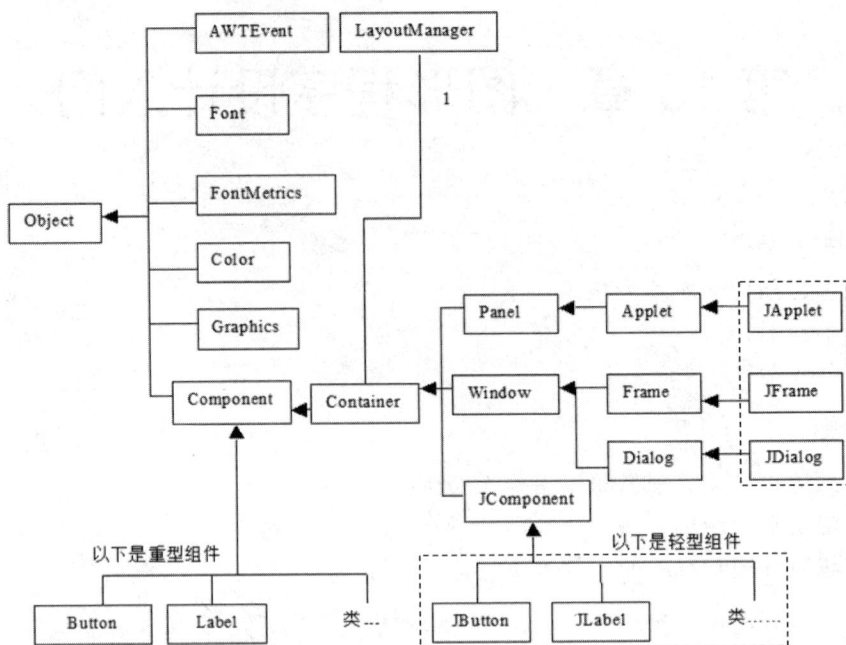

图 13-1　图形类的层次结构

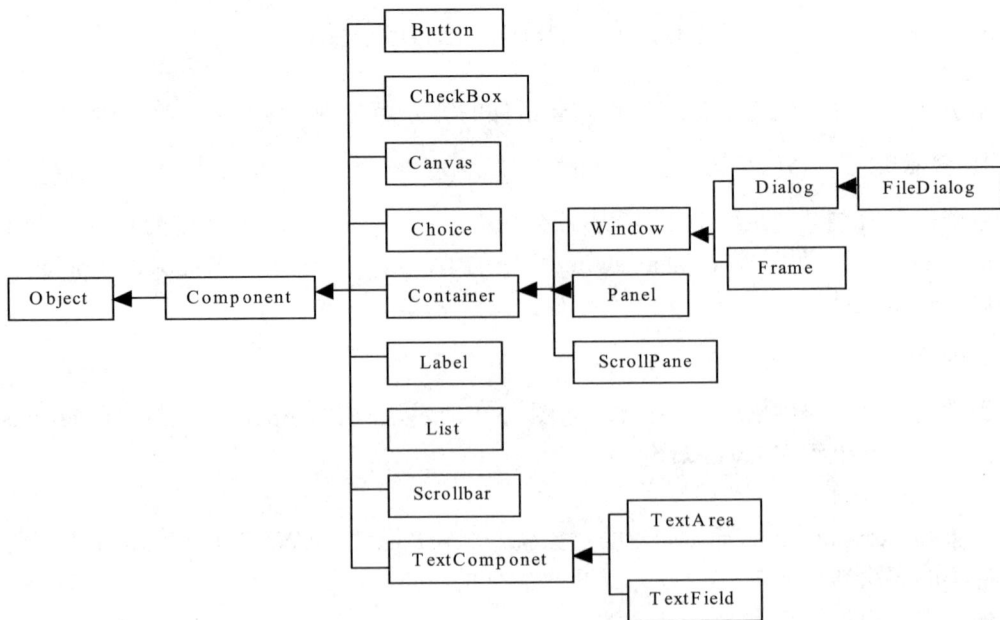

图 13-2　重型组件类的层次结构

2)　Swing 组件

抽象类 JComponent 的子类创建的对象就是 Swing 组件，Swing 组件也称为**轻型组件**，轻型组件的类名都是以 J 开头。随着 Java 2 的发行，后来的图形设计都是用轻型组件取代重型组件。轻型组件的特点如下。

- 轻型组件不依赖本地 GUI 资源。
- 轻型组件适用于复杂的 GUI 项目。
- 轻型组件比重型组件更稳定、通用和灵活。

由于 JComponent 的父类是 Container，因此所有轻型组件都是容器，都有容器的特征。

注意：Swing 组件不能取代 AWT 的全部组件，只能取代 AWT 的用户界面组件(Button、TextField、TextArea 等)。在设计界面时，仍需继续使用辅助类(Graphics、Color、Font、FontMetrics、LayoutManager)。此外，Swing 组件继续采用 AWT 组件的事件模型。

3. 辅助类

辅助类保存在 java.awt 包中，其作用是绘图和设置容器的布局方式。常用的辅助类有 Graphics、Color、Font、FontMetrics、LayoutManager。

13.2　容　　器

Java 中有两种容器，即窗口和面板，它们都是容器类 Container 的子类对象。**窗口**是可以自由移动的、能独立存在的容器，窗口分为框架(Frame)和对话框(Dialog)。**面板**与窗口类似，但不能独立存在，必须包含在另外一个容器中。

在设计图形界面时，应用程序使用框架及其子类对象作为容器；小程序使用 Panel 类及其子类对象作为容器。

13.2.1　框架

框架是由 JFrame 类创建的一种带标题并且可以改变大小的窗口。框架类的许多方法是从其超类 Window 或更上层的类 Container 和 Component 继承的。除了 JFrame 类本身定义了一些方法外，它还从父类链条中继承了多个方法。

1. JFrame 类的方法

1) 从 Component 类中继承的方法

- void setLocation(int x,int y)：设置窗口位置。调用该方法后，将窗口左上角的坐标位置设置为(x,y)，也就是距屏幕左边 x 像素，距屏幕上边 y 像素。
- void setBounds(int x,int y,int width,int height)：设置窗口的大小和位置。调用该方法后，将窗口安排在屏幕上的指定位置，即窗口左上角的坐标位置为(x,y)(也就是距屏幕左边 x 像素，距屏幕上边 y 像素)；窗口的宽是 width，高是 height。
- void setSize(int width,int height)：设置窗口的大小。这时窗口左上角的坐标是(0,0)。
- void setVisible(boolean vis)：设置窗口是否可见，窗口默认是不可见的。vis 的值是 true 时，窗口是可见的。

2) 从 Container 类中继承的方法

- Component add(Component comp)：在容器中添加一个组件 comp。一个窗口中可以放置多个组件。

- void setLayout(LayoutManager mgr)：将窗口的布局管理器设置为 mgr。
- void validate()：刷新窗口中的组件。当窗口调用 setSize()或 setBounds()方法后，都必须调用 validate()方法，以确保窗口中的组件能显示出来。

3) 从 Window 类中继承的方法

void dispose()：该方法将撤销当前窗口，并释放当前窗口所使用的资源。

4) JFrame 类本身定义的方法

- JFrame()：创建一个无标题的窗口。
- JFrame(String title)：创建一个标题为 title 的窗口。没有参数时，窗口无标题。
- void setTitle(String title)：设置窗口的标题为 title。
- String getTitle()：获取窗口的标题。
- void setBackground(Color color)：设置窗口的背景颜色为 color。
- void setResizable(boolean bol)：设置窗口是否可调整大小，窗口默认是可调整大小的。bol 的值是 true 时，表示可以调整窗口大小。
- boolean isResizable()：判断窗口是否可调整大小。如果窗口大小可调整，方法返回 true，否则返回 false。

2. 创建框架(JFrame)

创建并显示一个框架(框架是一种窗口)。

程序清单 13-1　MyFrame.java

```
import javax.swing.*;
public class MyFrame{
public static void main(String[] args){
    JFrame frame = new JFrame("我是窗口标题"); //创建一个窗口
    frame.setSize(300, 300); //设置窗口大小。窗口的高、宽都是300像素
    frame.setVisible(true); //使窗口可见
    frame.setDefaultCloseOperation(JFrame.EXIT_ON_CLOSE); //当窗口产生关闭事件时关闭窗口
  }
}
```

在默认情况下，框架不可见，框架的宽和高都是 0。必须通过 setSize()方法设置框架的大小，通过 setVisible(true)方法使框架变为可见。

3. 框架居中

默认情况下，在屏幕坐标系中，框架左上角的坐标是(0,0)。要指定框架的显示位置，必须使用 JFrame 类中的 setLocation(x,y)方法，将框架左上角的位置安排在(x,y)处。

要把框架放在屏幕的中心位置，需要知道框架和屏幕的宽和高，以便计算出将框架居中时框架左上角的坐标。可以通过 java.awt.Toolkit 类得到屏幕的宽和高。

1) 获取屏幕的宽度和高度

```
Dimension screenSize = Toolkit.getDefaultToolkit().getScreenSize();
int screenWidth = screenSize.width;        //获取屏幕的宽度
int screenHeight = screenSize.height;      //获取屏幕的高度
```

2) 框架居中时左上角的坐标(x,y)

```
Dimension frameSize = frame.getSize();
int x = (screenWidth - frameSize.width)/2; int y = (screenHeight - frameSize.height)/2;
```

创建一个框架并显示在屏幕中心。

程序清单 13-2 CenterFrame.java

```
import javax.swing.*; import java.awt.*;
public class CenterFrame{
  public static void main(String[] args){
    JFrame frame = new JFrame("框架居中"); frame.setSize(300, 300);
    frame.setDefaultCloseOperation(JFrame.EXIT_ON_CLOSE); //当窗口产生关闭事件时关闭窗口
    Dimension screenSize = Toolkit.getDefaultToolkit().getScreenSize();//获取屏幕的大小
    int screenWidth = screenSize.width;  int screenHeight = screenSize.height;
    Dimension frameSize = frame.getSize();//获取框架的大小
    int x = (screenWidth - frameSize.width)/2; int y = (screenHeight - frameSize.height)/2;
    frame.setLocation(x, y);      //设置框架的位置，其左上角坐标为(x,y)
    frame.setVisible(true);       //使框架可见
  }
}
```

4. 在框架中添加组件

JFrame 类创建的窗口包含一个内容窗格。在窗口中添加组件，就是在内容窗格中添加组件。使用 **getContentPane()**方法获取窗口的内容窗格。

在框架中添加组件。

程序清单 13-3 Addcom.java

```
import javax.swing.*; import java.awt.*;
public class Addcom{
  public static void main(String[] args){
    JFrame frame = new JFrame("向框架中添加组件"); //创建一个框架
 Container container= frame.getContentPane(); //获取框架 frame 的内容窗格
 JButton button=new JButton("OK"); //创建一个按钮
    container.add(button);        //把按钮添加到内容窗格 container 中
    frame.setSize(300, 300);  frame.setVisible(true);
    frame.setDefaultCloseOperation(JFrame.EXIT_ON_CLOSE); //当收到关闭事件时关闭窗口
  }
}
```

5. 两种容器类的区别

(1) 以 J 开头的容器类。如 JFrame、JApplet、JPanel 及其子类创建的容器(con)都有内容窗格。向这种容器添加组件的语句如下：

```
Container container = con.getContentPane(); //获取容器 con 的内容窗格
container.add(component);        //向内容窗格 container 添加组件 component
```

注意：重型组件不适合放在 J 开头的容器中。例如，Button 组件不适合放在 JPanel 中。

(2) 非 J 开头的容器类。如 Frame 类、Applet 类、Panel 类及其子类创建的容器(con)不包含内容窗格。因此，直接使用下面的语句向容器中添加组件：

```
con. add( component);        //向容器 con 添加组件 component
```

13.2.2　面板

面板是由 JPanel 类创建的一种没有标题的容器。面板不能独立存在，必须将面板装入另一面板或框架中。面板可以嵌套，但是，窗口不能嵌套。

面板有两个作用：一是把面板当容器使用，用来容纳其他组件；二是在面板上绘制字符串和图形。

1. 构造方法

```
JPanel(); //用默认布局管理器(FlowLayout)构造一个面板
JPanel(LayoutManager layout); //用指定的布局管理器 layout 构造一个面板
```

面板类的主要方法都是从 Container 和 Component 类继承的。

2. 面板作容器

面板作容器使用。创建一个电话拨号键盘界面。

程序清单 13-4　TestPhone.java

```
import java.awt.*; import javax.swing.*;
public class TestPhone extends JFrame{
  public TestPhone(){//构造方法
    Container container = getContentPane();  //获取框架的内容窗格
    container.setLayout(new BorderLayout());//为内容窗格设置布局管理器
      //创建容纳 12 个按钮的面板 p1 并为面板设置网格布局管理器(4 行 3 列)：
    JPanel p1 = new JPanel();  p1.setLayout(new GridLayout(4, 3));
    for (int i=1; i<=9; i++)  { p1.add(new JButton(" " + i)); } //向面板p1添加按钮
    p1.add(new JButton("*"));   p1.add(new JButton(" " + 0));   p1.add(new JButton("#"));
    JPanel p2 = new JPanel();//创建面板p2，用来容纳文本域和面板p1
    p2.setLayout(new BorderLayout());   p2.add(p1, BorderLayout.CENTER);
    container.add(p2, BorderLayout.SOUTH); //将面板 p2 和按钮添加到内容窗格
    container.add(new Button("Press to Call"), BorderLayout.CENTER);
  }
  public static void main(String[] args) {
    TestPhone frame = new TestPhone();
    frame.setTitle("电话座机");
    frame.setDefaultCloseOperation(JFrame.EXIT_ON_CLOSE);//当收到关闭事件时，关闭窗口
    frame.setSize(300, 200);     frame.setVisible(true);
  }
}
```

程序运行结果如图 13-3 所示。

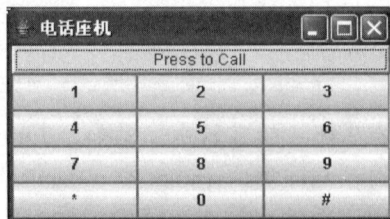

图 13-3　电话拨号键盘界面

13.3　布局管理器

每个容器都有一个默认的布局管理器。如何在容器中摆放组件是容器的布局管理器的职责。java.awt 包中有 5 个常见的布局类，它们是 FlowLayout、GridLayout、BorderLayout、CardLayout 和 GridBagLayout。Frame(JFrame)对象的默认布局管理器是 BorderLayout 对象。Panel 对象的默认布局管理器是 FlowLayout 对象。

假设 container 是容器，对容器常见的 3 种操作如下。

1. 修改容器的布局管理器

```
container.setLayout(new specificlayout()); //将容器 container 的布局管理器改为 new specificlayout()
```

其中，表达式 new specificlayout()表示创建一个布局管理器。容器 container 使用该布局管理器对容器中的组件进行摆放。

2. 向容器添加组件

```
container.add(component); //把组件 component 添加到容器 container 中
```

3. 从容器中删除组件

```
container.remove(component); //把组件 component 从容器 container 中删除掉
```

13.3.1　FlowLayout 布局

用 FlowLayout 类创建的对象称为 FlowLayout 布局对象，它是 JPanel 容器的默认布局管理器。

FlowLayout 的布局规则：在容器中添加组件时，从容器的第一行开始，按组件添加的顺序，由左到右将组件排列在容器中，第一行排满后，再从第二行开始从左向右排列组件，依此类推，直到排完所有的组件。

FlowLayout 类的构造方法和常用方法如下。

- FlowLayout()：该方法创建的布局对象指定组件之间的水平和垂直间距都是 5 像素。
- FlowLayout(int aligin,int hgap,int vgap)：该方法创建的布局对象指定组件之间的对齐方式是 aligin，垂直间距和水平间距分别是 vgap(像素)和 hgap(像素)。aligin 的取值是 FlowLayout.LEFT、FlowLayout.CENTER、FlowLayout.RIGHT 之一。
- void setAlignment(int aligin)：将布局对象的对齐方式设置为 aligin。
- void set Hgap(int hgap)：设置容器中组件的水平间距为 hgap 像素。
- void setVgap(int vgap)：设置容器中组件的垂直间距为 vgap 像素。

采用 FlowLayout 布局时，容器中每一行的组件都按布局指定的对齐方式和水平间距排列。如果有多行组件，行与行之间的间距就是布局的垂直间距。尽管这种布局非常方便，但是当容器内的组件太多时，就显得高低参差不齐。为了布局的美观，常采用容器嵌套的方法，即把一个容器嵌入另一个容器中。

在一个框架中以指定的对齐方式和间距排列 8 个按钮。

程序清单 13-5　ShowFlowLayout.java

```java
import javax.swing.*;import java.awt.*;
public class ShowFlowLayout extends JFrame{
 public ShowFlowLayout(){
        Container container = getContentPane();//获取框架的内容窗格container
    //创建一个FlowLayout布局对象f：对齐方式是CENTER，水平和垂直间距分别是10、20像素
    FlowLayout f=new FlowLayout(FlowLayout.CENTER, 10, 20);
    container.setLayout(f); //设置内容窗格的布局方式为f
    for (int i=1;i<=8;i++)container.add(new JButton("Component"+i));//向内容窗格中添加按钮
 }
 public static void main(String[] args) {
   ShowFlowLayout frame = new ShowFlowLayout();
   frame.setTitle("Show FlowLayout");
   frame.setDefaultCloseOperation(JFrame.EXIT_ON_CLOSE);
   frame.setSize(600, 150);    frame.setVisible(true);
 }
}
```

13.3.2　GridLayout 布局

用 GridLayout 类创建的对象称为 GridLayout 布局对象。GridLayout 布局对象将容器划分为若干行、若干列的网格区域，组件就安置在这些网格中。

GridLayout 的布局规则：在容器中添加组件时，从容器的第一行开始，按组件添加的顺序，由左到右将组件安置在容器的网格中，第一行排满后，再从第二行的左边开始排列组件，依此类推，直到组件排完。

GridLayout 类的构造方法如下。

- GridLayout(int rows, int columns, int hGap, int vGap)：创建一个布局对象。该布局对象将容器划分为 rows 行、columns 列。组件在容器中排列时的水平和垂直间距分别为 hGap 和 vGap 像素。
- GridLayout(int rows, int columns)：创建一个布局对象，此布局对象将容器划分为 rows 行、columns 列。组件的水平和垂直间距均为 0 像素。
- GridLayout()：每行存放一个组件。

将 5 个按钮排列成 2 行 3 列的网格。

程序清单 13-6　ShowGridLayout.java

```java
import javax.swing.*;    import java.awt.*;
public class ShowGridLayout extends JFrame{
 public ShowGridLayout(){
     Container container = getContentPane();//获取框架的内容窗格
     //创建网格布局对象f，把容器划分为2行、3列。水平和垂直间距分别是3像素和5像素
     GridLayout f=new GridLayout(2, 3, 3, 5);
     container.setLayout(f); //将内容窗格的布局管理器改为f
     for (int i=1;i<=5;i++)container.add(new JButton("Comp"+i)); //向内容窗格添加按钮
   }
   public static void main(String[] args) {
     ShowGridLayout frame = new ShowGridLayout(); frame.setTitle("Show GridLayout");
```

```
    frame.setDefaultCloseOperation(JFrame.EXIT_ON_CLOSE);
    frame.setSize(200, 200); frame.setVisible(true);
  }
}
```

程序运行结果如图 13-4 所示。

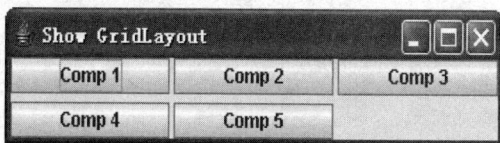

图 13-4　运行结果示意图

GridLayout 布局的每个网格大小相同，组件与网格的大小也相同，即容器中所有组件的大小相同，为了克服这个缺点，可以采用容器嵌套。例如，使用 GridLayout 布局将一个容器分为 3 行 1 列的网格，将另一个容器添加到某个网格中，添加到网格中的容器的布局又可以设置为 GridLayout 布局、FlowLayout 布局、CardLayout 布局或 BorderLayout 布局之一。利用这种嵌套方法，可以设计出符合用户要求的布局。

13.3.3　BorderLayout 布局

用 BorderLayout 类创建的对象称为 BorderLayout 布局对象，它将容器空间划分为东、西、南、北、中 5 个区域，中间的区域最大。JFrame 容器中内容窗格的默认布局管理器就是 BorderLayout 对象。

BorderLayout 的布局规则：每次向容器中加入一个组件，都应该指明这个组件放置在哪个区域。区域由 BorderLayout 中的静态常量 CENTER、NORTH、SOUTH、WEST、EAST 标识。例如，一个使用 BorderLayout 布局的容器 container，可以使用 add()方法将一个组件 b 添加到中心区域：

```
container.add(b);
```

上面的语句等价于下面的语句：

```
container.add(BorderLayout.CENTER, b);
```

注意：若将组件 b 添加到容器 container 的中央，则可以省略参数 BorderLayout.CENTER。

每个区域只能放置一个组件，如果向某个已放置了组件的区域再放置一个组件，那么先前的组件将会被后者替换。使用 BorderLayout 布局的容器最多能添加 5 个组件，如果容器中需要加入超过 5 个组件，就必须使用容器的嵌套或其他的布局策略。

BorderLayout 类的构造方法如下。

● BorderLayout(int hGap, int vGap)：该方法创建的布局对象把容器中组件之间的水平和垂直间距分别设置为 hGap 和 vGap 像素。

● BorderLayout()：该方法创建的布局对象把容器中组件之间的水平和垂直间距都设置为 0 像素。

使用 BorderLayout 管理器在框架中放置 5 个按钮。

程序清单 13-7　ShowBorderLayout.java

```java
import javax.swing.*;import java.awt.*;
import javax.swing.*; import java.awt.*;
public class ShowBorderLayout extends JFrame{
 public ShowBorderLayout(){//构造方法
    Container container = getContentPane();//获取框架的内容窗格
    BorderLayout f= new BorderLayout(2, 3);//创建边界布局对象 f，水平和垂直间距分别为 2、3
    container.setLayout(f); //内容窗格的布局管理器改为 f
    //将 5 个按钮分别添加到内容窗格中的 5 个区域
    container.add(new JButton("东"), BorderLayout.EAST);
    container.add(new JButton("南"), BorderLayout.SOUTH);
    container.add(new JButton("西"), BorderLayout.WEST);
    container.add(new JButton("北"), BorderLayout.NORTH);
    container.add(new JButton("中"), BorderLayout.CENTER);
 }
 public static void main(String[] args){ //主方法
    ShowBorderLayout frame = new ShowBorderLayout(); frame.setTitle("用 BorderLayout 布局");
    frame.setDefaultCloseOperation(3); //接收窗口关闭事件时，关闭窗口
    frame.setSize(300, 200); frame.setVisible(true);
 }
}
```

程序运行结果如图 13-5 所示。

图 13-5　在框架中放置 5 个按钮

13.3.4　CardLayout 布局

使用 CardLayout 布局的容器可以容纳多个组件，但是同一时刻容器只能从这些组件中选出一个来显示，就像一叠扑克牌，每次只能显示最上面的一张，这个被显示的组件将占满容器表面的全部空间。

假设有一个容器 con，那么使用 CardLayout 布局对象的一般步骤如下。

(1) 创建 CardLayout 布局对象 card。例如：

```java
CardLayout card=new CardLayout();
```

(2) 将容器 con 的布局方式设置为 card。例如：

```java
con.setLayout(card);
```

(3) 把组件 b 加入容器 con 中。把组件 b 加入容器 con 中时给组件起一个代号 num。如果不给组件起一个代号，那么，最先加入容器 con 中的组件代号是 1，第二次加入的组件的代号是 2，系统依次给组件排号。例如：

```java
con.add(String num,Componnemt b); //把组件 b 加入容器 con 中时，给组件命名一个代号 num
```

(4)　使用布局对象 card 的 show()方法显示容器 con 中代号为 num 的组件。格式如下：

```
card.show(con, num);  //显示容器con中代号为num的组件
```

也可以按组件加入容器的顺序显示组件。例如：

```
card.first(con);      //显示容器con中的第一个组件
card.last(con);       //显示容器con中的最后一个组件
card.next(con);       //显示容器con中的下一个组件
card.previous(con);   //显示容器con中的前一个组件
```

在窗格中添加按钮(next)、按钮(previous)、面板(cardPanel)，在面板中添加三个标签作为卡片。cardPanel 采用 CardLayout 布局。

程序清单 13-8　CardLayoutTest.java

```java
import java.awt.*; import java.awt.event.*;
import javax.swing.*; import javax.swing.border.LineBorder;
public class CardLayoutTest{
 private static CardLayout cards= new CardLayout(); //创建卡片布局对象
 private static JPanel cardPanel = new JPanel();     //创建面板
 public static void main(String[] args){
   JFrame frame = new JFrame();
   frame.setTitle("卡片布局");
   Container content = frame.getContentPane(); //获取框架的内容窗格
   content.setLayout(new FlowLayout());
   JButton next = new JButton("下一张");
   JButton previous = new JButton("上一张");
   cardPanel.setLayout(cards); //将面板的布局管理器设置为cards
   Dimension dim = new Dimension(100,50);
   cardPanel.setPreferredSize(dim); //设置面板的大小
   cardPanel.setBorder(new LineBorder(Color.red));
   //向面板添加三个标签对象
   cardPanel.add("1", new JLabel("卡片1", JLabel.CENTER) );
   cardPanel.add("2", new JLabel("卡片2", JLabel.CENTER));
   cardPanel.add("3", new JLabel("卡片3", JLabel.CENTER));
   //向窗口的内容窗格中添加next、cardPanel、previous
   content.add(next); content.add(cardPanel); content.add(previous);
   ActionListener listener = new ActionResponse(); //创建监听器
   next.addActionListener(listener); previous.addActionListener(listener); //注册监听器
   frame.addWindowListener(new WindowAdapter(){ //为frame注册监听器(匿名监听器)
     public void windowClosing(WindowEvent e) { System.exit(0); }
   } );
   frame.pack(); frame.setVisible(true);
 }
 static class ActionResponse implements ActionListener {//监听器类(内部类)
   public void actionPerformed(ActionEvent event) { //getActionCommand():获取按钮上的标签
     if (event.getActionCommand().equals("下一张")) cards.next(cardPanel);
     if (event.getActionCommand().equals("上一张")) cards.previous(cardPanel);
   }
}//内部类结束
}//外部类结束
```

程序运行结果如图 13-6 所示。

图 13-6　卡片布局图

ActionEvent 类中的 getActionCommand()方法返回事件源上的"标签"。例如:

```
Button bt = new Button("java") ; //这个按钮的标签是: "java"
```

如果为这个按钮 bt(事件源)注册一个 ActionListener 监听器,则可以通过监听器中的 actionPerformed(ActionEvent e)方法的参数 e(事件对象)获取按钮上的标签:

```
String lab=e. getActionCommand() ; //返回值是: "java"
```

13.3.5　不使用布局管理器

当容器不使用布局管理器时,设置组件在容器中的位置的步骤如下。
(1)　设置容器 con 的布局为 null。

```
con.setLayout(null);
```

(2)　向容器中添加组件。

```
con.add(component);
```

(3)　设置组件在容器中的位置和大小。

```
JButton  component=new JButton("我是组件");
component .setBounds(10,10,100,100); //设置组件显示位置、组件大小
```

不使用布局管理器。

程序清单 13-9　ShowNoLayout.java

```java
import java.awt.*;import java.awt.event.*;import javax.swing.*;
public class ShowNoLayout extends JFrame{
  private JLabel lab1 = new JLabel("标签置中心", JLabel.CENTER);
  private JTextArea jta1 = new JTextArea("第一个文本区", 5, 10 );
  private JTextArea jta2 = new JTextArea("第二个文本区", 5, 10 );
  private JTextField field = new JTextField("我是文本域");
  public ShowNoLayout(){
    setTitle("不使用布局管理器");
    getContentPane().setLayout(null); // 将窗口的内容窗格的布局设置为空
    //向窗口的内容窗格添加组件
    getContentPane().add(lab1);
    getContentPane().add(jta1); getContentPane().add(jta2); getContentPane().add(field);
    // 设置组件在窗口中的位置和大小
    lab1.setBounds(0, 10, 400, 40);
    jta1.setBounds(0, 50, 100, 100); jta2.setBounds(200, 50, 100, 50);
    field.setBounds(200, 110, 100, 50);
  }
public static void main(String[] args){
    ShowNoLayout frame = new ShowNoLayout(); frame.setSize(400,200);
```

```
    frame.setDefaultCloseOperation(JFrame.EXIT_ON_CLOSE); frame.setVisible(true);
    }
}
```

程序运行结果如图 13-7 所示。

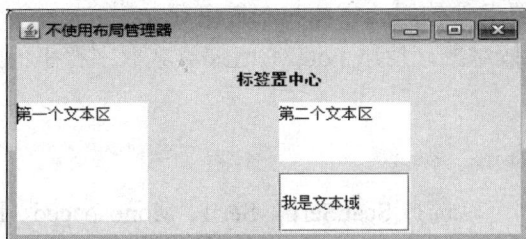

图 13-7　不使用布局管理器

13.4　图形绘制类

下面介绍 Color 类、Font 类、FontMetrics 类和 Graphics 类的绘图方法。

13.4.1　Color 类

可以使用 Color 类为 GUI 组件设置颜色。颜色由红、绿、蓝三原色构成，每种原色的亮度都用一个 byte 数据表示，即颜色值为 0(最暗)到 255(最亮)之间。这就是通常所说的 RGB 模式。

1．创建 Color 对象

```
Color color = new Color(r, g, b);
```

其中，r、g、b 分别用于指定一个颜色的红、绿、蓝成分(其值都是数字)。例如：

```
Color color = new Color(128, 100, 100);
```

2．设置组件的背景色和前景色

可以使用 Component 类中的方法 setBackground(Color c)和 setForeground(Color c)来设置组件的背景色和前景色。例如，使用颜色对象 color 设置面板 myPanel 的背景色：

```
Color color = new Color(28, 88,100); //创建颜色对象color
JPanel myPanel = new JPanel();        //创建面板myPanel
myPanel.setBackground(color);         //设置面板myPanel的背景色为color
```

Color 类把 13 种标准颜色(黑、蓝、青、深灰、灰、绿、浅灰、洋红、橙、粉、红、白、黄)定义为常量。下面的代码片段使用颜色常量将一个面板背景色设置为红色：

```
JPanel myPanel = new JPanel();
myPanel.setBackground(Color.red); //常量Color.red代表红色对象
```

注意： 标准颜色的名字用常量表示，但是它们的命名格式像变量：第一个单词小写，接下来的单词第一个字母大写，所以，颜色名称违反了 Java 命名惯例。

13.4.2 Font 类和 FontMetrics 类

Font 和 FontMetrics 分别为组件设置字体和字体尺度提供了一些方法。在为组件绘制图形或文本前，首先应设置组件使用的字体和字符串尺寸。

使用 Font 类创建字体对象，使用 FontMetrics 类获取字符串的尺寸。

1. 创建 Font 对象

```
Font myFont = new Font(name, style, size);
```

其中，name(字体名)可以选择 ScanSerif、Serif、Monospaced、Dialog 或 DialogInput 等，style(字型)可以选择 Font.PLAIN、Font.BOLD 和 Font.ITALIC 等，字型可以组合使用，size 表示字体大小。

例如，下面创建字体的程序片段：

```
Font myFont = new Font("ScanSerif",Font.BOLD, 16);
Font myFont = new Font("Serif" , Font.BOLD+Font.ITALIC, 12); //字型采用组合方式，用+组合字型
```

2. FontMetrics 类

可以使用 FontMetrics 类计算字符串的精确高度(Height)和宽度。度量字体的属性有 Leading(文本行之间的距离)、Ascent(字符从基线到其顶端的高度)、Descent(字符从基线到底端的距离)和 Height(Leading、Ascent 和 Descent 的和)，如图 13-8 所示。

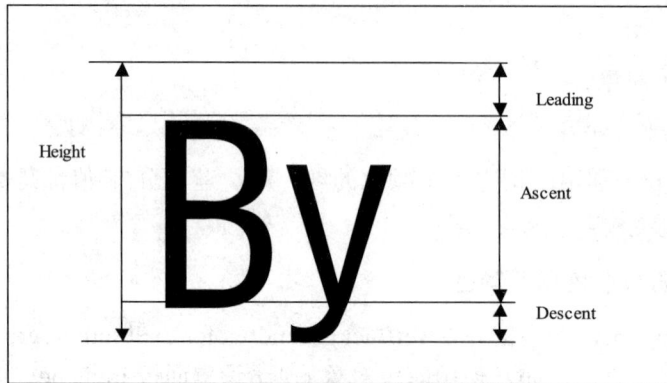

图 13-8　字体度量

1) FontMetrics 类获取字体属性的方法
- int getAscent()：返回字体从基线到其顶端的高度。
- int getDescent()：返回字体从基线到底端的距离。
- int getLeading()：返回文本行之间的距离。
- int getHeight()：返回字体的高度(Leading、Ascent 和 Descent 的和)。
- int stringWidth(String str)：返回字符串的宽度。

2) 获取组件的 FontMetrics 对象

每个组件都有相应的 FontMetrics 对象。由于 FontMetrics 是一个抽象类，可以使用

Graphics 类的 getFontMetrics 方法获取组件的 FontMetrics 对象。

- FontMetrics getFontMetrics(Font f)：返回指定字体 f 的尺度。
- FontMetrics getFontMetrics()：返回当前字体的尺度。

用 20 磅粗的 ScanSerif 字体在框架中央显示"欢迎使用字体对象"。

程序清单 13-10　TestFontMetrics.java

```
import java.awt.*; import javax.swing.*;
public class TestFontMetrics extends JFrame{
  public TestFontMetrics(){//构造方法
    MessagePanel messagePanel = new MessagePanel("欢迎使用字体对象");
    messagePanel.setFont(new Font("SansSerif", Font.BOLD, 20)); //设置字体、风格和大小
    messagePanel.setCentered(true);    //使字符串居于面板中央
    getContentPane().add(messagePanel);
  }
  public static void main(String[] args){ //主方法
    TestFontMetrics frame = new TestFontMetrics();
    frame.setDefaultCloseOperation(JFrame.EXIT_ON_CLOSE);
    frame.setSize(250, 120); frame.setTitle("测试FontMetrics"); frame.setVisible(true);
  }
}
class MessagePanel extends JPanel {//在面板上显示字符串
 private String message = "欢迎使用字体对象";   //要显示的字符串
  private int xCoordinate = 20;  //( xCoordinate , yCoordinate)显示字符串的位置
  private int yCoordinate = 20;
  private boolean centered; //标识字符串是否显示在面板的中央
  public MessagePanel(){  }//构造方法
  public MessagePanel(String message) { this.message = message;} //用字符串构造面板
  public String getMessage() { return message; }
  public void setMessage(String message) { this.message = message; }
  public int getXCoordinate() { return xCoordinate; }
  public void setXCoordinate(int x) { this.xCoordinate = x; }
  public int getYCoordinate() { return yCoordinate; }
  public void setYCoordinate(int y) { this.yCoordinate = y; }
  public boolean isCentered() { return centered; }
  public void setCentered(boolean centered) { this.centered = centered; }
  public void paintComponent(Graphics g){ //重写JComponent中的方法，创建面板时，该方法被调用
    super.paintComponent(g);//每个组件被创建时，系统自动为其创建一个图形对象g
    if (centered){
      FontMetrics fm = g.getFontMetrics();//获取组件(这里是面板)的字符串尺度
      //将字符串显示在面板中央时字符串的坐标值为(xCoordinate, yCoordinate)
      int w = fm.stringWidth(message);//获取字符串的宽度
      int h = fm.getAscent();             //获取字符的Ascent值
      xCoordinate = (getWidth()-w)/2; yCoordinate = (getHeight()+h)/2;
    }
    g.drawString(message, xCoordinate, yCoordinate);
  }
  public Dimension getPreferredSize() { return new Dimension(200, 100); }
  public Dimension getMinimumSize() { return new Dimension(200, 100); }
}
```

程序运行结果如图 13-9 所示。

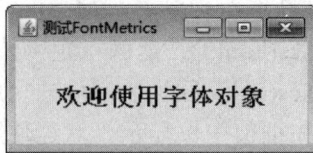

图 13-9 测试 FontMetrics

MessagePanel 类：如果 centered 为 false，通过坐标 xCoordinate 和 yCoordinate 指定字符串显示的位置；如果 centered 为 true，则字符串显示在面板中心。

Component 类中的方法 getWidth()和 getHeight()分别返回组件的宽度和高度。

TestFontMetrics 中的属性 centered 的值是 true，因此，字符串在面板的中央显示。yCoordinate 是字符串中第一个字符的基线高度。centered 为 true 时，yCoordinate 应为 getSize().height/2 + h/2，其中 h 是字符 Ascent 部分高度。

Component 类中的 getPreferredSize()方法在 MessagePanel 中被覆盖，当把 MessagePanel 对象放置到内容窗格中时，用 getPreferredSize()方法为面板指定大小。

drawString(s, x, y)方法的作用是在(x, y)处开始绘制一个字符串 s。

Swing 组件使用 paintComponent()方法画图。当用户显示框架或改变框架的大小时，系统都会自动调用该方法。在显示一个新画面之前，必须在程序中调用 super.paintComponent(g) 来清除原来的画面；如果没有调用该方法，则不会清除以前的画面。

注意：Component 类中的方法(setBackground()、setForeground()和 setFont())为整个组件设置颜色和字体。如果要在面板上用不同颜色和字体绘制一些信息，则必须使用 Graphics 类中的 setColor()和 setFont()方法来设置当前图画的颜色和字体。

13.4.3 Graphics 类

Graphics 类中的方法可以绘制直线、矩形、椭圆、圆弧和多边形等几何图形。

1. 绘制直线

可以用下面的方法画一条直线：

```
drawLine(x1, y1, x2, y2);//在给定的两个点(x1,y1)和(x2,y2)之间画一条直线
```

参数 x1、y1、x2、y2 分别指定直线的起点(x1, y1)和终点(x2, y2)，如图 13-10 所示。

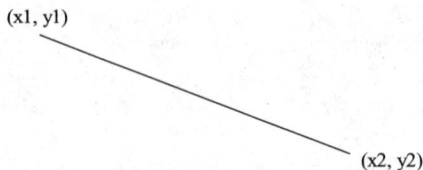

图 13-10 画直线

2. 绘制矩形

Graphics 类中的方法可以绘制 3 类矩形，即直角矩形、圆角矩形或三维的矩形。每类矩

形又可以分为空心矩形和填充矩形两种。

1) 绘制直角矩形

画一个空心直角矩形，使用如下语句：

```
drawRect(x, y, w, h);
```

画一个有填充颜色的直角矩形，使用如下语句：

```
fillRect(x, y, w, h);
```

参数 x、y 表示矩形左上角的坐标，w 和 h 分别表示矩形的宽和高，如图 13-11 所示。

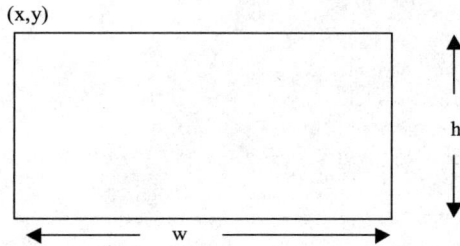

图 13-11　绘制直角矩形

2) 绘制圆角矩形

画一个圆角矩形，可使用如下语句：

```
drawRoundRect(x, y, w, h, aw, ah);
```

画一个填充了颜色的圆角矩形，可使用如下语句：

```
fillRoundRect(x, y, w, h, aw, ah);
```

其中，参数 x、y、w、h 的含义与 drawRect()方法相同，aw 指角上圆弧的水平半径，ah 指角上圆弧的竖直半径，如图 13-12 所示。

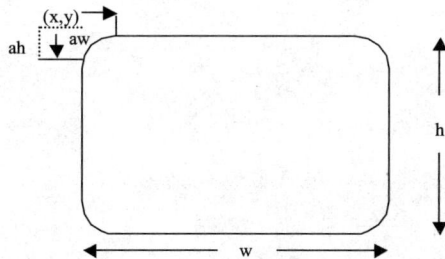

图 13-12　绘制圆角矩形

3) 绘制三维矩形

画一个三维矩形，使用如下语句：

```
draw3DRect(x, y, w, h, raised);
```

其中，参数 x、y、w、h 的含义与 drawRect()方法相同，最后一个参数(raised)是布尔值，表示矩形是表面凸起还是凹进。

在文本框输入矩形左上角坐标的位置(x,y)、长和宽，程序在画布上绘制一个矩形。

程序清单 13-11   ShowFrame.java

```java
import java.awt.*; import javax.swing.*; import java.awt.event.*;
class Mycanvas extends Canvas{ //Canvas 的父类是 Component
        int x,y, int w,h;
        int red,cyan,blue;
        Mycanvas(){
           setSize(200,200);                  //必须设置画布的大小
             setBackground(Color.cyan);        //设置画布的背景色
        }
        public void setX(int x) { this.x=x; }
        public void setY(int y) { this.y=y; }
        public void setW(int w) { this.w=w; }
   public void setH(int h) { this.h=h; }
   public void paint(Graphics g){ g.drawRect(x,y,w,h); }//在画布上绘制一个矩形
}
public class ShowFrame extends JFrame implements ActionListener{ //定义测试类 ShowFrame
    Mycanvas canvas;
    TextField inputX,inputY,inputW,inputH;
    Button button;
    public ShowFrame() {
     Panel p1=new Panel(),   p2=new Panel();
     canvas=new Mycanvas();          //创建画布对象
     inputX=new TextField(6);  inputY=new TextField(6);
     inputW=new TextField(6);  inputH=new TextField(6); button =new Button("确定");
     Container container=this.getContentPane(); //框架的内容窗格
     container.add(p1,BorderLayout.NORTH); container.add(p2,BorderLayout.CENTER);
     p1.add(new Label("请输入矩形的位置坐标: "));
     p1.add(inputX); p1.add(inputY);
     p1.add(new Label("请输入矩形的长和宽: "));
     p1.add(inputW); p1.add(inputH); p1.add(button);
     p2.add(canvas);//将画布对象加入容器
     button.addActionListener(this); //为 button 注册监听器 this
    }
    public void actionPerformed(ActionEvent e){
      int x,y,w,h;
        try{ x=Integer.parseInt(inputX.getText());   y=Integer.parseInt(inputY.getText());
           w=Integer.parseInt(inputW.getText());   h=Integer.parseInt(inputH.getText());
           canvas.setX(x); canvas.setY(y); canvas.setW(w); canvas.setH(h);
           canvas.repaint(); //绘制画布对象
        }
      catch(NumberFormatException ee)  { x=0;y=0;w=0;h=0; }
    }
    public static void main(String[] args){
       JFrame frame = new ShowFrame(); //创建一个窗口
       frame.setSize(700, 150); frame.setVisible(true);
       frame.setDefaultCloseOperation(JFrame.EXIT_ON_CLOSE);
    }
}
```

程序运行结果如图 13-13 所示。

图 13-13　在画布上绘制一个矩形

3. 绘制椭圆

在 Java 中，椭圆是根据其外接矩形绘制的，因此所用的参数和矩形相同。

1)　绘制空心椭圆

```
drawOval(x, y, w, h); //绘制空心椭圆的方法
```

参数 x、y 指外接矩形左上角的坐标，w、h 分别指矩形的长和宽，如图 13-14 所示。

2)　绘制填充颜色的椭圆

```
fillOval(x, y, w, h); //绘制填充颜色的椭圆的方法
```

其中，参数 x、y、w、h 的意义与 drawOval()方法相同。

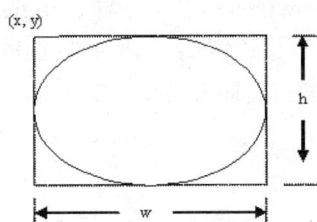

图 13-14　绘制椭圆

定义一个绘制椭圆的面板。

程序清单 13-12　FrameDraw.java

```
import javax.swing.*; import java.awt.*;
public class FrameDraw extends JFrame{ //框架类 FrameDraw
  //内部类 PanelO:面板上绘制椭圆,继承 JComponent 类的 paintComponent()
  class PanelO extends JPanel {
    public void paintComponent(Graphics g){       //创建面板时系统自动调用该方法绘制椭圆
      g.drawOval(10, 30, 100, 60);                 //绘制空心椭圆
      g.setColor(Color.pink);                      //设置填充颜色
      g.fillOval(130, 30, 100, 60);                //绘制填充椭圆
    }
  }
  public FrameDraw(){
    setTitle("DrawOvals");
    getContentPane().add(new PanelO());     //创建一个面板,并加入内容窗格
  }
  public static void main(String[] args){
    FrameDraw frame = new FrameDraw();
    frame.setDefaultCloseOperation(JFrame.EXIT_ON_CLOSE);
```

```
    frame.setSize(250, 150);  frame.setVisible(true);
  }
}
```

程序运行结果如图 13-15 所示。

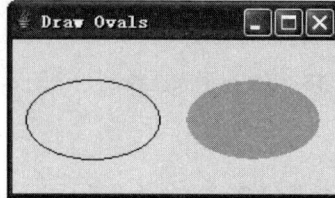

图 13-15　绘制椭圆面板

4. 绘制圆弧

和椭圆一样，圆弧也是根据其外接矩形绘制的。圆弧可以看作是椭圆的一部分。绘制空心圆弧和填充圆弧的方法如下：

```
drawArc(x, y, w, h, angle1, angle2);        //绘制空心圆弧
fillArc(x, y, w, h, angle1, angle2);        //绘制填充圆弧
```

参数 x、y、w、h 的含义与 drawOval()方法一样，angle1 是起始角，angle2 是生成角(即圆弧覆盖的角)，角的单位是度，遵循通常的数学习惯(也就是说，0 度指向时钟 3 点处，逆时针方向旋转的角度为正角)，如图 13-16 所示。

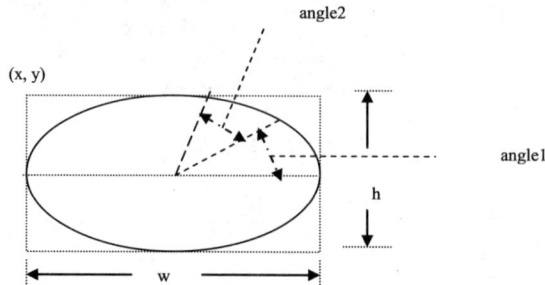

图 13-16　绘制圆弧

在面板上画弧。

程序清单 13-13　CreateArc.java

```
import java.awt.*; import javax.swing.*;
public class CreateArc extends JFrame { //定义测试类 CreateArc
   public CreateArc(String s,ArcPanel p){
      this.setTitle(s);(this.getContentPane()).add(p);this.setSize(300,300);this.setVisible(true);
       }
        public static void main(String args[]){
           ArcPanel p=new ArcPanel(); CreateArc f=new CreateArc("CreateArc",p);
    }
}
class ArcPanel extends JPanel{ //定义一个画弧形的面板类 ArcPanel
   public void paintComponent(Graphics g){
```

```
        Color c1=new Color(200,50,163);Color c2=new Color(163,50,200);//构造两个颜色对象
            g.setColor(c1);                     //设置弧线颜色
            g.drawArc(20,40,150,250,20,90);     //画弧形
            g.setColor(c2);                     //设置填充颜色
            g.fillArc(210,40,150,250,80,120);   //画填充颜色的弧形
        }
}
```

5. 绘制多边形

多边形是由任意多条线段围成的一个封闭区域。多边形由多对坐标(x, y)构成，每对坐标定义多边形的一个顶点，两对相邻坐标连接成多边形的一条边。

可以通过两种方式画多边形：指定顶点绘制多边形、使用 Polygon 对象绘制多边形。

1) 指定顶点绘制多边形

通过指定所有的顶点来画一个多边形，使用下面两个方法。

```
drawPolygon(x, y, n);       //绘制空心多边形
fillPolygon(x, y, n);       //绘制填充多边形
```

参数 x、y 分别表示数组，它们的元素个数相同。数组 x 中的一个元素与数组 y 中的一个元素构成一对坐标点。n 是指多边形顶点的个数，即与数组元素个数相同。

例如，绘制 5 个顶点的多边形：

```
int x[ ] = {40, 70, 60, 45, 20}; //分别是5个顶点的x坐标。元素分别是: x[0],x[1],…,x[4]
int y[ ] = {20, 40, 80, 45, 60}; //分别是5个顶点的y坐标。元素分别是: y[0],y[1],…,y[4]
g.drawPolygon(x, y, x.length);   //绘制空心多边形。顶点分别是: (x[0], y[0]),…,(x[4],y [4])
g.fillPolygon(x, y, x.length);   //绘制填充多边形。顶点分别是: (x[0], y[0]),…,(x[4],y [4])
```

该绘制方法是通过连接顶点(x[i], y[i])和(x[i+1],y[i+1])来画出多边形，其中 i=1, 2, …, length-1；通过画第一个顶点和最后一个顶点的连线来封闭多边形，如图 13-17 所示。

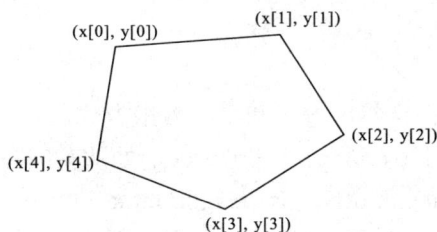

图 13-17　绘制多边形

2) 使用 Polygon 对象绘制多边形

绘制步骤：先创建一个 Polygon 对象，然后向它添加点，最后显示它。

创建一个 Polygon 对象的语句格式：

```
Polygon poly = new Polygon();
```

或

```
Polygon poly = new Polygon(x, y, n);
```

参数 x、y、n 和前述 drawPolygon()方法中的一样。再来看一个画三角形的例子。

```
Polygon poly = new Polygon();          //创建多边形对象
poly.addPoint(20, 30);                 //向多边形对象添加第一个顶点(20, 30)
poly.addPoint(40, 50);                 //向多边形对象添加第二个顶点(40, 50)
poly.addPoint(50, 60);                 //向多边形对象添加第三个顶点(50, 60)
g.drawPolygon(poly);                   //画多边形
```

addPoint 方法给多边形添加顶点，drawPolygon 方法以 Polygon 对象为参数画出多边形。
使用 drawPolygon()方法画一个多边形。

程序清单 13-14 TestPolygons.java

```
import java.awt.*; import javax.swing.*;
public class TestPolygons extends JFrame{
public TestPolygons(String s,Polygon_Panel p){
  this.setTitle(s); this.setSize(200,200); this.getContentPane().add(p); this.setVisible(true);
        }
        public static void main(String args[]){
     Polygon_Panel p=new Polygon_Panel();//创建面板时，在上面画多边形
          TestPolygons f=new TestPolygons("TestPolygons",p);
        }
}
class Polygon_Panel extends JPanel{ //定义一个面板类，创建面板时在上面画一个多边形
  public void paintComponent(Graphics g){  //多边形的顶点位置为X,Y
            int x[]={20,80,160,80,20}; int y[]={20,20,80,80,80};
 g.drawPolygon(x,y,x.length); //画多边形
   }
}
```

提示：JDK 1.1 以前，多边形可以是不封闭的一系列直线；但在 JDK 1.1 以后，多边形总是封闭的。不过，也可以使用 drawPolyline(int[ ]x, int[ ]y, int nPoints)方法画一个不封闭的多边形，即绘制由 x 坐标和 y 坐标数组定义的相连直线，如果第一个点不同于最后一点，则图形不封闭。

6. 绘制文本

有两个绘制文本的方法：字符串方式和字符数组方式。

(1) drawString(String s, int x, int y)：在坐标(x,y)处从左向右绘制字符串 s。

(2) drawChars(char data[],int offset, int length, int x, int y)：从数组 data 中的 offset 位置处获取 length 个字符，然后在坐标(x,y)处从左向右绘制这些字符数组 data。

绘制文本。

程序清单 13-15 MyFrame.java

```
import javax.swing.*; import java.awt.*;
class MyPanel extends JPanel{        //定义一个面板类，创建面板时在上面绘制字符串
      public void paintComponent(Graphics g){
          int y=120,x=120;
          g.drawString("我是要绘制的字符串",x,y); //在X,Y处绘制:"我是要绘制的字符串"
          char a[]="中山大学".toCharArray();
          for(int i=0;i<a.length;i++){g.drawChars(a,i,1,x,y+12); x=x+12;}//绘制: "中山大学"
   }
}
public class MyFrame extends JFrame{
```

```
MyPanel p;
public MyFrame(MyPanel p){
    this.p=p;  this.getContentPane().add(p);  //将面板加入窗口的内容窗格中
}
public static void main(String []args){
  MyPanel p1=new MyPanel();
  MyFrame  f=new MyFrame(p1);
  f.setSize(600,500);  f.setVisible(true);
}
}
```

13.5　事件驱动程序设计

对于结构化编程，代码执行的次序就是程序执行的顺序，这类程序是由代码驱动的，人与程序不能交互。Java 图形程序的执行是由事件驱动的，当激活一个事件时就开始执行相应的代码，人与程序可以进行交互。

13.5.1　事件和事件源

当用户通过键盘、鼠标来操作图形界面组件(按钮、选择框、列表框中的选项等)时，这些组件就会产生事件。下面先了解一下相关概念。

(1) 事件源(又称源对象)：产生事件的 GUI 组件，如按钮、菜单项、列表框等都是事件源，它们都能产生事件。

(2) 事件：系统把组件受到键盘或鼠标作用时产生的信息封装成事件(对象)。事件封装了事件源、鼠标或键盘信息。

(3) 事件类：事件类是对一组相关事件的抽象，事件是事件类的实例。事件类的根是 java.util.EventObject。Java 把 GUI 组件产生的事件进行分类后构成了事件类体系结构，如图 13-18 所示。

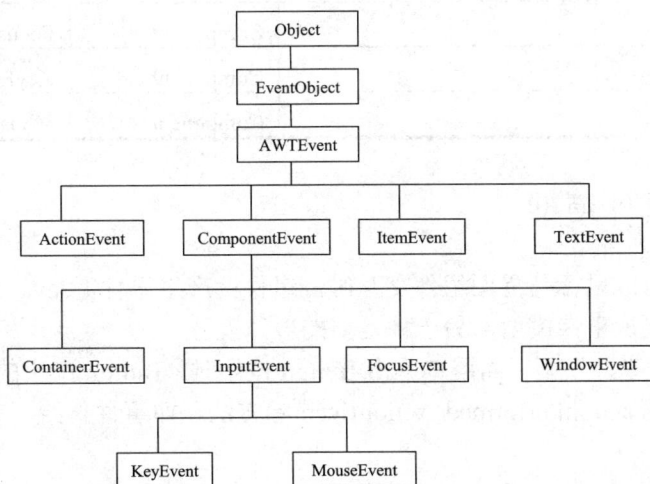

图 13-18　Java 系统定义的事件类继承关系

GUI 组件类型决定了它产生的事件类型。表 13-1 所示为用户的**行为方式**、**事件源**和事件源产生的**事件类型**对照表。

(1) 如果一个组件能产生某个事件，那么这个组件的任何子类都可以产生同样类型的事件。

例如，由于 Component 组件是所有 GUI 组件的父类，所以每个 GUI 组件都可以发生 MouseEvent、KeyEvent、FocusEvent 和 ComponentEvent 事件。

(2) ListSelectionEvent 放在 javax.swing.event 包中，表 13-1 中的其余事件类都包含在 java.awt.event 包中。AWT 事件最初是为 AWT 组件设计的，但是许多 Swing 组件都可以触发它们。

表 13-1　用户行为、源对象和事件类型

用户的行为方式(鼠标、键盘作用于事件源)	事件源(源对象)	产生的事件类型
单击按钮	JButton	ActionEvent
改变文本	JTextComponent	TextEvent
在文本域按下 Enter 键	JTextField	ActionEvent
选定一个新项(每次选择一项)	JComboBox	ItemEvent、ActionEvent
选定项(可以一次选择多项)	JList	ListSelectionEvent
选中复选框	JCheckBox	ItemEvent、ActionEvent
选中单选按钮	JRadioButtom	ItemEvent、ActionEvent
选定菜单项	JMenuItem	ActionEvent
移动滚动条	JScrollBar	AdjustmentEvent
窗口打开、关闭、最小化、还原或正在关闭……	Window	WindowEvent
在容器中添加或删除组件	Container	ContainerEvent
组件移动、改变大小、隐藏或显示	Component	ComponentEvent
组件获得或失去焦点	Component	FocusEvent
释放或按下键	Component	KeyEvent
移动鼠标	Component	MouseEvent

13.5.2　委托事件模型

当用户通过键盘或鼠标与界面组件交互时，组件就产生事件。Java 系统处理事件的方法有两种：一种是层次事件模型，另一种是委托事件模型。

图 13-19 是委托事件模型。当用户单击 Button 按钮时，Button 产生的 ActionEvent 事件被发送给监听器中的 actionPerformed(ActionEvent e)方法，即事件传给了参数 e。

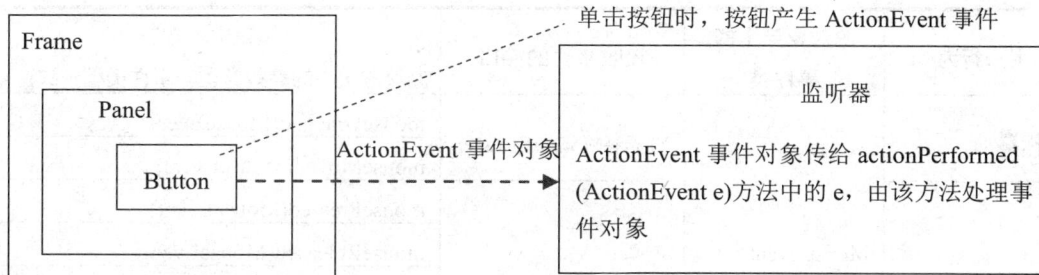

图 13-19　委托事件模型

1. 监听器

我们把接收事件的对象称为**监听器**。

注意：称 actionPerformed(ActionEvent e)为**处理器**，处理事件的代码写在这个方法中。

2. 为源对象注册监听器

一个监听器要监听某个源对象，必须将其注册到源对象上。可以为同一源对象注册多个监听器，这样每个源对象拥有一个监听器列表。

3. 监听器注册到源对象的方法

如果希望监听器处理源对象产生的 **Action**Event 事件，就应该用 **addAction**Listener()方法将监听器注册到源对象上。一般来说，如果希望监听器处理 Xevent 事件(X 代表某种事件的字符串，例如，**Action**Event 事件，这里的 **X** 代表 **Action**)，就要用 **addXListener**()方法把监听器注册到源对象上。

4. 事件类与接口

Java 为每种事件类提供了对应的接口(事件名与接口中的方法名相同)，如果监听器要监听某个事件，那么它实现的接口必须包含与事件名相同的方法名。被监听器实现的方法称为处理器。

如果事件类是 XEvent，则对应的接口是 XListener。例如，只有 ActionListener 接口才能接收 ActionEvent 事件。如果监听器要处理 ActionEvent 事件，就必须实现 ActionListener 接口。

源对象产生某类事件，只有相应的接口才能接收。表 13-2 列出了事件类、接收事件的接口、接口中包含的方法(方法名与事件名相同)。

表 13-2　事件类、接收事件的接口、接口中包含的方法

用户行为	源对象产生的 事件类	接收事件的接口	接口中的方法 (方法中的参数类型与事件类型一致)
激活组件	ActionEvent	ActionListener	actionPerformed(ActionEvent)
选择了项目	ItemEvent	ItemListener	itemStateChanged(ItemEvent)

用户行为	源对象产生的事件类	接收事件的接口	接口中的方法 (方法中的参数类型与事件类型一致)
鼠标移动	MouseEvent	MouseMotionListener	mouseDragged(MouseEvent)
			mouseMoved(MouseEvent)
鼠标单击等		MouseListener	mousePressed(MouseEvent)
			mouseReleased(MouseEvent)
			mouseEntered(MouseEvent)
			mouseExited(MouseEvent)
			mouseClicked(MouseEvent)
键盘输入	KeyEvent	KeyListener	keyPressed(KeyEvent)
			keyReleased(KeyEvent)
			keyTyped(KeyEvent)
组件获得或失去焦点	FocusEvent	FocusListener	focusGained(FocusEvent)
			focusLost(FocusEvent)
移动了滚动条	AdjustmentEvent	AdjustmentListener	adjustmentValueChanged(AdjustmentEvent)
组件移动、缩放、显示、隐藏等	ComponentEvent	ComponentListener	componentMoved(ComponentEvent)
			componentHidden(ComponentEvent)
			componentResized(ComponentEvent)
			componentShown(ComponentEvent)
窗口收到窗口级事件	WindowEvent	WindowListener	windowClosing(WindowEvent)
			windowOpened(WindowEvent)
			windowIconified(WindowEvent)
			windowDeiconified(WindowEvent)
			windowClosed(WindowEvent)
			windowActivated(WindowEvent)
			windowDeactivated(WindowEvent)
容器中增加、删除了组件	ContainerEvent	ContainerListener	componentAdded(ContainerEvent)
			componentRemoved(ContainerEvent)
文本字段或文本区发生改变	TextEvent	TextListener	textValueChanged(TextEvent)

接口中的每个方法接收一个具体的事件。例如,WindowListener 接口有 7 个方法,则 windowClosing 方法接收窗口关闭事件,windowActivated 方法接收窗口激活事件。

注意:除了 MouseEvent 类(鼠标事件)对应两个接口外,其他事件类都是对应一个接口。

5. 处理事件的步骤

在处理事件前要了解的情况有:事件源是谁?希望捕捉哪种事件?哪个接口可以接收

这种事件？接口中的哪个方法处理这个具体事件？选择哪个组件作为监听器？在清楚以上信息后，按以下步骤来编写程序。

(1)　确定监听器类要实现的接口。在表 13-2 中查找能接收事件类的接口，如图 13-20 所示。

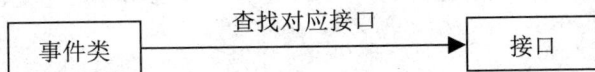

事件类 ── 查找对应接口 ──▶ 接口

图 13-20　查找对应接口

(2)　定义监听器类。实现接口中的方法(方法的形参就是要处理的事件类)，即在方法体中编写处理事件的代码，如图 13-21 所示。

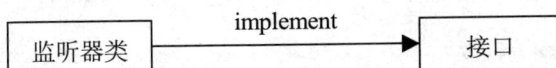

监听器类 ── implement ──▶ 接口

图 13-21　监听器实现接口中的方法

(3)　创建监听器并将之注册到源对象上。为源对象注册监听器后，源对象产生的事件就会自动发送到监听器中的处理器，由处理器处理接收到的事件，如图 13-22 所示。

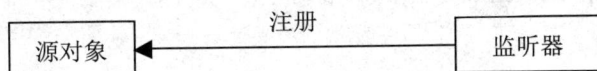

源对象 ◀── 注册 ── 监听器

图 13-22　监听器注册到源对象上

例如，当用户关闭窗口时，窗口(事件源)产生了窗口事件(WindowEvent)，能接收 WindowEvent 事件的接口是 WindowListener，因此监听器类必须实现 WindowListener 接口中的窗口关闭方法 windowClosed(WindowEvent e)(**方法名就是事件名**)。监听器类实现接口中的 windowClosed(WindowEvent e)方法。

6. 事件处理应用

由于事件包含事件源和事件类的信息，因此可以用事件(假设 e 是事件)中的方法 (e.getSource())获取事件源，也可以判断事件源的类型，例如，事件源是一个按钮，还是一个单选按钮？或列表框？或菜单项？

由监听器中的处理器处理行为事件(ActionEvent)。在窗口中包含两个按钮："确定"和"取消"。在控制台上显示用户单击了哪个按钮。

问题分析：

(1)　谁是事件源？回答："确定"按钮和"取消"按钮。

(2)　希望捕捉哪种事件？回答：ActionEvent 事件。

(3)　哪种接口能接收这个事件？回答：ActionListener 接口。

(4)　接口中的哪个方法能接收这个事件？回答：actionPerformed(ActionEvent e)方法。

(5)　定义一个监听器类实现 ActionListener 接口。

(6)　监听器类实现接口中的哪个具体方法(接口中可能有多个方法) ？**回答：**实现

actionPerformed(ActionEvent e)方法，处理事件的代码就写在此方法体中。由程序员在处理器中编写处理事件的代码。

程序清单 **13-16**　TestActionEvent.java

```
import javax.swing.*; import java.awt.*; import java.awt.event.*;
public class TestActionEvent extends JFrame implements ActionListener{ //监听器类
   private JButton jbtOk = new JButton("确定"); //创建"确定"按钮，它是事件源
   private JButton jbtCancel = new JButton("取消"); //创建"取消"按钮，它是事件源
   public TestActionEvent(){//构造方法
      setTitle("测试ActionEvent事件"); //设置窗口标题
      getContentPane().setLayout(new FlowLayout());//为内容窗格设置FlowLayout布局
      getContentPane().add(jbtOk);            //将按钮添加到内容窗格中
      getContentPane().add(jbtCancel);
      //将监听器this注册到事件源上，格式如下:
      jbtOk.addActionListener(this);   jbtCancel.addActionListener(this);
   }
   public static void main(String[] args) {//主方法
      TestActionEvent frame = new TestActionEvent();
      frame.setDefaultCloseOperation(JFrame.EXIT_ON_CLOSE);
      frame.setSize(100, 80);   frame.setVisible(true);
   }
   //单击按钮时将调用该方法，该方法是对接口ActionListener中抽象方法的重写
   public void actionPerformed(ActionEvent e){ //处理器，处理发送来的事件
      if (e.getSource() == jbtOk) System.out.println("\'确定\'按钮被点击");
      else if (e.getSource() == jbtCancel) System.out.println("\'取消\'按钮被点击");  }
}
```

程序运行结果如图 13-23 所示。

图 13-23　测试 ActionEvent 事件

源对象 jbtOk 和 jbtCancel 产生 ActionEvent 事件。JFrame 的子类 TestActionEvent 作为监听器类实现 ActionListener 接口。

```
JbtOk.addActionListener(this);        //将this(指TestActionEvent对象)注册到jbtOk上
JbtCancel.addActionListener(this);    //将this(指TestActionEvent对象)注册到JbtCancel上
```

this(指 TestActionEvent 对象)监听 jbtOk 和 JbtCancel 产生的 ActionEvent 事件。单击任何一个按钮时，按钮产生的 ActionEvent 事件被发送到 actionPerformed()方法中，系统自动执行 actionPerformed()方法。调用 e.getSource()方法判断单击的是哪个按钮。

注意：在事件处理中，如果忘记把监听器注册到源对象上，则源对象产生的事件不会发送给监听器，监听器也就不能执行处理器以处理事件，应避免此类错误的发生。

处理窗口事件。

Window 类的任何子类都能产生 7 个窗口事件，它们是：打开窗口、正在关闭窗口、关闭窗口、激活窗口、非激活窗口、图标化窗口和还原窗口。在下面的程序中，创建一个窗口，作为监听器的窗口监听窗口产生的事件。在控制台输出当前发生的窗口事件。

程序清单 13-17　TestWindowEvent.java

```
import java.awt.*; import java.awt.event.*; import javax.swing.JFrame;
//下面定义监听器类TestWindowEvent, 用来监听窗口发生的事件
public class TestWindowEvent extends JFrame implements WindowListener {
  public static void main(String[] args){ //主方法
    TestWindowEvent frame = new TestWindowEvent();
    frame.setDefaultCloseOperation(JFrame.EXIT_ON_CLOSE);//处理窗口关闭事件
    frame.setTitle("Test Window Event"); frame.setSize(100, 80); frame.setVisible(true);
  }
  public TestWindowEvent(){//构造方法
    super();
    this.addWindowListener(this); //this 既是监听器(TestWindowEvent 的实例)，也是源对象
  }
  public void windowDeiconified(WindowEvent event) { System.out.println("Window deiconified");}
  public void windowIconified(WindowEvent event) { System.out.println("Window iconified"); }
  public void windowActivated(WindowEvent event) { System.out.println("Window activated"); }
  public void windowDeactivated(WindowEvent event) { System.out.println("Window deactivated");}
  public void windowOpened(WindowEvent event) { System.out.println("Window opened"); }
  public void windowClosing(WindowEvent event) { System.out.println("Window closing"); }
  public void windowClosed(WindowEvent event) { System.out.println("Window closed"); }
}
```

Window 或其子类都产生 WindowEvent 事件。由于 JFrame 是 Window 的一个子类，所以它继承了 Window 事件。

TestWindowEvent 扩展了 JFrame 类并实现 WindowListener 接口。WindowListener 接口定义了 7 个抽象方法: (windowActivated、windowClosed、windowClosing、windowDeactivated、windowDeiconified、windowIconified、windowOpened)，当窗口激活、关闭、正在关闭、非激活、还原、图标化或打开时可以调用这些方法来处理对应的窗口事件。

当发生窗口激活事件时，监听器中的 windowActivated()方法被调用。如果想处理这个事件，就应该在 windowActivated()方法中编写处理这个事件的代码。

由于 windowListener 接口中包含处理 7 种窗口事件的抽象方法，监听器类要实现这个接口，必须实现接口中的每个方法。

13.5.3　适配器类

由于监听器类必须实现接口中所有的方法，因此，Java 为每个包含两个以上的与事件相关的接口提供了一个对应的适配器类(适配器类为接口中的每个方法提供了空实现)。程序员可以通过扩展 Java 提供的适配器类来定义监听器类。

1. 接口和适配器类

Java 系统提供的适配器类已实现了对应的接口，即适配器类为接口中的所有方法提供了空实现。例如，Java 为 WindowListener 接口提供了一个 WindowAdapter 适配器类。

1)　WindowListener 接口

```
public interface WindowListener extends EventListener{
 public void windowOpened(WindowEvent e);
  public void windowActivated(WindowEvent e);
```

```
public void windowDeactivated(WindowEvent e);
public void windowClosed(WindowEvent e);
public void windowClosing(WindowEvent e);
public void windowIconified(WindowEvent e);
public void windowDeiconified(WindowEvent e);
}
```

2) WindowAdapter 适配器类

```
public abstract class WindowAdapter implements WindowListener{
 public void windowOpened(WindowEvent e){}          //空实现
 public void windowActivated(WindowEvent e){}        //空实现，即方法体中无语句
 public void windowDeactivated(WindowEvent e){}
 public void windowClosed(WindowEvent e){}
 public void windowClosing(WindowEvent e){}
 public void windowIconified(WindowEvent e){}
 public void windowDeiconified(WindowEvent e){}      //每个方法都提供了空实现
}
```

2. Java 提供的适配器类

Java 系统为处理事件的接口提供了对应的适配器类，如表 13-3 所示。

表 13-3　接口与对应的适配器类

接口名称	适配器类名称
ComponentListener	ComponentAdapter
ContainerListener	ContainerAdapter
FocusListener	FocusAdapter
KeyListener	KeyAdapter
MouseListener	MouseAdapter
MouseMotionListener	MouseMotionAdapter
WindowListener	WindowAdapter

3. 用适配器类创建监听器

如果不要求监听器处理所有的事件，最好扩展适配器类来定义监听器类，监听器类只需重写某些方法(重写的方法名与要处理的事件名相同)。

本程序单击按钮"1""2""+"时，将按钮的标签添加到文本行中，单击按钮"C"时，清空文本行中的内容。

程序清单 13-18　Cal.java

```
import java.awt.* ;import java.awt.event.* ;
public class Cal implements ActionListener { //Cal 是接收 ActionEvent 事件的监听器类
 Frame f; TextField tf1;
 Button b1,b2,b3,b4;
 public void display(){
f=new Frame("Calculation");
   f.setSize(260,150);   f.setLocation(320,240);
   f.setBackground(Color.lightGray); f.setLayout(new FlowLayout(FlowLayout.LEFT));
   tf1=new TextField(30);  tf1.setEditable(false);  f.add(tf1);
```

```
        b1=new Button("1");  b2=new Button("2"); b3=new Button("+"); b4=new Button("C");
        f.add(b1);  f.add(b2);  f.add(b3);   f.add(b4);
        //分别为按钮注册监听器(this)
        b1.addActionListener(this);      b2.addActionListener(this);
        b3.addActionListener(this);      b4.addActionListener(this);
        f.addWindowListener( new WinClose()); f.setVisible(true);
    }
  public void actionPerformed(ActionEvent e){ //处理ActionEvent事件的处理器
   if(e.getSource()==b4)    tf1.setText(" ") ;
      else   tf1.setText(tf1.getText()+e.getActionCommand());
   }
   public static void main(String arg[]){  (new Cal()).display() ; }
}
class WinClose extends WindowAdapter {//定义一个监听器类，对窗口关闭事件进行处理
   public void windowClosing(WindowEvent e) { System.exit(0) ; }
}
```

程序运行结果如图 13-24 所示。

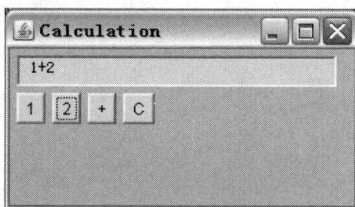

图 13-24　程序运行结果示意图

13.6　本 章 小 结

本章介绍了容器、组件、布局管理器和辅助图形设计类的使用方法。Java 图形程序设计是由事件驱动的，当激发事件后才开始执行代码。事件是由用户行为引发的。用户行为包括移动鼠标、按键或单击按钮等。Java 使用委托模型注册监听器和处理事件。作用于源对象上的用户行为引发事件，系统将事件通知给监听器，监听器中的方法接收到事件后处理事件。

13.7　习　　题

1. JFrame 对象的内容窗格的默认布局是什么？JPanel 对象的默认布局是什么？

2. 创建 JFrame 窗口对象时，为什么要设置窗口的大小和可见性？

3. 编写满足下列要求的程序(框架用 JFrame，面板用 JPanel)。

● 创建一个框架并将其内容窗格的布局管理器设置为 FlowLayout。

● 创建两个面板(FlowLayout 布局)并把它们添加到框架中。

● 每个面板包含 1 个按钮，单击按钮时，控制台显示按钮所在的面板。

4. 重写第 3 题。创建同样的用户界面，框架的内容窗格用 BorderLayout 布局，一个面板放在内容窗格的南区，另一个放在北区。

5. 说明 Button 和 JButton 之间的区别。

6. 如何创建字体？请编写程序输出系统中所有可用的字体。

7. 编写程序，向 JLabel 组件中添加 10 个按钮。

8. 为什么绘制图形时使用面板而不是使用标签或按钮？

9. 编程绘制字符串、直线、矩形、圆角矩形、3D 矩形、椭圆、弧形、多边形和折线段。

10. 编写程序，使用 Graphics 对象获取和设置颜色、字体。

11. 如何找到字体的行距、ascent、descent 和高？

第14章 用户界面组件

本章要点

- Component 类;
- 常用界面组件(如按钮、标签、文本框、菜单条、菜单项等);
- 常用组件的事件处理;
- 鼠标事件和键盘事件。

学习目标

- 掌握常用组件的事件处理方法;
- 掌握运用委托事件模型处理各种事件的方法。

重型组件和轻型组件的作用和使用方法相似,本章主要介绍 GUI 轻型组件。

14.1 Component 类

Java 的所有组件都是抽象类 Component 的子类对象,都继承了 Component 类的特征,外形都是矩形框。默认情况下,组件左上角的坐标点(x,y)的值为(0,0),宽和高的值都是 0。

屏幕和容器都有自己的坐标系。容器在屏幕中的位置,由容器的左上角在屏幕坐标系中的坐标点(x,y)确定;组件在容器中的位置,由组件的左上角在容器坐标系中的坐标点(x,y)确定。

14.1.1 组件的属性

组件(Component 的子类对象)的重要属性如表 14-1 所示。

表 14-1 组件的属性

属 性	说 明	属 性	说 明
font	组件中显示文字所用的字体	preferredSize	组件在视觉上的理想尺寸
background	组件的背景色	minimumSize	指定组件可用的最小尺寸
foreground	组件的前景色	maximumSize	指定组件需要的最大尺寸
height	组件的当前高度	toolTipText	鼠标指向组件所显示的文字
width	组件的当前宽度	doubleBuffered	绘制组件是否采用双缓冲技术
locale	组件的地区特性	border	指定组件的边框

14.1.2 组件的方法

1. 颜色的设置和获取

- public void setBackground(Color color)：设置组件的背景色。
- public Color getBackground(Color color)：获取组件的背景色。
- public void setForeground(Color color)：设置组件的前景色。
- public Color getForeground(Color color)：获取组件的前景色。

2. 字体的设置和获取

- public void setFont(Font font)：组件调用该方法设置组件上的字体。
- public Font getFont(Font font)：组件调用该方法获取组件上的字体。

在创建字体时，计算机上必须有这个字体名称。创建字体对象时，如果计算机上没有指定字体的名称，那么系统会自动采用程序运行平台上的默认字体名称。

如何获取计算机上所有可用的字体名称？

首先，通过抽象类 java.awt.GraphicsEnvironment 中的方法获取图形对象，然后通过GraphicsEnvironment 对象中的 String[]getAvailableFontFamilyNames()方法获取计算机上所有可用的字体名称，并存放到字符串数组中。

获取计算机上所有字体名称的代码如下：

```
GraphicsEnvironment ge=GraphicsEnvironment.getLocalGraphicsEnvironment();//获取计算机的图形对象
String fontName[]=ge.getAvailableFontFamilyNames();//把一系列字体名称保存到数组中
```

【例 14.1】窗体包含两个按钮和一个标签。两个按钮分别用于设置标签的颜色和字体。

面向对象的设计思路：

(1) 寻找候选对象。已知对象有窗体、两个按钮、一个标签。

(2) 组织界面。创建两个面板 p1、p2。将两个按钮加入 p1，将标签加入 p2。然后，将p1 和 p2 加入窗体的内容窗格。

(3) 为两个按钮注册监听器。当按钮 1 和按钮 2 被按下时，在监听器的处理器中设置标签 lab 的颜色和字体。

程序清单 14-1　ChangeFont.java

```
import java.awt.*;  import javax.swing.*; import java.awt.event.* ;
public class ChangeFont extends JFrame{
  private JButton but1 = new JButton ("设置红色");
  private JButton but2 = new JButton ("设置蓝色");
  private JLabel lab = new JLabel("点击按钮，改变我的字体和颜色");
  private Font font1 = new Font ("Serief", Font.ITALIC,10);
  private Font font2 = new Font ("宋体", Font.BOLD,20);
  public ChangeFont() { // 构造方法
    Container con = getContentPane();  // 获取框架的内容窗格
    con.setLayout(new BorderLayout()); // 为内容窗格设置布局管理器
    JPanel p1 = new JPanel();  p1.setLayout(new GridLayout(1, 2));//设置p1的布局管理器
    p1.add (but1); p1.add (but2);           //两个按钮加入面板p1
    JPanel p2 = new JPanel(); p2.add(lab); //将标签加入p2
```

```
con.add(p2, BorderLayout.SOUTH); con.add(p1,BorderLayout.NORTH);
but1.addActionListener (new ActionListener (){ //定义匿名监听器类, 监听but1
  public void actionPerformed (ActionEvent e){
    if (e.getSource ()==but1) {lab.setFont (font1);
        lab.setForeground(Color.red);}
    }
});
but2.addActionListener (new ActionListener (){ //定义匿名监听器类, 监听but2
  public void actionPerformed (ActionEvent e){
    if (e.getSource()==but2) { lab.setFont (font2); lab.setForeground(Color.blue);}
    }
});
}
public static void main(String[] args){
ChangeFont frame = new ChangeFont(); frame.setTitle(" Change the Font ");
    frame.setDefaultCloseOperation(JFrame.EXIT_ON_CLOSE);//设置关闭方式
    frame.setSize(400, 300); frame.setVisible(true);
    frame.setLocation(300,300);//设置显示位置
    }
}
```

程序运行结果如图 14-1 所示。

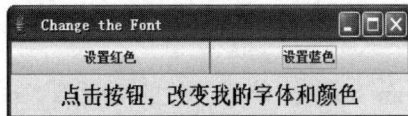

图 14-1 设置标签颜色和字体

注意：字体名称只对轻型组件有效，对重型组件，系统将取默认的字体名称。

3. 组件的大小和位置

- void setSize(int width,int height)：设置组件的大小。其中，参数 width 指定组件的宽度，height 指定组件的高度。

- void setLocation(int x,int y)：设置组件在容器中的位置。参数 x、y 指定组件的左上角在容器坐标系中的位置，即组件距容器的左边界 x 像素，距容器的上边界 y 像素。

- Dimension getSize()：返回一个 Dimension 对象的引用。Dimension 对象的成员 width 值就是当前组件的宽度，成员 height 的值就是当前组件的高度。

- Point getLocation(int x,int y)：返回一个 Point 对象的引用。Point 对象包含成员变量 x 和 y。x、y 值就是组件的左上角在容器坐标系中的坐标。

- void setBounds(int x,int y,int width,int height)：设置组件在容器中的位置和组件的大小。该方法相当于 setSize 方法和 setLocation 方法的组合。

- Rectangle getBounds()：返回一个 Rectangle 对象的引用。Rectangle 对象包含成员变量 x、y、width 和 height。其中 x、y 的值就是组件左上角的坐标，width 和 height 的值就是组件的宽度和高度。

4. Rectangle 类的方法

- Rectangle(int x,int y,int width,int height)：创建一个左上角坐标是(x,y)、宽是 width、高是 height 的矩形。
- boolean intersects(Rectangle rect)：若当前矩形与矩形 rect 相交，返回 true。
- boolean contains(int x,int y)：若点(x,y)在当前矩形内，返回 true。
- boolean contains(int x,int y,int width,int height)：判断当前矩形是否包含参数所指定的矩形。
- boolean contains(Rectangle rect)：若当前矩形包含矩形 rect，则返回 true。
- Rectangle intersection(Rctangle rect)：返回当前矩形与矩形 rect 相交部分所构成的矩形。如果当前矩形与 rect 不相交，则返回 null。
- Rectangle union(Rectangle rect)：得到同时包含当前矩形和矩形 rect 的最小矩形。

5. 组件的激活性

- void setEnabled(boolean bol)：当参数 bol 取值 true 时，可以激活组件，否则组件不可激活。默认情况下可以激活组件。
- boolean isEnabled()：判断组件是否可激活。当组件是可激活时，该方法返回 true。

6. 组件的可见性

- void setVisible(boolean bool)：设置组件的可见性。bool 取值 true 时组件可见，否则组件不可见。默认情况下，Window 组件及其子组件不可见，其他类型的组件默认都是可见的。
- boolean isVisible()：当组件可见时，该方法返回 true。

7. 组件的光标设置

- Cursor(Cursor cur)：创建光标对象。
- void setCursor(Cursor cur)：为组件设置光标对象，即当鼠标指向组件时光标显示所用到的对象。

Cousor 类中的类常量有：HAND_CURSOR、CROSSHAIR_CURSOR、TEXT_CURSOR、WAIT_CURSOR、SW_RESIZE_CURSOR、SE_RESIZE_CURSOR、NW_RESIZE_CURSOR、NE_RESIZE_CURSOR、N_RESIZE_CURSOR、S_RESIZE_CURSOR、W_RESIZE_CURSOR、E_RESIZE_CURSOR、MOVE_CURSOR 和 CUSTOM_CURSOR。可以使用常量构造光标对象。构造光标对象采用的两种方法如下。

1) 用构造方法创建光标对象

例如，创建一个手形的光标对象：

```
Cursor c=new Cursor(Cursor.HAND_CURSOR);
```

2) 用 Cursor 类方法获得一个光标对象

例如，获取一个手形的光标对象的格式如下：

```
Cursor c=Cursor.getPredefinedCursor(Cursor.HAND_CURSOR);
```

8. 在组件上绘制图形

可以用 Component 类中的三个方法 paint(Graphics g)、update(Graphics g)和 repaint()在组件视区中绘制、清除和重新绘制图形。

1)　paint()

每当一个组件被创建时，JVM 自动为组件构造一个 Graphics 对象并调用组件中的 paint()方法。当创建组件，或者改变组件的大小，或者修改了组件所在的容器后，JVM 会自动调用 paint()方法。如果希望重新绘制组件，将绘制图形的代码放在 paint()方法体中即可。

2)　update()

该方法执行时，JVM 自动清除组件视区上以前绘制的内容并调用组件中的 paint()方法。程序员可以在子类中重写 update()方法，根据需要来清除组件上的某个部分。

3)　repaint()

该方法执行时，JVM 首先调用 update()方法，然后调用 paint()方法。

【例 14.2】创建一个 JFrame 容器，在容器中加入画布、面板和按钮。当单击按钮 Button1 时，能清除画布第一部分的内容；当单击按钮 Button2 时，能清除画布第一、二部分的内容；当单击按钮 Button3 时，能清除画布三个部分的内容。

面向对象的设计思路：

(1)　寻找候选对象。候选对象有 JFrame 容器、画布、面板和三个按钮。

(2)　扩展 Canvas 类，定义子类 MyCanvas。构造 MyCanvas 对象时绘制三部分内容。

(3)　组织界面。创建包括三个按钮的面板 p，将画布和面板 p 加入 JFrame 容器。

(4)　为三个按钮注册监听器。三个按钮共用一个监听器。当用户单击不同的按钮时，给标志位设置不同的值，接着调用 repaint()方法，此时系统自动调用 update()方法，该方法依据标志位的值清除相应内容。

程序清单 14-2　ClearFrame.java

```
import java.awt.*;import javax.swing.*; import java.awt.event.*;
class MyCanvas extends Canvas{ //定义一个画布。该画布创建时绘制了三个部分的内容
  int n=-1;   //标志位
      MyCanvas() { setSize(200,210); }
    public void paint(Graphics g){ //画布被创建后，JVM 自动调用本方法
       g.setColor(Color.red);  g.drawString("我是第一部分",10,35);
         g.drawLine(10,49,getSize().width,49);
         g.setColor(Color.blue);  g.drawString("我是第二部分",10,80);
         g.drawLine(10,99,getSize().width,99);
         g.setColor(Color.black); g.drawString("我是第三部分",10,125);
    }
    public void setN(int n) {this.n=n;}
    public void update(Graphics g){//该方法执行完后，JVM 自动调用 paint()方法
       int width=0, height=0;
       width=getSize().width; height=getSize().height;
       if(n==0)g.clearRect(0,0,width,49);//标志位等于 0 时，清除第一部分
       if(n==1)g.clearRect(0,0,width,99);//标志位等于 1 时，清除第一和第二部分
       if(n==2)g.clearRect(0,0,width,height);//标志位等于 2 时，清除三个部分
    }
}
```

```
public class ClearFrame extends JFrame implements ActionListener{
    Button bt1,bt2,bt3;
    MyCanvas canvas;
        public ClearFrame( MyCanvas can){
            canvas=can;
            bt1=new Button("Button1"); bt2=new Button("Button2");bt3=new Button("Button3");
            Container con=this.getContentPane();
            con.setLayout(new BorderLayout());
    JPanel p=new JPanel();p.setSize(300,10);//创建面板p，并设置其大小
    p.add(bt1);p.add(bt2); p.add(bt3);
    con.add(p,BorderLayout.SOUTH); con.add(canvas,BorderLayout.CENTER);
     //下面为三个按钮注册监听器
    bt1.addActionListener(this);bt2.addActionListener(this);bt3.addActionListener(this);
        }
        public void actionPerformed(ActionEvent e){
            if(e.getSource()==bt1){canvas.setN(0);canvas.repaint();}
            if(e.getSource()==bt2){canvas.setN(1);canvas.repaint();}
            if(e.getSource()==bt3){canvas.setN(2);canvas.repaint();}
        }
        public static void main(String[]args){
            JFrame f=new ClearFrame(new MyCanvas()); f.setSize(500,250); f.setVisible(true);
        }
}
```

程序运行结果如图 14-2 所示。

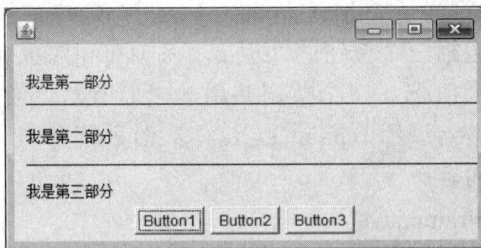

图 14-2 在 JFrame 容器中加入画布、面板和按钮

14.2 按　　钮

用 JButton 类创建的对象就是一个按钮。当单击按钮时，按钮产生 ActionEvent 事件。JButton 继承了父类 JComponent 的所有属性和方法。此外，JButton 还有下列属性。

● text：按钮上的文字。

● Icon：按钮上的图标。

● Mnemonic：指定热键。同时按下 Alt 键和指定热键相当于单击该按钮。

● horizontalAlignment：指定按钮上的标签的水平对齐方式。此属性只有 3 个值，即 SwingConstants.LEFT、SwingConstants.CENTER、SwingConstants.RIGHT。默认值为 SwingConstants.CENTER。

● verticalAlignment：指定按钮标签的垂直对齐方式。此属性也有 3 个值，即 SwingConstants.TOP、SwingConstants.CENTER 和 SwingConstants.BOTTOM，默认

值为 SwingConstants.CENTER。

- horizontalTextPosition：指定文本相对于图标的水平位置。此属性有 3 个值，即 SwingConstants.LEFT、SwingConstants.CENTER 和 SwingConstants.RIGHT，默认值为 SwingConstants.RIGHT。
- verticalTextPosition：指定文字相对图标的垂直位置，此属性有 3 个值，即 SwingConstants.TOP、SwingConstants.CENTER 和 SwingConstants.BOTTOM，默认值为 SwingConstants.CENTER。

1. 构造方法

- JButton(String text)：创建一个名称是 text 的按钮。
- JButton(Icon icon)：创建一个图标是 icon 的按钮。
- JButton(String text,Icon icon)：创建一个名称是 text、图标是 icon 的按钮。

2. 实用方法

- void setText(String str)：设置按钮上的名称为 str。
- String getText()：获取按钮上的名称。
- void addActionListener(ActionListener)：为按钮注册监听器。
- void removeActionListener(ActionListener)：删除按钮上的监听器。
- setActionCommand(String command)：把按钮上的标签名设置为 command。

3. 事件

一般只捕捉按钮产生的 ActionEvent 事件。监听 ActionEvent 事件的监听器必须实现接口 ActionListener 中的 actionPerformed(ActionEvent e)方法。

【例 14.3】通过按钮控制窗体的不同背景色。

程序清单 14-3 DemoButton.java

```
import java.awt.*;import java.awt.event.*;
public class DemoButton {
  public static void main(String args[]){
        Frame f=new Frame("演示");
        Button button1=new Button("红"),button2=new Button("蓝"),b3=new Button("绿");//创建3个按钮
        f.setLayout(new FlowLayout());  //修改窗口的布局管理器
        f.add(button1); f.add(button2); f.add(b3);// 把按钮添加到窗口f中
        //下面为按钮注册监听器，监听器是ButtonCtl类创建的对象
        button1.addActionListener(new ButtonCtl(f));
        button2.addActionListener(new ButtonCtl(f));
        b3.addActionListener(new ButtonCtl(f));
        f.setBounds(0,0,260,120); f.setVisible(true);
    }
}
class ButtonCtl implements ActionListener{ //监听器类ButtonCtl设置组件的背景色
   Component component;//声明引用组件的变量
        ButtonCtl(Component component) { this.component=component;}
        public void actionPerformed(ActionEvent e){ //单击不同的按钮为组件设置不同的背景色
            if (e.getActionCommand()=="红")  component.setBackground(Color.red);
             if(e.getActionCommand()=="蓝")  component.setBackground(Color.blue);
```

```
                 if(e.getActionCommand()=="绿") component.setBackground(Color.green);
        }
}
```

程序运行结果如图 14-3 所示。

图 14-3　通过按钮控制窗体的不同背景色

14.3　标　　签

用 JLabel 类创建的对象就是一个标签。标签能显示一小段文字、一幅图片或二者皆有的区域，常用标签给其他组件添加说明。

1. 构造方法

- JLabel()：创建一个没有名称的标签。
- JLabel(String text)：创建一个名称是 text 的标签。名称靠左对齐。
- JLabel(Icon icon)：创建一个图标为 icon 的标签。
- JLabel(Icon icon,int horizontalAlignment)：创建一个指定图标为 icon、水平对齐方式为 horizontalAlignment 的标签。horizontalAlignment 的取值为 SwingConstants.LEFT、SwingConstants.CENTER 和 SwingConstants.RIGHT 之一。
- JLabel(String text, int horizontalAlignment)：创建一个名称为 text、水平对齐方式为 horizontalAlignment 的标签。horizontalAlignment 的取值为 SwingConstants.LEFT、SwingConstants.CENTER 和 SwingConstants.RIGHT 之一。
- JLabel(String text, Icon icon, int horizontalAlignment)：创建一个名称是 text、图标是 icon、水平对齐方式是 horizontalAlignment 的标签。

例如，创建一个名称是“我是文本标签”的语句如下：

```
JLabel myLabel=new JLabel("我是文本标签");
```

再比如，使用 images/map.gif 文件中的图像作为图标，创建一个标签的格式如下：

```
JLabel mapLabel=new JLabel(new ImageIcon("image/map.gif"));//创建图像标签
```

JLabel 继承了类 JComponent 的所有属性，并具有 JButton 类的许多属性，还有 text、icon、horizontalAlignment 和 verticalAlignment 等属性。

2. 实用方法

- void setText(String name)：调用该方法把标签上的名称设置为 name。
- String getText()：调用该方法可以获取标签上的名称。
- void setAlignment(int alignment)：调用该方法可以设置标签上名称的对齐方式。alignment 取值可以是 Label.LEFT、Label.RIGHT、Label.CENTER 之一。

- int getAlignment()：调用该方法可以获取标签上名称的对齐方式。返回的值是 Label.LEFT、Label.RIGHT、Label.CENTER 之一。

14.4　文　本　框

JTextField 对象是一个文本框，文本框允许用户在框中输入各种数据。文本框的属性有 text、horizontalAlignment、editable(文本内容是否可以修改)和 Columns(文本框的宽度)。

1. 构造方法

- JTextField()：构造一个空文本框。
- JTextField(int columns)：创建一个指定列数为 columns 的空文本框。
- JTextField(String text)：用文字为 text 创建一个文本框。
- JTextField(String text, int columns)：用 text、列数 columns 创建一个文本框。

2. 事件

文本框能产生 ActionEvent、TextEvent 事件以及其他事件。在文本域中按 Enter 键引发 ActionEvent 事件，改变文本域内容引发 TextEvent 事件。

【例 14.4】创建 3 个文本框，在第一、二两个文本框中输入字符串后，单击"连接"按钮，在第三个文本框中显示第一、二两个文本框中的字符串连接后构成的字符串。

程序清单 14-4　TextFrame.java

```
import java.awt.*;import java.awt.event.*;import javax.swing.*;
public class TextFrame extends JFrame implements ActionListener{
 private JTextField str1, str2, result; //声明 3 个文本框型的变量
 private JButton add; //声明按钮型变量
 public static void main(String[] args){ //主方法
   TextFrame frame = new TextFrame ();frame.pack();//根据框架中组件的尺寸自动设置窗口的大小
   frame.setDefaultCloseOperation(JFrame.EXIT_ON_CLOSE); frame.setVisible(true);
 }
 public TextFrame (){//构造方法
   setTitle("演示标签和文本域");setBackground(Color.yellow);setForeground(Color.black);
   //创建一个面板 p1,用来容纳 3 个标签和 3 个文本框
   JPanel p1=new JPanel();          p1.setLayout(new FlowLayout());
   p1.add(new JLabel("String1"));   p1.add(str1 = new JTextField(10));
   p1.add(new JLabel("String2"));   p1.add(str2 = new JTextField(10));
   p1.add(new JLabel("Result"));    p1.add(result = new JTextField(20));
   result.setEditable(false);   //设置 result 为不可编辑状态
   //下面创建面板 p2,将"连接"按钮加入该面板
   JPanel p2=new JPanel(); p2.setLayout(new FlowLayout()); p2.add(add = new JButton("连接"));
   //设置内容窗格的布局管理器为 BorderLayout,并把面板 p1、p2 加入内容窗格
   getContentPane().setLayout(new BorderLayout());
   getContentPane().add(p1, BorderLayout.CENTER);
   getContentPane().add(p2, BorderLayout.SOUTH);
   add.addActionListener(this); //给按钮注册监听器
 }
 public void actionPerformed(ActionEvent e){ //处理 ActionEvent 事件的处理器
```

```
    if (e.getSource() == add){ //getSource():作用是返回事件源的对象名
      String string1 = str1.getText().trim(); //删除文本框 str1 中字符串前后的空格
      String string2 = str2.getText().trim();//删除文本框 str2 中字符串前后的空格
      String string3 =string1+string2;
      result.setText(string3);
    }
  }
}
```

程序运行结果如图 14-4 所示。

图 14-4　演示标签和文本域

14.5　文　本　区

JTextArea 对象称为文本区。文本区允许用户在框中输入多行文字，它除了属性 text、editable 和 columns 之外，还具有下面的属性。

- lineWrap：布尔型属性，指出文本区中文本是否自动换行。
- wrapStyleWord：布尔型，按单词或按字母换行。默认值为 false，表示按字母换行。
- rows：文本区的行数。包含空行数。
- lineCount：文本的行数。不包含空行数。
- tabSize：按下 Tab 键可以插入的字符数。

1. 构造方法

- JTextArea()：默认构造方法，用于创建一个空的文本区。
- JTextArea(int rows, int columns)：创建一个指定行数和列数的文本区。
- JTextArea(String text, int rows, int columns)：用指定的文本、行数和列数创建文本区。

2. 实用方法

以下方法用于插入、追加和替换文本。

- void insert(String s, int pos)：将字符串 s 插入文本区的指定位置 pos。
- void append(String s)：将字符串 s 添加到文本的末尾。
- void replaceRange(String s, int start, int end)：用字符串 s 替换文本中从位置 start 到 end 的字符串。

用 JTextArea 创建的文本区不能让文字滚动，但是可以用 JTextArea 对象作为参数，创建一个 JScrollPane 对象，让 JScrollPane 对象来处理文本区的滚动问题。例如：

```
//创建一个包含文本区的滚动窗格(JscrollPane：滚动窗格类)
```

```
JScrollPane scrollPane = new JScrollPane(jta = new JTextArea());//以文本区为参数创建滚动窗格
getContentPane().add(scrollPane, BorderLayout.CENTER);//把滚动窗格添加到内容窗格
```

3. 事件

文本区可以产生 TextEvent 事件。当文本区中的内容发生变化时，例如输入字符、删除字符，都会导致文本区中的内容发生变化，这时，文本区将产生一个 TextEvent 事件。

【**例 14.5**】在窗体中实现同步显示文本区中的内容。

程序清单 14-5 AreaFrame.java

```java
import java.awt.*;import java.awt.event.*;
public class AreaFrame extends Frame implements TextListener, ActionListener {
  TextArea text1,text3; Button bclear;
  public AreaFrame() {  //构造方法
    setTitle("文本区测试"); setLayout(new GridLayout(3,1));
    setBounds(200, 200, 300, 100); setResizable(false);
    text1 = new TextArea(10, 15); text3 = new TextArea(10,15); bclear = new Button("清除数据");
    text3.setEditable(false); //不允许编辑文本区
    text1.addTextListener(this); bclear.addActionListener(this); //注册监听器
    addWindowListener(new WindowAdapter() {
      public void windowClosing(WindowEvent e) { System.exit(0); }
    });
    add(text1); add(text3); add(bclear); setVisible(true); validate();
  }
  public void textValueChanged(TextEvent e){ //处理文本区的TextEvent事件，实现同步显示
    String s = text1.getText(); text3.replaceRange(s,0,s.length());
  }
  public void actionPerformed(ActionEvent e) {//处理按钮的ActionEvent事件，清除数据
    if(e.getSource()==bclear) { text1.setText(null); text3.setText(null);}
  }
  public static void main(String args[]) { new AreaFrame(); }
}
```

程序运行结果如图 14-5 所示。

图 14-5 在窗体中实现同步显示文本区中的内容

14.6 组 合 框

JComboBox 对象就是组合框(也称为下拉列表框)，是一组选项的简单列表，用户能够在列表中进行选择(每次只能选择一个选项)。组合框的常用属性如下。

● selectedIndex：表示组合框中选定项的序号，数据类型是 int。

● selectedItem：表示已经选定的项，数据类型是 Object。

1. 构造方法

- JComboBox()：构造空的组合框。
- JComboBox(Object[] stringItems)：stringItems 是一个字符串数组，每个字符串数组元素作为组合框的一条选项。

2. 实用方法

下面的方法对组合框中的选项进行操作。

- void addItem(Object item)：在组合框中添加一个选项，它可以是任何对象。
- Object getItem(int index)：获取组合框中指定序号的选项。
- void removeItem(Object anObject)：删除组合框中指定的选项。
- void removeAllItems()：删除列表中的所有选项。

例如，创建一个组合框并向组合框中添加选项：

```
JComboBox jcb = new JComboBox(); //创建一个组合框 jcb
jcb.addItem("Item 1"); //向组合框 jcb 中添加选项"Item 1"
jcb.addItem("Item 2"); //向组合框 jcb 中添加选项"Item 2"
jcb.addItem("Item 3"); //向组合框 jcb 中添加选项"Item 3"
```

可以使用 getSelectedItem()返回组合框的当前选项，也可以使用 e.getItem()方法从事件处理器 itemStateChanged(ItemEvent e)中获得当前选项。

3. 事件

组合框可以产生 ActionEvent、ItemEvent 事件(也称选项事件)以及其他事件。

(1) 选中一个新的选项时，组合框会产生两次 ItemEvent 事件，一次是取消前一个选项，另一次是选择当前选项。

(2) 组合框产生两次 ItemEvent 事件后，接着产生一个 ActionEvent 事件。

要响应 ItemEvent 事件，需要实现方法 itemStateChanged(ItemEvent e)来处理选择。

【例 14.6】在组合框中选中某项时就将该项目加入文本区中。

程序清单 14-6　ComFrame.java

```
import java.awt.*;import javax.swing.*;import java.awt.event.*;
public class ComFrame extends JFrame implements ActionListener {
     JComboBox choice;  TextArea area1;  Panel panel;  Container  frame;
  ComFrame(){
    super("JComboBox 示例");
          String[] fruit={"苹果","香蕉","橘子","梨","杧果"};
          choice = new JComboBox(fruit);          //用数组初始化组合框
          choice.addItem("其他");                  //为 choice 添加项目
          choice.setBorder(BorderFactory.createTitledBorder("您最喜欢的水果:"));//为组合框添加一个边框
          area1 = new TextArea();
          choice.addActionListener(this);         //给 choice 添加监听器
          this.addWindowListener(new WindowAdapter() {
          public void windowClosing(WindowEvent e) {
            System.exit(0);                                    ◄----- 程序片段 A
            }
          }
          );
```

```
        frame=this.getContentPane();
        frame.add(choice,BorderLayout.NORTH);
            frame.add(area1);this.setSize(300,300); setVisible(true); validate();
        }
    public void actionPerformed(ActionEvent e) { //处理选择框的ActionEvent事件
            int index = choice.getSelectedIndex();            //获取选中的index
                String name = (String)choice.getSelectedItem(); //获取选中的项目
                area1.append("\n" + index + ":" + name);
            }
    public static void main(String args[]) { new ComFrame(); }
}
```

程序运行结果如图 14-6 所示。

图 14-6　在组合框中选中某项时就将该项目加入文本区中

上面的程序片段 A，等价于下面的程序片段：

```
class  匿名类  extends  WindowAdapter {  //通过扩展适配器类来定义匿名监听器类
    public void windowClosing(WindowEvent e) {
        System.exit(0); ◄------ 创建匿名对象
    }
}
this.addWindowListener( new WindowAdapter () );
```

14.7　列　表　框

列表框(JList)的作用与组合框基本相同，但它允许用户同时选择多个选项。在此仅讲解如何从列表框中选择多个选项。

1. 常用属性

- selectedIndex：列表框中被选定项的序号(数据类型是 int)。
- selectedIndices：整型数组。数组中的每个元素表示列表框中**被选定项**的序号。
- selectedValue：列表框中第一个被选定项的序号(数据类型是 int)。
- selectedValues：整型数组。数组中的每个元素表示列表框中的每个选项。
- selectedMode：取值为 SINGLE_SELECTION、SINGLE_INTERVAL_SELECTION 和 MULTIPLE_INTERVAL_SELECTION 之一，指明选定了单项、单区间项还是多区间项。此属性的默认值是 MULTIPLE_INTERVAL_SELECTION。(单项只允许选择一项；单区间项允许选择多项，但是选定的项之间必须是连续的；多区间项允许选择多组，每组的选项是连续的，组间可以不连续。)
- visibleRowCount：列表框中不用滚动条所能显示的行数。默认值是 8。

提示：列表框不会自动滚动。给列表框添加滚动条的方法与文本区相同，只需创建一个滚动窗格并将列表框加入其中。

2. 构造方法

JList(Object[] stringItems)：用字符串数组构造一个列表框。stringItems 是一个 String 数组，每个数组元素作为列表框的一项。

3. 事件

JList 对象产生 java.swing.event.ListSelectionEvent 事件。监听器必须实现接口中的 valueChanged (ListSelectionEvent e)方法以处理事件。

【例 14.7】本例是用户从列表框中选择选项，然后在文本区中显示。

程序清单 14-7　ListFrame.java

```
import javax.swing.*;import java.awt.*;import javax.swing.event.*;
public class ListFrame extends JFrame{
    private String[] cities={"北京","上海","南京","深圳","济南","沈阳","常州"};
    private JList list=new JList(cities);           //以数组对象创建list对象
    private JTextArea textArea =new JTextArea(5,20);
    //ListSelectionListener列表选择值发生更改时收到通知的监听器
    private ListSelectionListener listener=new ListSelectionListener(){
        public void valueChanged(ListSelectionEvent e){//处理器
            if (e.getValueIsAdjusting()) return;
            textArea.setText("");
            //getSelectedValues():返回所选的第一个值,如果选择为空,则返回 null
            Object[] items=list.getSelectedValues();
            for(int i=0;i<items.length;i++) textArea.append(items[i]+"\n");
        }
    };
public ListFrame(){                               //程序片段 X
    super("ListFrame 示例"); textArea.setEnabled(false);  //将文本区设置为不可编辑
    list.setVisibleRowCount(6);          //列表框中最多显示6个选项
    Container contentPane=getContentPane(); contentPane.setLayout(new FlowLayout());
    contentPane.add(new JScrollPane(list));     //将列表框list加入滚动条
    contentPane.add(textArea);  list.addListSelectionListener(listener);
    setDefaultCloseOperation(JFrame.EXIT_ON_CLOSE); pack(); setVisible(true);
}
  public static void main(String[] args){ new ListFrame(); }
}
```

上面的程序片段 X 等价于下面的程序片段：

```
class 匿名类 implement ListSelectionListener{//通过实现接口来定义匿名监听器类
    public void valueChanged(ListSelectionEvent e){//处理器
        if (e.getValueIsAdjusting()) return;
        textArea.setText("");
        //getSelectedValues():返回所选的第一个值,如果选择为空,则返回 null
        Object[] items=list.getSelectedValues();
        for(int i=0;i<items.length;i++)  textArea.append(items[i]+"\n");
    }
}                                              //创建匿名对象
private ListSelectionListener listener = new ListSelectionListener();
```

程序运行结果如图 14-7 所示。

图 14-7　ListFrame 示例

14.8　复　选　框

JCheckBox 类创建复选框，如同电灯开关一般，它是一种能够打开、关闭选项的组件，它有属性 text、icon、mnemonic、selected(指出复选框是否被选中)、verticalAlignment、horizontalAlignment、horizontalTextPosition 和 verticalTextPosition 等。

1. 构造方法

可使用下列构造方法创建复选框 (在默认情况下，复选框未选择)。

- JCheckBox()：创建一个**未选**的空复选框。
- JCheckBox(String text)：创建一个文字是 text 的**未选**复选框。
- JCheckBox(String text, boolean selected)：创建一个文字是 text 的复选框，并指定其初始状态是否为选中：selected 为 true 表示选中。
- JCheckBox(Icon icon)：创建一个图标是 icon 的复选框。
- JCheckBox(Icon icon, boolean selected)：创建一个图标是 icon 的复选框，并指定其初始状态是否为选中。selected 为 true 表示选中。
- JCheckBox(String text, Icon icon)：创建一个标有文字和图标的复选框。
- JCheckBox(String text, Icon icon, boolean selected)：创建一个标有文字和图标的复选框，并指定其初始状态是否为选中。

2. 事件

JCheckBox 能够产生 ActionEvent 和 ItemEvent 事件。下面的例子演示了如何实现 itemStateChanged 处理器，以判断是否选中了复选框，并对 ItemEvent 事件作出相应的响应。

【例 14.8】多种字型组合，以显示信息。

程序清单 14-8　CheckBoxFrame.java

```java
import java.awt.*; import java.awt.event.*; import javax.swing.*;
public class CheckBoxFrame extends JFrame implements ItemListener{
  private JCheckBox jchkCentered, jchkBold, jchkItalic; //声明3个复选框变量
  private MessagePanel messagePanel; //声明一个面板型变量
  public CheckBoxFrame(){//构造方法
    setTitle("组合框");
    messagePanel = new MessagePanel();//构造包含字符串的面板。应该导入 MessagePanel 类
    messagePanel.setMessage("Java 程序设计"); messagePanel.setBackground(Color.yellow);
    //创建3个复选框，并放置在面板p上
    JPanel p = new JPanel();  p.setLayout(new FlowLayout());
```

·223·

```
    p.add(jchkCentered = new JCheckBox("Centered"));
    p.add(jchkBold = new JCheckBox("Bold"));   p.add(jchkItalic = new JCheckBox("Italic"));
    //给3个复选框设置热键
    jchkCentered.setMnemonic('C'); jchkBold.setMnemonic('B'); jchkItalic.setMnemonic('I');
     //将消息面板(messagePanel)和面板(p)加入框架中
    getContentPane().setLayout(new BorderLayout());
    getContentPane().add(messagePanel, BorderLayout.CENTER);
    getContentPane().add(p, BorderLayout.SOUTH);
    //为3个复选框jchkCentered、jchkBold和jchkItalic注册监听器
    jchkCentered.addItemListener(this); jchkBold.addItemListener(this);
    jchkItalic.addItemListener(this);
}
public void itemStateChanged(ItemEvent e) {//处理3个按钮发出的事件的处理器
    if (e.getSource() instanceof JCheckBox){
        int selectedStyle = 0; //确定字体的风格
        if (jchkBold.isSelected())  selectedStyle = selectedStyle+Font.BOLD;
        if (jchkItalic.isSelected())  selectedStyle = selectedStyle+Font.ITALIC;
        messagePanel.setFont(new Font("Serif", selectedStyle, 20)); //设置字符串的字体
        if (jchkCentered.isSelected())   messagePanel.setCentered(true);
        else    messagePanel.setCentered(false);
        messagePanel.repaint();//刷新消息面板上的字符串
    }
}
public static void main(String[] args) {//主方法
    CheckBoxFrame frame = new CheckBoxFrame();
    frame.setDefaultCloseOperation(JFrame.EXIT_ON_CLOSE);
    frame.pack();   frame.setVisible(true);
}
}
```

程序运行结果如图 14-8 所示。

图 14-8 多种字型组合显示信息

14.9 单 选 按 钮

用 JRadioButton 创建单选按钮。用户在一组单选按钮中只能选择一个选项。不管选中与否，复选框都是方形的，单选按钮都是圆形的。

JRadioButton 有属性 text、icon、mnemonic、verticalAlignment、horizontalAlignment、selected、horizontalTextPosition 和 verticalTextPosition 等。

1. 构造方法

JRadioButton 的构造方法类似于 JCheckBox 的构造方法，分别介绍如下。

- JRadioButton()：创建一个未选中也没有标签的单选按钮。
- JRadioButton(String text)：创建一个标有指定文字的未选中的单选按钮。
- JRadioButton(String text, boolean selected)：创建一个标有指定文字的单选按钮，并指定其初始状态是 selected。selected 为 true 时表示选中，否则表示未选中。
- JRadioButton(Icon icon)：创建一个标有指定图标的未选的单选按钮。
- JRadioButton(Icon icon, boolean selected)：创建一个标有指定图标的单选按钮，并指定其初始状态是 selected。selected 为 true 时表示选中，否则表示未选中。
- JRadioButton (String text, Icon icon)：创建一个标有指定文字和图标的未选的单选按钮。(选中单选按钮时，按钮中有一个黑点。)
- JRadioButton(String text, Icon icon, boolean selected)：创建一个标有指定文字和图标的单选按钮，并指定其初始状态是 selected。selected 为 true 时表示选中，否则表示未选中。

例如，下面的语句创建了一个标有文字和图标的单选按钮。

```
JRadioButton jrb = new JRadioButton( "我是单选按钮", new ImageIcon("imagefile.gif"));
```

要将单选按钮分组，需要用 java.swing.ButtonGroup 创建一个**按钮组**，并用 add()方法将单选按钮添加到该按钮组中。语句如下：

```
JRadioButton  jrb1=new JRadioButton() ;
JRadioButton  jrb2=new JRadioButton() ;
ButtonGroup btg = new ButtonGroup();
btg.add(jrb1); btg.add(jrb2); //将jrb1和jrb2加入按钮组中
```

上述代码创建了一个单选按钮组 **btg**，这样用户就不能同时选择 jrb1 和 jrb2。

2. 事件

JRadioButton 能够产生 ActionEvent 和 ItemEvent 事件。

【**例 14.9**】用户从红、黄、绿三种颜色的灯中选择一种，选择后相应的灯会亮，并且同一时刻只有一盏灯亮，起始时刻所有灯都不亮。演示 itemStateChanged 方法如何处理 ItemEvent 事件。

程序清单 14-9 RadioFrame.java

```
import java.awt.*; import java.awt.event.*; import javax.swing.*;
class Light extends JPanel { //定义一个面板类, 在该面板上绘制3盏灯
 private boolean red, yellow , green ;
 public Light(){ red = false; yellow = false; green = false;} //开始3盏灯都不亮
 public void turnOnRed(){red=true; yellow = false;green=false; repaint();} //让红灯亮
 public void turnOnYellow(){red=false; yellow= true; green=false; repaint();}//让黄灯亮
 public void turnOnGreen(){red = false;yellow =false;green = true;repaint();}//让绿灯亮
 public void paintComponent(Graphics g) {//在面板上绘制3个交通灯
   super.paintComponent(g); //清除面板上绘制的所有图画
   if (red) { g.setColor(Color.red);        g.fillOval(10, 10, 20, 20);
            g.setColor(Color.black);       g.drawOval(10, 35, 20, 20);
            g.drawOval(10, 60, 20, 20);  g.drawRect(5, 5, 30, 80);
     }
   else if (yellow){ g.setColor(Color.yellow);   g.fillOval(10, 35, 20, 20);
```

```
                g.setColor(Color.black);      g.drawRect(5, 5, 30, 80);
                g.drawOval(10, 10, 20, 20);   g.drawOval(10, 60, 20, 20);
        }
      else if (green){ g.setColor(Color.green); g.fillOval(10, 60, 20, 20);
                g.setColor(Color.black);   g.drawRect(5, 5, 30, 80);
                g.drawOval(10, 10, 20, 20); g.drawOval(10, 35, 20, 20);
        }
      else {
          g.setColor(Color.black);      g.drawRect(5, 5, 30, 80);
          g.drawOval(10, 10, 20, 20); g.drawOval(10, 35, 20, 20); g.drawOval(10, 60, 20, 20);
        }
  }
  public Dimension getPreferredSize() {return new Dimension(40, 90);}//设置面板的最佳尺寸
}
  public class RadioFrame extends JFrame implements ItemListener{//窗口类RadioFrame
  private JRadioButton jrbRed, jrbYellow, jrbGreen; //声明3个引用单选按钮的变量
private ButtonGroup btg = new ButtonGroup();//创建单选按钮组,并用变量btg引用
private Light light; //声明一个引用面板的变量light,用面板模拟交通灯
  public RadioFrame(){//构造方法
    setTitle("RadioButton Demo");
    JPanel p1 = new JPanel();//把显示交通灯的面板添加到面板p1中
    p1.setSize(200, 200);  p1.setLayout(new FlowLayout(FlowLayout.CENTER));
    light = new Light();  //创建一个交通灯
    light.setSize(40, 90);  p1.add(light); //把交通灯light加入p1中
    JPanel p2 = new JPanel(); p2.setLayout(new FlowLayout());//放置3个单选按钮到面板p2上
    p2.add(jrbRed = new JRadioButton("Red", false));
    p2.add(jrbYellow = new JRadioButton("Yellow", false));
    p2.add(jrbGreen = new JRadioButton("Green", false));
    //给3个单选按钮设置热键
    jrbRed.setMnemonic('R'); jrbYellow.setMnemonic('Y');jrbGreen.setMnemonic('G');
    btg.add(jrbRed);btg.add(jrbYellow);btg.add(jrbGreen);//将3个单选按钮添加到单选按钮组btg中
    getContentPane().setLayout(new BorderLayout());
    getContentPane().add(p1, BorderLayout.CENTER); //将面板p1添加到框架中
    getContentPane().add(p2, BorderLayout.SOUTH); //将面板p2添加到框架中
    //为3个单选按钮注册监听器
    jrbRed.addItemListener(this);jrbYellow.addItemListener(this);jrbGreen.addItemListener(this);
  }
  public void itemStateChanged(ItemEvent e) {//处理按钮事件的处理器
    if (jrbRed.isSelected())    light.turnOnRed(); //使红灯亮
    if (jrbYellow.isSelected()) light.turnOnYellow(); //使黄灯亮
    if (jrbGreen.isSelected())  light.turnOnGreen(); //使绿灯亮
  }
  public static void main(String[] args){ //主方法
    RadioFrame frame = new RadioFrame();
    frame.setDefaultCloseOperation(JFrame.EXIT_ON_CLOSE);
    frame.setSize(250, 170);  frame.setVisible(true);
  }
}
```

程序运行结果如图 14-9 所示。

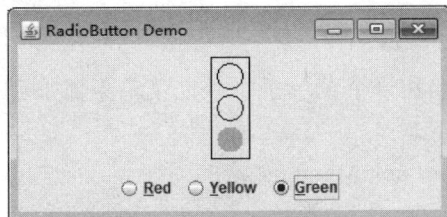

图 14-9 演示 itemStateChanged 方法如何处理 ItemEvent 事件

14.10 菜单条、菜单、菜单项

窗口中的菜单条、菜单、菜单项都是界面元素。Java 提供了 5 个实现菜单的类：JMenuBar、JMenu、JMenuItem、JCheckBoxMenuItem 和 JRadioButtonMenuItem。

菜单条是窗口上的一个横条，一个菜单条包括多个菜单，一个菜单包括多个菜单项。

1. 菜单条

菜单条(JMenuBar 的实例)是一个容器。创建菜单条后，应该将其添加到窗口的顶端。假设窗口是 frame，菜单条是 bar，把菜单条添加到窗口顶端的语法如下。

```
frame.setJMenuBar(bar);//将菜单条(bar)添加到窗口(frame)的顶端。只能向窗口添加一个菜单条
```

2. 菜单

菜单(JMenu 的实例)是一个容器，必须包含在菜单条或另一菜单中，其主要方法如下。
- JMenu()：创建一个空标题的菜单。
- JMenu(String title)：创建一个标题是 title 的菜单。
- void add(MenuItem item)：向菜单添加菜单项 item。

3. 菜单项

JMenuItem 的实例就是菜单项。菜单项应包含在菜单中，它的主要方法如下。
- JMenuItem()：构造无标题菜单项。
- JMenuItem(String title)：构造标题为 title 的菜单项。
- void setEnabled(boolean bol)：设置当前菜单项是否被选择。bol 为 true 时表示该项被选中，否则表示未选中。
- String getLabel()：获取菜单项的名称。
- void addActionListener(ActionListener)：给菜单项注册监听器。

4. 建立菜单的步骤

在 Java 中建立菜单的步骤如下。

(1) 创建一个菜单条并将其添加到框架的顶端。

```
JFrame frame = new JFrame();      //建立窗口 frame
frame.setSize(300,200);           //设置窗口的大小
frame.setVisible(true);           //使窗口可见
```

```
JMenuBar  jmb = new JmenuBar();            //创建菜单条jmb
frame.setJMenuBar(jmb);                    //将菜单条添加到框架的顶端
```

上述代码创建了一个框架和一个菜单条，并把菜单条添加到框架的顶端。

(2) 创建菜单。

下面分别创建 fileMenu 和 helpMenu 的菜单：

```
JMenu  fileMenu = new JMenu("File"); //创建菜单fileMenu，菜单标题是File
JMenu  helpMenu = new JMenu ("Help"); //创建菜单helpMenu，菜单标题是Help
jmb.add(fileMenu);        //把菜单fileMenu加入菜单条jmb中
jmb.add(helpMenu);        //把菜单helpMenu加入菜单条jmb中
```

(3) 创建菜单项。

下面分别创建 6 个菜单项并将它们添加到菜单 **fileMenu** 中：

```
fileMenu.add(new JMenuItem("New"));        //1.菜单项的标题是New
fileMenu.add(new JMenuItem("Open"));       //2.菜单项的标题是Open
fileMenu.addSeparator();                   //3.菜单项是个分隔线。方法addSeparator在菜单中添加一条分隔线
fileMenu.add(new JMenuItem("Print"));      //4.菜单项的标题是Print
fileMenu.addSepatator();                   //5.菜单项是个分隔线
fileMenu.add(new JMenuItem("Exit"));       //6.菜单项的标题是Exit
```

① 创建子菜单。

可以将一个菜单嵌入另一个菜单中，被嵌入的菜单称为子菜单，子菜单既是菜单也是一个菜单项，如下例所示：

```
JMenu softwareHelpSubMenu = new JMenu("Software"); //将它作为子菜单项
JMenu hardwareHelpSubMenu = new JMenu("Hardware"); //将它作为子菜单项

helpMenu.add(softwareHelpSubMenu);//将菜单softwareHelpSubMenu加入菜单helpMenu中
helpMenu.add(hardwareHelpSubMenu);//将菜单hardwareHelpSubMenu加入菜单helpMenu中

softwareHelpSubMenu.add(new JMenuItem("Unix"));
softwareHelpSubMenu.add(new JMenuItem("NT"));
softwareHelpSubMenu.add(new JMenuItem("Win95"));
```

上述代码将两个子菜单 softwareHelpSubMenu 和 hardwareHelpSubMenu 添加到菜单 helpMenu 中；将三个菜单项 Unix、NT 和 Win95 添加到菜单 softwareHelpSubMenu 中。

② 创建复选框菜单项。

可以将 JCheckBoxMenuItem 添加到 JMenu 中。JCheckBoxMenuItem 是 JMenuItem 的子类，它在 JMenuItem 上添加一个布尔状态，状态为真时，该项前显示对号。单击菜单项时，表示选中或取消该项。

例如，下面的语句在菜单中加入了复选框菜单项 Check it。

```
helpMenu.add(new JCheckBoxMenuItem("Check it"));
```

③ 创建单选按钮菜单项。

使用 JRadioButtonMenuItem 可以在菜单中加入单选按钮。它常用于菜单中一组相互排斥的选项。例如，下述语句添加了 Color 子菜单和一组用来选择颜色的单选按钮。

```
JMenu colorHelpSubMenu = new JMenu("Color");
```

```
helpMenu.add(colorHelpSubMenu);

JRadioButtonMenuItem jrbmiBlue, jrbmiYellow, jrbmiRed;
colorHelpSubMenu.add(jrbmiBlue = new JRadioButtonMenuItem("Blue"));
colorHelpSubMenu.add(jrbmiYellow = new JRadioButtonMenuItem("Yellow"));
colorHelpSubMenu.add(jrbmiRed = new JRadioButtonMenuItem("Red"));

ButtonGroup btg = new ButtonGroup();
btg.add(jrbmiBlue);
btg.add(jrbmiYellow);
btg.add(jrbmiRed);
```

(4) 菜单项产生 ActionEvent 事件。

当单击菜单项时，菜单项产生 ActionEvent 事件，程序必须实现方法 actionPerformed()，以处理菜单项产生的 ActionEvent 事件。例如：

```
public void actionPerformed(ActionEvent e){
  String actionCommand = e.getActionCommand();
   if (e.getSource() instanceof JMenuItem)
   if ("New".equals(actionCommand))   respondToNew();
}
```

单击菜单项标题 New 后，上述代码执行方法 respondToNew()。

(5) 图标、热键和快捷键。

菜单的相关组件 JMenuBar、JMenu、JCheckBoxMenuItem、JRadioBurttonMenuItem 和 JMenuItem 都有属性 icon 和 mnemonic。

例如，为菜单项标题 New 和 Open 分别添加图标，并分别为 File、Help、New 和 Open 设置热键。

```
JMenuItem jmiNew,jmiOpen;
fileMenu.add(jmiNew=new JMenuItem("New"));
fileMenu.add(jmiOpen=new JMenuItem("Open"));

jmiNew.setIcon(new ImageIcon("images/new.gif"));
jmiOpen.setIcon(new ImageIcon("images/open.gif"));

fileMenu.setMnemonic('F');
helpMenu.setMnemonic('H');
jmiNew.setMnemonic('N');
jmiOpen.setMnemonic('O');
```

创建一个菜单项并为其设置图标或热键的构造方法如下。

● JMenuItem(String label,Icon icon);　　//创建一个菜单项并为它设置图标

● JMenuItem(string label,int mnemonic); //创建一个菜单项并为它设置热键

同时按 Alt 键和热键即可选择菜单项。例如，按 Alt+F 组合键可以选择菜单项 File，按 Alt+O 组合键可以选择菜单项 Open。热键很有用，但它只能在当前打开的菜单中选择。相比而言，快捷键更为方便，同时按 Ctrl 键和快捷键可以直接选择菜单项。

下面把 Ctrl+O 组合键设置为菜单项 Open 的快捷键：

```
jmiOpen.setAccelerator(KeyStroke.getKeyStroke(keyEvent.VK_0,ActionEvent.CTRL_MASK));
```

方法 setAccelerator 用于设置 KeyStroke 对象，KeyStroke 的静态方法 getKeyStroke 获得一个按键的实例。常量 VK_O 代表 O，常量 CTRL_MASK 代表 Ctrl 键及与其关联的按键。

5. 菜单项上的事件

【例 14.10】在窗口显示菜单条。本例演示菜单项上的 ActionEvent 事件。

程序清单 14-10　DemoAction.java

```java
import java.awt.*; import java.awt.event.*;
public class DemoAction extends WindowAdapter  implements ActionListener,MouseListener{
 Frame f;   MenuBar mb;      //声明引用菜单条的变量
      Menu mf,me,mh;              //声明引用菜单的变量
      CheckboxMenuItem cbm;       //声明一个变量来引用带复选框的菜单项
      PopupMenu pm;               //声明一个变量来引用弹出式菜单
      Dialog d;                   //引用对话框的变量d
      Label l;                    //声明一个变量l来引用对话框上的标签
      public void display(){
      f=new Frame("Menu test");  f.setSize(250,200);f.setLocation(400,200);
          f.setBackground(Color.lightGray); f.addWindowListener(this);
          f.addMouseListener(this);//为框架f注册鼠标事件监听器
          f.setVisible(true);  setPopupMenu();   showDialog();    setMenu();
}
public void setPopupMenu(){//设置弹出式菜单
    pm=new PopupMenu("Popup");//生成一个弹出式菜单对象
        pm.add(new MenuItem("cut"));//加入菜单项
        pm.add(new MenuItem("Copy"));    pm.add(new MenuItem("Paste"));
        pm.addSeparator();//加入分隔线
        pm.add(new MenuItem("Open"));    pm.add(new MenuItem("Exit"));
        pm.addActionListener(this);//为菜单注册事件监听器
        f.add(pm);//在框架f上添加弹出式菜单
}
public void showDialog() { //显示对话框
    d=new Dialog(f,"Dialog Example",true); l=new Label("一个模式对话框");
        d.add(l,"Center"); d.setSize(200,160); d.setLocation(400,270);
        d.addWindowListener(this);//为对话框d注册事件监听器
}
public void setMenu(){          //设置窗口菜单
    mb=new MenuBar();              //生成一个菜单条
        f.setMenuBar(mb);           //在框架f上添加菜单条
        mf=new Menu("文件");     //生成一个菜单
        me=new Menu("编辑");;mh=new Menu("帮助");
        mb.add(mf);               //在菜单栏中加入菜单
        mb.add(me);     mb.add(mh);
        mf.add(new MenuItem("Open Dialog"));//生成菜单项并加入菜单
        mf.add(new MenuItem ("Save",new MenuShortcut(KeyEvent.VK_S)));
        mf.addSeparator();    //加分隔线
        mf.add(me);               //菜单加入到菜单成为二级菜单
        cbm=new CheckboxMenuItem("Delect",true);
        mf.add(new MenuItem("Exit"));     mf.addActionListener(this);
        me.add(new MenuItem("Cut"));    me.add(new MenuItem("Exit"));
        me.addActionListener(this);//为菜单注销事件监听器
        mh.add(new MenuItem("About'"));  mh.addActionListener(this);
}
public void windowClosing(WindowEvent e){
```

```
        if(e.getSource()==d)    d.setVisible(false);
          else System.exit(0);
}
public void actionPerformed(ActionEvent e){ //选择菜单项时触发
    String s=e.getActionCommand();//获取所选菜单项的标签名
        if((s=="Open")||(s=="Open Dialog'"))d.setVisible(true);//显示对话框
        if(s=="Exit")    System.exit(0);
        if(s=="About") //选择Help菜单的about项
    {l.setText("Vision 1.0 CopyRight: 2005-2010");d.show();}//显示对话框
}
    public void mouseClicked(MouseEvent mec){ //单击鼠标时触发
        if(mec.getModifiers()==mec.BUTTON3_MASK)//单击的是鼠标右键
            pm.show(f, mec.getX(), mec.getY());//在鼠标单击处显示菜单
}
public void mousePressed(MouseEvent mep){}
public void mouseReleased(MouseEvent mer){}
public void mouseEntered(MouseEvent mee){}
public void mouseExited(MouseEvent mex){}
public void mouseDragged(MouseEvent med){}
public static void main(String arg[]){(new DemoAction()).display();}
    }
```

程序运行结果如图 14-10 所示。

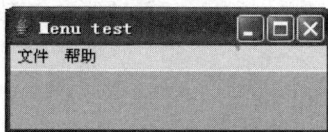

图 14-10　演示菜单项上的 ActionEvent 事件

14.11　对　话　框

创建对话框的方式有两种，一种是使用 JOptionPane 类的类方法创建标准对话框，另一种是扩张 Dialog 类或者 JDialog 类创建自定义对话框。

对话框分为无模式和有模式两种。有模式的对话框关闭前不能访问其他窗口或组件。无模式对话框处于激活状态时，用户仍能激活该对话框外的其他窗口或组件。

JOptionPane 类创建的对话框都是**模式对话框**。Dialog 类或者 JDialog 类默认情况下创建的对话框是**无模式对话框**。

14.11.1　JOptionPane 类

使用 javax.swing.JOptionPane 类中的类方法可以创建四种标准模式对话框。

(1) 消息对话框。显示消息，并等待用户单击 OK 按钮。

(2) 确认对话框。显示问题，等待用户单击 OK 或 Cancel 按钮。确认对话框返回被单击按钮的对应值。

(3) 输入对话框。获取用户的输入(如文本框、列表框、组合框)。

(4) 选项对话框。从一组选项中获取用户的响应。

1. 消息对话框

方法 showMessageDialog 创建一个消息对话框，它有三种重载形式：

- void showMessageDialog(Component comp,Object mess)
- void showMessageDialog(Component comp,Object mess,String title, int messType)
- void showMessageDialog(Component comp,Object mess,String title, int messType, Icon icon)

其中，参数 comp 指定消息对话框所依赖的组件，消息对话框会在该组件的正前方显示。如果 mess 是 GUI 组件，就会显示该组件；如果 mess 是一个非 GUI 组件，就会显示该对象对应的字符串。title 指定对话框的标题，默认值是 mess。messType 指定消息框的类型，它取以下五个常量之一：

- JOptionPane.INFORMATION_MESSAGE
- JOptionPane.WARNING_MESSAGE
- JOptionPane.ERROR_MESSAGE
- JOptionPane.QUESTION_MESSAGE
- JOptionPane.PLAIN_MESSAGE

默认情况下，messType 的取值为 JOptionPane.INFORMATION_MESSAGE。

【例 14.11】在本例中，要求用户在文本框中只能输入数字字符；当输入非数字字符时，弹出"警告"消息对话框。

程序清单 14-11　MessageDialog.java

```java
import java.awt.event.*; import java.awt.*; import javax.swing.JOptionPane;
class DefineFrame extends Frame implements ActionListener{
  TextField inputNumber;   TextArea show;
  Label lab=new Label("请输入整数，按ENTER求其平方值");
  DefineFrame(String s){
    super(s);  this.add(lab,BorderLayout.NORTH);
    inputNumber=new TextField(10);
    show=new TextArea();
    add(inputNumber,BorderLayout.WEST); add(show,BorderLayout.CENTER);
    setBounds(60,60,300,300); setVisible(true); validate();
    inputNumber.addActionListener(this);        //为文本域注册监听器
    this.addWindowListener(new WindowAdapter(){ //为框架本身注册监听器
      public void windowClosing(WindowEvent e) { System.exit(0); }
    } );
  }
  public void actionPerformed(ActionEvent e) {
  boolean boo=false;
  if(e.getSource()==inputNumber){
    String s=inputNumber.getText();
    char a[]=s.toCharArray();
    for(int i=0;i<a.length;i++)
      if(!(Character.isDigit(a[i])))boo=true;//若文本框中有一个字符不是数字，则置boo为true
    if(boo==true){ //若文本框中有一个字符不是数字，弹出"警告"消息对话框
      JOptionPane.showMessageDialog(this,"您输入了非法字符","警告对话框",
          JOptionPane.WARNING_MESSAGE);
      inputNumber.setText(null); //将文本框清空
```

```
        }
        else if(boo==false){
            int number=Integer.parseInt(s);
            show.append("\n"+number+"平方:"+(number*number));
        }
    }
}
public class MessageDialog{
  public static void main(String args[]) { new DefineFrame("带对话框的窗口");}
}
```

程序运行结果如图 14-11 所示。

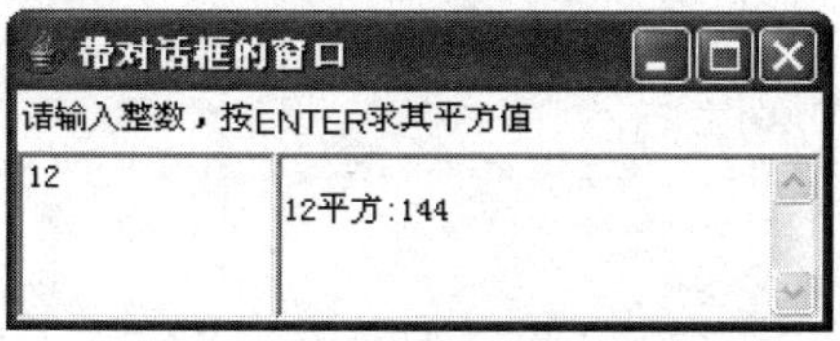

图 14-11　带对话框的窗口

2. 确认话框

showConfirmDialog 方法创建一个确认对话框，它有四种重载形式：

- int showConfirmDialog(Component comp,Object mess)
- int showConfirmDialog(Component comp,Object mess,String title,int optionType)
- int showConfirmDialog(Component comp,Object mess,String title,int optionType, int messType)
- int showConfirmDialog(Component comp,Object mess,String title,int optionType, int messType,Icon icon)

其中，参数 comp、mess、title、messType、icon 与方法 showMessageDialog 中的一样。但是，默认值有所不同。title 的默认值是 Select an Option，messType 的默认值是 QUESTION_MESSAGE。

optionType 的值决定对话框中显示哪些按钮。它取以下三个值之一。

- JOptionPane.YES_NO_OPTION：对话框显示 YES、NO 按钮。
- JOptionPane.YES_NO_CANCEL_OPTION：对话框显示 YES、NO、CANCEL 按钮。
- JOptionPane.OK_CANCEL_OPTION：对话框显示 YES、CANCEL 按钮。

当对话框消失后，showConfirmDialog 方法会返回下列整数值之一。

- JOptionPane.YES_OPTION：表明用户单击了 YES 按钮。
- JOptionPane.NO_OPTION：表明用户单击了 NO 按钮。
- JOptionPane.CANCEL_OPTION：表明用户单击了 CANCEL 按钮。
- JOptionPane.OK_OPTION：表明用户单击了 OK 按钮。
- JOptionPane.CLOSE_OPTION：表明用户单击了 CLOSE 按钮。

【例 14.12】本例演示确认对话框和颜色框等。

程序清单 **14-12**　ConfirmDialog.java

```
import java.awt.*; import javax.swing.*; import java.awt.event.*; import java.util.concurrent.*;
public class ConfirmDialog extends JFrame implements ActionListener{
  private JButton BUpdateBackgroundColor,BClear;
  private JPanel JP=new JPanel();
  private Color c1,c3,c2=JP.getBackground();
  private int Count=0;
  public ConfirmDialog(){//构造方法
    setTitle("确认颜色对话框");
        BUpdateBackgroundColor=new JButton("更改背景颜色");
        BClear=new JButton("撤销");
        JP.setLayout(new FlowLayout());
        JP.add(BUpdateBackgroundColor);//往面板上添加按钮
        JP.add(BClear);
        add(JP);//往框架上添加面板
        BUpdateBackgroundColor.addActionListener(this);//注册监听器
        BClear.addActionListener(this);
  }
  public void actionPerformed(ActionEvent e){//实现接口方法
    if (e.getSource()==BUpdateBackgroundColor){
      int r=JOptionPane.showConfirmDialog(this,"要更改颜色？",
        "颜色框",JOptionPane.YES_NO_OPTION ); //确认对话框
        if(r==JOptionPane.YES_OPTION) {
        c1=JColorChooser.showDialog(this,"颜色对话框",c3);//颜色对话框
        JP.setBackground(c1); validate();
          if (c1==null) { c1=c3; JP.setBackground(c1); validate(); }
      }
    }
    else if (e.getSource()==BClear){
      if (++Count<=1) { JP.setBackground(c2); validate(); }
      else JOptionPane.showMessageDialog(this, "已经撤销",
"消息对话框", JOptionPane.WARNING_MESSAGE );
    }
  }
  public static void main(String[]args){//主方法
    ConfirmDialog frame=new ConfirmDialog();
        frame.setVisible(true); frame.setSize(300,300); frame.validate();
  }
}
```

程序运行结果如图 14-12 所示。

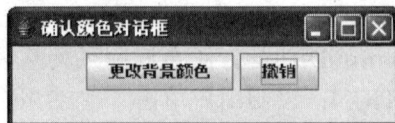

图 14-12　确认颜色对话框

3. 输入对话框

输入对话框接受用户的输入。输入值可以来自文本框，或者从列表框、组合框中选择。可以用一个数组指定输入对话框的备选值，如果没有设置备选值，输入框就会采用文本框

作为用户输入。如果指定的备选值少于 20 个，输入对话框就会采用组合框作为用户输入。如果备选值大于或等于 20 个，则输入框就会采用列表框作为用户输入。输入对话框中的按钮不可更改，总是包含 OK 和 Cancel 两个按钮。showInputDialog 方法有四种重载形式：

- String showInputDialog(Object mess)
- String showInputDialog(Component comp,Object mess)
- String showInputDialog(Component comp,Object mess, String title,int messType)
- Object showInputDialog(Component comp,Object mess, int messType,Icon icon, Object[] seleValue,Object initialSeleValue)

前三个方法用于创建文本框输入方式的对话框。第四个方法用 seleValue 作为备选值，initialSeleValue 作为初始备选值的对象数组。前三个方法返回从文本框中输入的 String 对象。第四个方法返回从组合框或列表框中选择的 Object 对象。

4．选项对话框

选项对话框允许用户创建自己的按钮。创建选项对话框的方法如下：

int showOptionDialog(Component comp, Object mess, String title, int optionType, int messType, Icon icon, Object []options, Object initialValue)

参数 options 指定按钮。initialValue 指定对话框初始化后接受焦点的按钮。方法返回的值表示激活的按钮。

14.11.2　JDialog 类

可以通过扩展 JDialog 类创建自定义对话框。自定义对话框的默认布局是 BorderLayout。在自定义对话框中，可以添加组件、放置关闭对话框的按钮，以实现与用户的交互。

1．构造方法

(1) JDialog(Frame frame,String Title)：创建一个标题是 Title、依赖 frame 窗口的对话框。

(2) JDialog(Frame frame,String title,boolean bol)：创建一个标题是 title，依赖 frame 窗口的对话框。参数 bol 决定对话框模式，默认情况下，JDialog 类及其子类创建的对话框是无模式、不可见的。要创建模式对话框，bol 的值必须为 true。

2．实用方法

(1) getTitle()：获取对话框的标题。

(2) setTitle()：设置对话框的标题。

(3) setModal(boolean bol)：设置对话框的模式。bol 为真表示有模式，否则表示无模式。

(4) setSize()：设置对话框的大小。

(5) setVisible(boolean bol)：bol 为真时显示对话框，否则隐藏对话框。

【例 14.13】本例演示有模式对话框。运行程序时，首先出现一个主窗口，单击"关闭"按钮时出现一个主界面，用户可以根据菜单选择子对话框的颜色，选中后单击相应的条目，则弹出一个带有背景颜色的子对话框。

程序清单 14-13　DialogFrame.java

```java
import java.awt.*; import java.awt.event.*;
class dlg extends Dialog{ //定义对话框dlg类
   Button bt=new Button("关闭");
   dlg(Frame fe,String str){
      super(fe,str,true); setLayout(new FlowLayout());
      setSize(200,180); add(bt); bt.addActionListener(new ko1Listener());
   }
   class ko1Listener implements ActionListener{//监听bt 按钮的监听器类,用于关闭对话框
      public void actionPerformed(ActionEvent e){ setVisible(false); }
   } //监听器是一个内部类
}
public class DialogFrame extends Frame{ //窗口类DialogFrame
   Frame fe;  MenuBar bar=new MenuBar();Menu mu=new Menu("颜色对话框");
   MenuItem i1,i2,i3,i4;
   public DialogFrame(){
   super("窗口"); setLayout(new FlowLayout());
      mu.add(i1=new MenuItem("红色..."));  mu.add(i2=new MenuItem("绿色..."));
      mu.add(i3=new MenuItem("蓝色...")); mu.add(new MenuItem("-"));
      mu.add(i4=new MenuItem("退出"));
      bar.add(mu); setMenuBar(bar); setSize(500,400); setVisible(true);
      i1.addActionListener(new ko2Listener()); i2.addActionListener(new ko2Listener());
      i3.addActionListener(new ko2Listener()); i4.addActionListener(new ko2Listener());
      addWindowListener(new koWindowListener());
   }
   class ko2Listener implements ActionListener{ //监听器类是一个内部类, 监听菜单项
      Frame fe=new Frame();
      public void actionPerformed(ActionEvent e){
         String ko=e.getActionCommand();
         if (ko.equals("红色...")){
           dlg d=new dlg(fe,"红色的子对话框"); d.setBackground(Color.red); d.setVisible(true);
         }
         else if (ko.equals("绿色...")){
            dlg d=new dlg(fe,"绿色的子对话框"); d.setBackground(Color.green);
            d.setVisible(true);
         }
         else if (ko.equals("蓝色...")){
            dlg d=new dlg(fe,"蓝色的子对话框"); d.setBackground(Color.blue);
            d.setVisible(true);
         }
         else if (ko.equals("退出")) {dispose();System.exit(0);}
      }
   }
   class koWindowListener extends WindowAdapter{ //监听窗口的监听器类, 用于关闭窗口
      public void windowClosing(WindowEvent e){ dispose(); System.exit(0); }
   } //内部类
   public static void main(String args[]) {
      Frame fe=new Frame();
      dlg k=new dlg(fe,"最初的对话框"); k.setVisible(true);
      DialogFrame ko=new DialogFrame();
   }
}
```

14.11.3　文件对话框

文件对话框是有模式对话框。可以使用 javax.swing.JFileChooser 类创建文件对话框。用户可以在文件对话框中浏览文件系统，从中选择要打开的文件，或者保存文件。文件对话框有两种类型：打开(open)和保存(save)。

1. 属性

JFileChooser 类除了继承 JComponent 类的属性外，还有如下重要的属性。

- dialogType：表示对话框类型。要建立一个打开文件的对话框，其值设置为：OPEN_DIALOG。要建立一个保存文件的对话框，其值设置为：SAVE_DIALOG。
- dialogTitle：对话框标题栏显示的字符串。数据类型是 String。
- currentDirectory：数据类型是 File，表示文件的当前目录。要使用当前目录，可以调用 set CurrentDirectory(new File("."))方法。
- selectedFile：数据类型是 File，代表用户选定的文件。可以利用方法 getSelectedFiles 从对话框返回用户选定的文件。如果想设置一个默认的文件名，可以使用方法 setSelectedFile(new File(filename))。

2. 显示对话框的方法

- int showOpenDialog(Component)：显示 Open 对话框。让用户选择一个文件。
- int showSaveDialog(Component)：显示 Save 对话框。让用户保存文件。

两个方法返回的值要么是 APPROVE_OPTION(表示用户单击了确定按钮 OK)，要么是 CANCEL_OPTION(表示用户单击了取消按钮 Cancel)。

【例 14.14】使用 JFileChooser 打开和保存文件。创建一个记事本，该记事本允许用户打开一个已经存在的文件、编辑文件，并把内容保存到当前文件或保存在指定的文件中。

程序清单 14-14　FileDialogDemo.java

```
import java.awt.*; import java.awt.event.*; import java.io.*; import javax.swing.*;
public class FileDialogDemo extends JFrame implements ActionListener{
 private JMenuItem jmiOpen, jmiSave,jmiExit, jmiAbout; //菜单项: Open、Save、Exit 和 About
 private JTextArea jta = new JTextArea();//作为显示和编辑文本的文本区
 private JLabel jlblStatus = new JLabel();// 用于显示文件的打开状态
 private JFileChooser jFileChooser = new JFileChooser();// 创建文件对话框
 public static void main(String[] args) {
   FileDialogDemo frame=new FileDialogDemo();frame.setSize(300, 150);
     frame.setVisible(true);
 }
 public FileDialogDemo(){
   setTitle("文件对话框"); JMenuBar mb = new JMenuBar();//创建菜单条
   setJMenuBar(mb);  //将菜单条与窗口关联起来
   JMenu fileMenu = new JMenu("文件");//创建 fileMenu 菜单
   mb.add(fileMenu); //将 fileMenu 加入菜单条mb 中
   JMenu helpMenu = new JMenu("帮助");//创建 helpMenu 菜单
   mb.add(helpMenu); //将 helpMenu 加入菜单条mb 中
    //创建菜单项，并将它们加入菜单 fileMenu 中
   fileMenu.add(jmiOpen = new JMenuItem("Open"));
```

```
        fileMenu.add(jmiSave = new JMenuItem("Save"));
        fileMenu.addSeparator(); //加分隔符
        fileMenu.add(jmiExit = new JMenuItem("Exit"));
        helpMenu.add(jmiAbout = new JMenuItem("About"));
        jFileChooser.setCurrentDirectory(new File("."));// 将当前目录设置为缺省目录
        // 修改框架的布局方式
        getContentPane().add(new JScrollPane(jta), BorderLayout.CENTER);
        getContentPane().add(jlblStatus, BorderLayout.SOUTH);
        // 为菜单项注册监听器
        jmiOpen.addActionListener(this);    jmiSave.addActionListener(this);
        jmiAbout.addActionListener(this);   jmiExit.addActionListener(this);
    }
    public void actionPerformed(ActionEvent e) { // 处理菜单项产生的事件
        String actionCommand = e.getActionCommand();
        if (e.getSource() instanceof JMenuItem) {
            if ("Open".equals(actionCommand))  open();
            else if ("Save".equals(actionCommand)) save();
            else if ("About".equals(actionCommand))
              JOptionPane.showMessageDialog(this, "对话框", "About This Demo",
              JOptionPane.INFORMATION_MESSAGE);
            else if ("Exit".equals(actionCommand))  System.exit(0);
        }
    }
    private void open() { // 打开文件
        if (jFileChooser.showOpenDialog(this) == JFileChooser.APPROVE_OPTION){
            System.out.println("File name is " + jFileChooser.getSelectedFile());
            open(jFileChooser.getSelectedFile());
        }
    }
    private void open(File file) {// 打开指定的文件
        try {  //从文件中读取数据, 并保存到文本区 jta 上
            BufferedInputStream in = new BufferedInputStream( new FileInputStream(file));
            byte[] b = new byte[in.available()];
            in.read(b, 0, b.length); jta.append(new String(b, 0, b.length)); in.close();
            jlblStatus.setText(file.getName() + " Opened");// 用 jlblStatus 显示文件的打开状态
        }
        catch (IOException ex) { jlblStatus.setText("Error opening " + file.getName()); }
    }
    private void save(){// 保存文件
        if (jFileChooser.showSaveDialog(this) == JFileChooser.APPROVE_OPTION) {
            save(jFileChooser.getSelectedFile());
        }
    }
    private void save(File file) {// 用指定的文件名保存文件
        try {  // 将文本区 jta 的内容写到指定文件中
            BufferedOutputStream out = new BufferedOutputStream( new FileOutputStream(file));
            byte[] b = (jta.getText()).getBytes(); out.write(b, 0, b.length); out.close();
            jlblStatus.setText(file.getName() + " Saved ");//用 jlblStatus 显示文件的存储状态
        }
        catch (IOException ex) { jlblStatus.setText("Error saving " + file.getName()); }
    }
}
```

程序运行结果如图 14-13 所示。

图 14-13　使用 JFileChooser 打开和保存文件

14.11.4　JColorChooser 类

javax.swing.JColorChooser 类的类方法 showDialog 可以创建颜色对话框：

```
public static Color showDialog(Component component,String title,Color color)
```

其中，参数 component 指定对话框所依赖的组件，title 指定对话框的标题，color 指定对话框返回的初始颜色，即对话框消失后返回的默认值。该方法根据用户在颜色对话框中选择的颜色，返回一个颜色对象。

【例 14.15】用户单击按钮时弹出一个颜色对话框，然后根据用户选择的颜色来改变按钮的颜色。

程序清单 14-15　　ColorDemo.java

```java
import java.awt.event.*; import java.awt.*; import javax.swing.JColorChooser;
class DefineFrame extends Frame implements ActionListener {
  Button colorButton;
  DefineFrame(String windowTitle){
    super(windowTitle); colorButton=new Button("打开颜色对话框");
    setLayout(new FlowLayout()); add(colorButton); setBounds(70,70,400,400);
    setVisible(true);    validate();
    colorButton.addActionListener(this); //为按钮注册监听器，按钮产生的事件由this处理
    addWindowListener(new WindowAdapter(){
      public void windowClosing(WindowEvent e) { System.exit(0); }
    });
  }
public void actionPerformed(ActionEvent e){ //处理按钮事件的处理器
    Color getColor=JColorChooser.showDialog(this,"调色板",colorButton.getBackground());
    colorButton.setBackground(getColor);
}
}
public class ColorDemo { //定义测试类ColorDemo
  public static void main(String args[]) { new DefineFrame("带颜色对话框的窗口");}
}
```

程序运行结果如图 14-14 所示。

图 14-14　改变按钮颜色

14.12　鼠　标　事　件

用户通过鼠标和键盘作用于事件源，事件源就产生鼠标事件。Java 把鼠标事件分成两组，一组事件由 MouseListener 接口中的方法处理，另一组事件由 MouseMotionListener 接口中的方法处理。

14.12.1　MouseEvent 类

鼠标事件是用 MouseEvent 类创建的对象。MouseEvent 对象封装了鼠标信息和事件源信息。MouseEvent 类提供了获取鼠标信息和事件源信息的方法。

- int getX()：获取鼠标在事件源的坐标系中的 x 坐标。
- int getY()：获取鼠标在事件源的坐标系中的 y 坐标。
- getModifiers()：获取鼠标的左键或右键。鼠标的左键和右键分别使用 InputEvent 类中的常量 BUTTON1_MASK 和 BUTTON3_MASK 来表示。
- int getClickCount()：获取鼠标单击的次数。
- getSource()：获取产生鼠标事件的事件源。
- boolean isAltDown()：判断鼠标事件发生时是否按下了 Alt 键。
- boolean isControlDown()：判断鼠标事件发生时是否按下了 Ctrl 键。
- boolean isShiftDown()：判断鼠标事件发生时是否按下了 Shift 键。
- boolean isMetaDown()：如果按下鼠标右键，则返回 true。

14.12.2　MouseListener 接口

MouseListener 接口处理的具体鼠标事件有：鼠标按下、鼠标释放、鼠标进入、鼠标离开和单击鼠标等 5 种事件。

为了监听鼠标按下、鼠标释放等 5 种事件，需要为事件源注册监听器，方法如下：

```
事件源.addMouseListener(监听器);
```

MouseListener 接口中处理鼠标按下、鼠标释放等 5 种事件的方法如下。

- mousePressed(MouseEvent)：负责处理鼠标按下事件，即在事件源上按下鼠标时，监听器中的该方法负责处理此事件。
- mouseReleased(MouseEvent)：负责处理鼠标释放事件。即在事件源上释放鼠标时，监听器中的该方法负责处理此事件。
- mouseEntered(MouseEvent)：负责处理鼠标进入事件。即当鼠标进入事件源时，监听器中的该方法负责处理此事件。
- mouseExited(MouseEvent)：负责处理鼠标离开事件。即当鼠标离开事件源时，监听器中的该方法负责处理此事件。
- mouseClicked(MouseEvent)：负责处理单击鼠标事件。即当单击鼠标时，监听器中的该方法负责处理此事件。

【例 14.16】在这个小程序中有一个文本框，负责记录鼠标事件。当鼠标进入小程序时，文本区显示"鼠标进入"；当鼠标离开时，文本区显示"鼠标离开"；当鼠标被按下时，文本区显示"鼠标被按下"并显示鼠标的坐标。

程序清单 14-16　MouseEventDemo.java

```java
import java.awt.*; import java.awt.event.MouseEvent; import java.awt.event.MouseListener;
import java.awt.event.WindowAdapter; import java.awt.event.WindowEvent;
public class MouseEventDemo implements MouseListener {
  Frame f = new Frame("鼠标事件1"); TextArea text = new TextArea(20, 20);
  public MouseEventDemo () {
    f.add(text);
    text.addMouseListener(this); //为文本区添加监听器
    f.setVisible(true); f.setSize(300, 200); f.setVisible(true);
    f.addWindowListener(new WindowAdapter(){
      public void windowClosing(WindowEvent e) { System.exit(0); }
    });
  }
  public static void main(String[] args) { new MouseEventDemo(); }
  public void mouseClicked(MouseEvent arg0) { text.append("单击\n"); }
  public void mouseEntered(MouseEvent arg0) { text.append("进入\n"); }
  public void mouseExited(MouseEvent arg0) { text.append("离开\n"); }
  public void mousePressed(MouseEvent arg0){ text.append("按下\n"); }
  public void mouseReleased(MouseEvent arg0) { text.append("放开\n"); }
}
```

程序运行结果如图 14-15 所示。

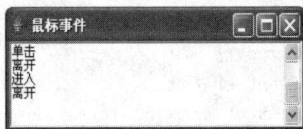

图 14-15　文本框记录鼠标事件

14.12.3　MouseMotionListener 接口

MouseMotionListener 接口可处理的鼠标事件有：在事件源上移动鼠标和拖动鼠标。

1. 为事件源注册监听器的方法

为了监听鼠标移动和拖动事件，需要给事件源注册监听器，方法如下：

```
事件源.addMouseMotionListener(监听器);
```

2. MouseMotionListener 接口中的方法

MouseMotionListener 接口中处理鼠标移动和拖动事件的抽象方法如下。

● mouseDragged(MouseEvent)：负责处理鼠标拖动事件，即在事件源上按下鼠标左键并拖动鼠标时，监听器中的该方法对事件作出处理。

● mouseMoved(MouseEvent)：负责处理鼠标移动事件，即在事件源上移动鼠标时，监听器中的该方法对事件作出处理。

【例 14.17】在面板上按住鼠标左键移动鼠标，就可以绘制图形，按住鼠标右键移动鼠标，就可以擦去所画的图形。

程序清单 14-17 ScribbleDemo.java

```java
import java.awt.*; import javax.swing.*;import java.awt.event.*;
public class ScribbleDemo extends JApplet{
    public static void main(String[] args){ // 主方法使 Applet 程序作为应用程序执行
    JFrame frame = new JFrame("Scribbling Demo");
    ScribbleDemo applet = new ScribbleDemo(); //创建小程序的一个实例
    frame.getContentPane().add(applet, BorderLayout.CENTER);//将小程序加入内容窗格
    applet.init();  applet.start();// 调用方法 init() and start()
    frame.setSize(300, 300);
    frame.setDefaultCloseOperation(JFrame.EXIT_ON_CLOSE); frame.setVisible(true);
    }
  public void init(){//初始化小程序的方法定义
    getContentPane().add(new ScribblePanel());//创建一个面板，并将它加入小程序的窗格中
    }
}
// 定义面板 ScribblePanel，用鼠标在面板上绘制图形
class ScribblePanel extends JPanel  implements MouseListener, MouseMotionListener{
  final int CIRCLESIZE = 20; // Circle diameter used for erasing
  private Point lineStart = new Point(0, 0); // Line start point
  private Graphics g; // 用于绘制图形的对象
  public ScribblePanel() { // 为面板注册鼠标监听器
    addMouseListener(this); addMouseMotionListener(this);
  }
  public void mouseClicked(MouseEvent e) {   }
  public void mouseEntered(MouseEvent e) {   }
  public void mouseExited(MouseEvent e) {    }
  public void mouseReleased(MouseEvent e) {  }
  public void mousePressed(MouseEvent e) { lineStart.move(e.getX(), e.getY()); }
  public void mouseDragged(MouseEvent e) {
    g = getGraphics(); // 获得面板对应的图形对象
    if (e.isMetaDown()) {//如果鼠标右键被按下，则使用椭圆形擦除绘制的图形
      g.setColor(getBackground());
      g.fillOval(e.getX()-(CIRCLESIZE/2),e.getY()-(CIRCLESIZE/2),CIRCLESIZE,CIRCLESIZE);
    }
    else{g.setColor(Color.black);g.drawLine(lineStart.x,lineStart.y,e.getX(),e.getY());}
    lineStart.move(e.getX(), e.getY());
    g.dispose(); // 释放图形对象
  }
  public void mouseMoved(MouseEvent e) {   }
}
```

14.13 键 盘 事 件

当一个组件处于激活状态时，敲击键盘上的任意一个键，这个组件就会产生键盘事件。可以利用键盘来控制和执行一些操作，或从键盘上进行输入。

1. KeyEvent 类

当键盘作用于事件源时，事件源就产生一个键盘事件(KeyEvent 对象)。KeyEvent 对象封装了键盘信息。KeyEvent 类提供获取键盘信息的方法如下。

- public int getKeyCode()：判断哪个键被按下、敲击或释放。该方法返回一个键码值，如表 14-2 所示。
- public char getKeyChar()：判断哪个键被按下、敲击或释放。该方法返回键的字符。

KeyEvent 类为许多键定义了常量，表 14-2 列出了一些常用的键和对应的常量。

表 14-2　键码表

键 名 称	对应的常量
功能键 F1~F12	VK_F1-VK_F12
"←"(向左箭头键)	VK_LEFT
"→"(向右箭头键)	VK_RIGHT
"↑"(向上箭头键)	VK_UP
"↓"(向下箭头键)	VK_DOWN
小键盘的向上箭头键"↑"	VK_KP_UP
小键盘的向下箭头键"↓"	VK_KP_DOWN
小键盘的向左箭头键"←"	VK_KP_LEFT
小键盘的向右箭头键"→"	VK_KP_RIGHT
End 键	VK_END
Home 键	VK_HOME
Page Down(向后翻页键)	VK_PAGE_DOWN
Page Up(向前翻页键)	VK_PAGE_UP
Print Screen SySRQ(打印屏幕键)	VK_PRINTSCREEN
Scroll Lock(滚动锁定键)	VK_SCROLL_LOCK
Caps Lock(大写锁定键)	VK_CAPS_LOCK
Num Lock(数字锁定键)	VK_NUM_LOCK
Pause Break(暂停键)	PAUSE
Insert(插入键)	VK_INSERT
Delete(删除键)	VK_DELETE
Enter(回车键)	VK_ENTER
Tab(制表符键)	VK_TAB
Backspace(退格键)	VK_BACK_SPACE
Esc 键	VK_ESCAPE
取消键	VK_CANCEL
清除键	VK_CLEAR

键 名 称	对应的常量
Shift 键	VK_SHIFT
Ctrl 键	VK_CONTROL
Alt 键	VK_ALT
暂停键	VK_PAUSE
空格键	VK_SPACE
逗号键 " , "	VK_COMMA
分号键 " ; "	VK_SEMICOLON
" . " 键	VK_PERIOD
" / " 键	VK_SLASH
" \ " 键	VK_BACK_SLASH
0~9 键	VK_0~VK_9
a~z 键	VK_A~VK_Z
" [" 键	VK_OPEN_BRACKET
"] " 键	VK_CLOSE_BRACKET
小键盘上的 0~9 键	VK_UNMPAD0-VK_NUMPAD9
单引号键 " ' "	VK_QUOTE
单引号键 " ' "	VK_BACK_QUOTE

2. 为事件源注册监听器的方法

为了监听键盘事件，需要给事件源注册监听器，方法如下：

```
事件源. addKeyListener (监听器);
```

3. KeyListener 接口中的方法

下面是 KeyListener 接口中处理键盘事件的三个抽象方法。

● void keyPressed(KeyEvent e)：按下键时调用该方法。

● void keyReleased(KeyEvent e)：松开键时调用该方法。

● void keyTyped(KeyEvent e)：按下并松开键时调用该方法。

【例 14.18】用户输入一个字符，然后使用箭头键(上、下、左、右)移动字符。

程序清单 14-18 KeyboardEventDemo.java

```
import java.awt.*; import java.awt.event.*; import javax.swing.*;
public class KeyboardEventDemo extends JApplet{
  private KeyboardPanel keyboardPanel = new KeyboardPanel();
  public static void main(String[] args) { //作为应用程序运行
    JFrame frame = new JFrame("KeyboardEvent Demo");
    KeyboardEventDemo applet = new KeyboardEventDemo();//创建一个小程序实例
    frame.getContentPane().add(applet, BorderLayout.CENTER); //将小程序容器加入框架中
    applet.init(); applet.start(); //调用方法init() 和 start()
    frame.setSize(300, 300);
    frame.setDefaultCloseOperation(JFrame.EXIT_ON_CLOSE); frame.setVisible(true);
```

```
    applet.focus(); //使面板 keyboardPanel 获得焦点
  }
  public void init(){//将面板 keyboard panel 加入 Applet 容器，并接受和显示用户输入
    getContentPane().add(keyboardPanel);
    focus(); //使 Applet 获得焦点，即面板 keyboard panel 获得焦点
  }
  public void focus(){//使面板 keyboard panel 获得焦点，接受用户输入
    keyboardPanel.requestFocus();
  }
}
class KeyboardPanel extends JPanel implements KeyListener{ //KeyboardPanel 接受用户输入
  private int x = 100; private int y = 30; private char keyChar = 'H'; //缺省键
  public KeyboardPanel() { addKeyListener(this); } //为面板注册监听器
  public void keyReleased(KeyEvent e) { }
  public void keyTyped(KeyEvent e) { }
  public void keyPressed(KeyEvent e){
    switch (e.getKeyCode()) {
    case KeyEvent.VK_DOWN: y += 10; break;
    case KeyEvent.VK_UP: y -= 10; break;
    case KeyEvent.VK_LEFT: x -= 10; break;
    case KeyEvent.VK_RIGHT: x += 10; break;
    default: keyChar = e.getKeyChar();
    }
    repaint();
  }
  public void paintComponent(Graphics g){ //在面板上绘制字符
    super.paintComponent(g); g.setFont(new Font("TimesRoman", Font.PLAIN, 24));
    g.drawString(String.valueOf(keyChar), x, y);
  }
}
```

如果用户按下的是一个非光标键，就会显示该键对应的字符。若按下的是光标键，字符就会按照相应的方向移动。

由于要从键盘输入字符或者通过光标键移动字符，因此必须监听键盘事件 KeyEvent，监听器就应该实现接口 KeyListener，以处理键盘输入。

在缺省情况下，最后一个加入容器中的组件获得焦点。因此，当把包含面板 keyboardPanel 的 applet 容器加入 frame 框架中时，焦点就是 applet 容器。在这种情况下，必须通过程序设置 keyboardPanel 的焦点。

14.14　本　章　小　结

所有组件的父类 Component 提供了三个重要的方法：paint、update 和 repaint，使用这三个方法可以在组件视区上绘制、清除和重新绘制图形。

对话框分为无模式和有模式两种。有模式的对话框处于激活状态时，程序只能响应对话框及其内部组件产生的事件；无模式对话框处于激活状态时，用户仍能激活它所依赖的窗口或组件。

Dialog 和 Frame 都是 Window 的子类，二者的不同之处在于，对话框没有添加菜单的功能，而且必须依赖于某个窗口或组件。

Java 把鼠标事件分成两组，一组事件由接口 MouseListener 中的方法处理，另一组事件由 MouseMotionListener 接口中的方法处理。

当键盘作用于事件源时，事件源就产生一个键盘事件，键盘事件是用 KeyEvent 类创建的对象。KeyEvent 对象封装了键盘信息。

14.15 习　　题

1. 编写程序，用绘图方法在面板中显示乘法表。

2. 编写程序画出函数 f(x)=2x+x*x 的图像。(提示：创建表示坐标的数组 x[]和 y[]，并使用 DrawPolyline 连接这些点。)

3. 分别编写两个程序，画出正弦函数、余弦函数的图像。

4. 编写程序，画出四叶风扇。用蓝色画圆，红色画扇叶。要使风扇可重用，创建一个面板来显示它，并把面板放到框架中。这个面板在其他任何地方都可以重复使用。

5. 参考 Windows 平台的 NotePad 程序，编写一个简单的"记事本"程序。

6. 创建一个 25 列的文本区并将默认文本设置为"文本区"。如何检验文本区是否为空？

7. 为什么监听器类必须实现适当的接口？事件与接口有什么关系？

8. 一个事件源可以有多个监听器吗？一个监听器可以监听多个事件源吗？

9. 鼠标按下、释放、单击、移入和退出的接口是什么？鼠标移动和拖动的接口是什么？

10. 键盘上每个键是否都有统一码？KeyEvent 类中的键编码是否等于统一码？

11. 编写程序，读取键盘输入的字符并将其显示到鼠标所指的位置。

第 4 篇

高级技术

第 15 章 异 常

本章要点

- Java 提供的异常类;
- 声明和抛出异常;
- 捕获和处理异常;
- 重新抛出异常和自定义异常类。

学习目标

- 掌握声明和抛出异常的方法;
- 掌握捕获和处理异常的方法;
- 掌握自定义异常类的方法。

程序错误分为三种：编译错误、运行时错误和逻辑错误。编译错误是因为程序没有遵循语法规则，编译程序能发现错误的原因和位置；运行时错误是因为程序执行时，运行环境发现了不能执行的操作；逻辑错误是因为程序没有按照预期的方案执行。

异常是程序运行时发生的错误。而异常处理就是对这些错误进行捕捉、处理和控制。

15.1 异 常 现 象

程序运行发生错误时系统抛出异常对象，并中断程序的正常控制流程。如果没有专门的代码捕捉和处理异常(对象)，程序就可能非正常结束，并引起严重问题。

程序运行时出现异常的原因有很多，比如用户输入了一个无效的数据、程序试图打开一个不存在的文件、网络连接可能已经挂起、程序试图访问一个越界的数组元素等。

【例 15.1】 本例演示数组下标越界异常和除数为 0 异常。程序执行时从命令行中获取两个参数值，即 args[0]和 args[1]，然后计算 args[0]/ args[1]的值。

程序清单 15-1 ArrayException.java

```
1  public class ArrayException{
2    public static void main (String args[]){
3      try {  int a=Integer.parseInt(args[0]);//获取命令行的第一个参数
4             int b=Integer.parseInt(args[1]); //获取命令行的第二个参数
5             int c=a/b; //第一个参数做被除数，第二个参数做除数。
6             System.out.print(a+"/"+b+"="+c);
          }
      catch(ArrayIndexOutOfBoundsException e){ e.printStackTrace();
             System.out.println("缺少参数");}
      catch(ArithmeticException E){ E.printStackTrace();
             System.out.println("除数为0"); }
    }
  }
```

在 DOS 环境下执行此程序。

1. 执行时只提供 1 个参数

在命令行输入以下命令：

```
java ArrayException  10   //按 Enter 键
```

按 Enter 键后，系统提示以下错误：

```
java.lang.ArrayIndexOutOfBoundsException: 1
    at ArrayException.main(ArrayException.java:4)
缺少命令行参数
```

程序的第 4 行中使用了 args[1]元素。由于命令行中只提供了一个参数，所以数组长度是 1，因此，args[1]元素不存在，数组下标越界了。

2. 执行时第 2 个参数为 0

在命令行输入以下命令：

```
java ArrayException  10  0   //按 Enter 键
```

按 Enter 键后，系统提示以下错误：

```
java.lang.ArithmeticException: / by zero
    at ArrayException.main(ArrayException.java:5)
除数为 0
```

由于程序的第 5 行中除数 b 的值是 0，因此，系统提示除数为 0 的错误。

15.2　Java 提供的异常类

异常封装了运行时发生错误的类型及错误发生时程序的状态。Java 语言对异常作了分类，为每一类异常定义了异常类。

在图形程序设计中可以忽略事件，但是不能忽略异常。当出现异常时，如果没有代码处理异常，程序就会终止。要处理异常，首先必须了解 Java 语言定义的异常类。

1. Throwable 类

java.lang 包中的 Throwable 类是所有异常类的父类。异常类的继承关系如图 15-1 所示。Throwable 类的主要方法如下。

- public string getMessage()：返回异常发生时的详细信息。
- public string toString()：返回异常发生时对异常的简要描述。
- public string getLocalizedMessage()：返回异常对象的本地化信息。Throwable 的子类覆盖这个方法后，可以生成本地化信息；如果子类没有覆盖该方法，方法返回的信息与 getMessage()返回的结果相同。
- public void printStackTrace()：在控制台上打印 Throwable 对象封装的异常信息。

注意：一个异常父类可以派生多个异常子类。如果一个 catch 子句捕获了一个父类异常，它就能捕获该父类的所有子类生成的异常对象。

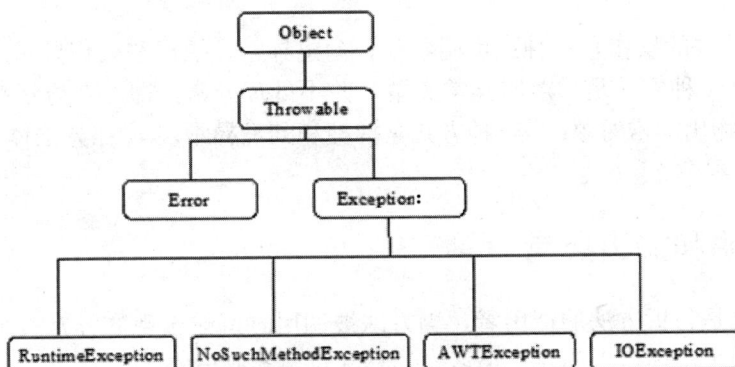

图 15-1　异常类层次结构

2. Error 类

系统内部发生的错误由 Error 类描述。因为 Error 错误是系统程序产生的，因此应用程序无法处理这种错误。如果出现了这种错误，用户只能终止程序。Error 异常由 Java 虚拟机抛出。

3. Exception 类

外部环境和应用程序引起的错误由 Exception 类描述。可以在程序中捕获和处理这种错误。Exception 的子类说明如下。

- IOException：该类描述了输入/输出操作引起的异常。
- AWTException：GUI 组件引起的异常。
- ClassNotFoundException：程序企图使用一个不存在的类。
- CloneNotSupportedException：企图克隆一个对象，而该对象基于的类没有实现接口 Cloneable。
- RuntimeException：程序中出现的错误都属于 RuntimeException 异常，该种异常由 Java 虚拟机抛出。

4. RuntimeException 的子类

RuntimeException 有四个子类。

- ArithmeticException：一个整数除以 0 时抛出该异常。
- NullPointerException：要访问的变量没有引用任何对象时抛出该异常。
- IndexOutofBoundsException：要访问的数组元素的下标超出范围时抛出的异常。
- IllegalArgumentException：将无效或不合适的参数传递给方法引起的异常。

15.3　异　常　处　理

Java 处理异常的操作有三种：声明异常、抛出异常、捕捉和处理异常。方法对异常有两种处理方式：一种方式是只声明异常类型，并不处理异常，即，在方法头中声明异常类型，在方法体中抛出异常对象；另一种方式是捕捉和处理异常，即，在方法体中使用 try-catch 语句捕获和处理异常。

15.3.1　声明和抛出异常

声明异常就是告诉方法的调用者，当方法被调用时可能出现的异常类型。抛出异常是指程序检查到一个错误后，创建一个适当的异常对象并抛出它。

因为任何代码执行时都有可能发生系统错误(Error)和运行时错误(RuntimeException)，因此 Java 语言不要求在方法头中显式地声明 Error 和 RuntimeException 两种异常类(系统隐含地声明了这两种异常类)，但是可以在方法体中抛出这两种异常对象。如果要在方法体中抛出其他异常，必须在方法头中声明这种异常类。

1. 声明异常类

方法头中使用关键字 throws 的意思是，该方法被调用时可能抛出的异常类型。例如：

```
public void myMethod() throws IOException //IOException 是被声明的异常类
```

整个方法头的意思是：当 myMethod 方法被调用时，方法体可能抛出 IOException 异常。

如果被调用的方法可能抛出多种异常，就在关键字 throws 后列出多种异常类，异常类之间用逗号分隔。例如：

```
methodDeclaration throws Exception1, Exception2, …, ExceptionN
```

2. 抛出异常对象

在方法体中必须抛出一个与方法头中声名的异常类相一致的异常对象。例如，方法体中应该有以下语句：

```
throw new TheException(); //抛出异常(对象)
```

或

```
TheException ex=new TheException();
throw ex; //抛出异常对象ex
```

注意：声明异常类的关键字是 throws，抛出异常对象的关键字是 throw。在方法体中，只能抛出方法头中声明过的异常及 Error、RuntimeException 异常和它们的子类的实例。例如，如果没有在方法头中声明 IOException，那么在方法体中就不能抛出它；但是，即使方法头中没有声明 RuntimeException 或其子类，在方法体中也可以抛出它们的实例，因为 Java 语言隐含地认为在每个方法头中声明了 Error 和 RuntimeException。

3. 声明和抛出异常的方法

如果方法体执行时可能出现某种错误，就应该为这种错误创建一个异常并抛出这个异常。这种方法的定义一般格式如图 15-2 所示。

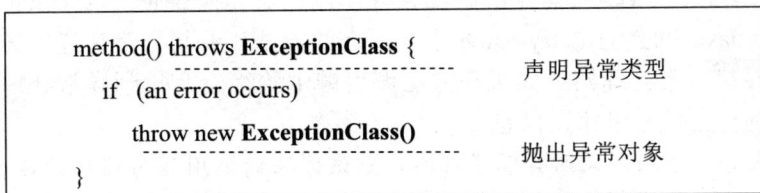

```
method() throws ExceptionClass {            声明异常类型
    if  (an error occurs)
        throw new ExceptionClass()          抛出异常对象
}
```

图 15-2　在方法体中声明和抛出异常

在方法体中抛出的异常对象必须是方法头中声明的异常类。

15.3.2　捕获和处理异常

使用 try-catch 语句捕获和处理异常。使用 try 子句捕获异常，即把可能抛出异常的语句放在 try 子句中，使用 catch 子句处理异常。

1. try-catch 语句格式

try-catch 语句由一个 try 子句和多个 catch 子句组成。多个 catch 子句分别对 try 子句中可能抛出的多种异常进行处理，每个 catch 子句只处理一种异常。

try-catch 语句的格式如下：

```
try{  …
    Statements;                    //把所有可能抛出异常的语句安排在此
}
catch (Exception1 ex) {            //检测 Exception1 异常
    Handler for exception1;        //在此处理 Exception1 异常
}
catch (Exception2 ex){            //检测 Exception2 异常
    Handler for exception2;        //Exception2 异常在此处理异常
}
…
catch (ExceptionN ex) {            //检测 ExceptionN 异常
    Handler for exceptionN;        //ExceptionN 异常在此处理
}
```

称 catch 子句为**异常处理器**。下面是一个异常处理器的例子：

```
catch (ExceptionN ex) {            //检测 ExceptionN 异常
    Handler for exceptionN;        //处理 ExceptionN 异常
}
```

2. try-catch 语句执行逻辑

try-catch 语句是从上往下执行的：

（1）当执行 try 子句时，如果没有抛出异常，则跳过所有的 catch 子句，整个 try-catch 语句执行完毕。

(2) 如果 try 子句中的某条语句抛出一个异常，系统就会跳过 try 子句中的其余语句，开始为该异常搜索异常处理器。即，在多个 catch 子句中，按照从上到下的顺序，寻找与抛出的异常类型一致的 catch 子句。若某个 catch 子句的异常类型与抛出的异常匹配，就会执行该 catch 子句中的代码(即处理异常)；如果被抛出的异常与任何一个 catch 子句中的异常类型都不匹配，Java 就会退出 try-catch 语句所在的方法，并将异常传递给该方法的调用语句，继续重复寻找异常处理器。如果在方法调用链中始终没有找到异常处理器，程序就会中止，并在控制台上打印出错误信息。

注意：如果一个方法定义时声明了异常，则该方法的调用语句应该放在 try 子句中，以便捕捉方法中抛出的异常。任一 catch 子句执行完后，系统就不再执行其他的 catch 子句，标志着整个 try-catch 语句执行完毕。

3. 方法调用链

捕获和处理异常的过程，就是方法链调用的过程。下面以四个方法为例说明方法链的调用过程。假设有 main()、method1()、method2()、method3()四个方法，当程序从 main()方法开始执行后，这四个方法的调用顺序构成一个方法调用链。方法 method3()的作用是声明和抛出异常，其他三个方法的作用是捕捉和处理异常，它们之间的调用关系如图 15-3 所示。

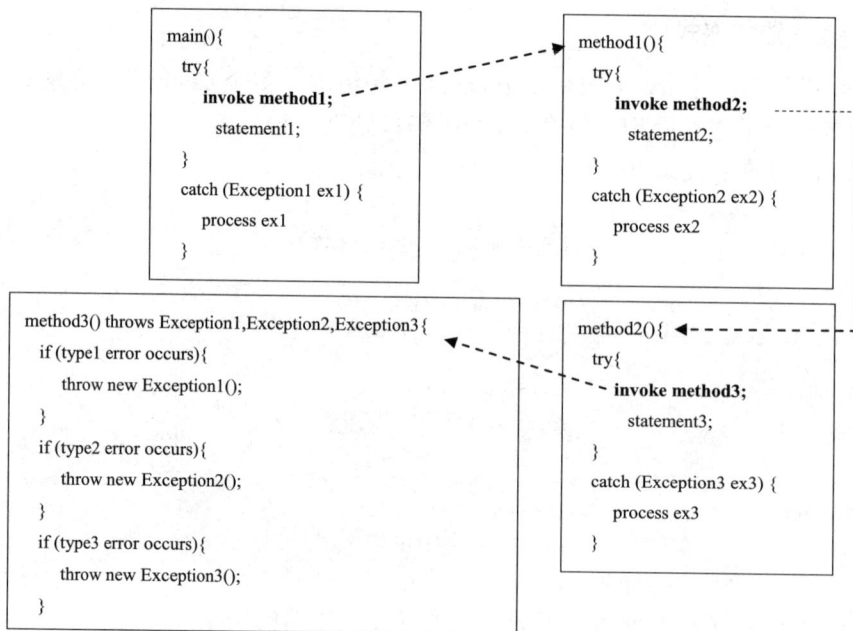

图 15-3　四个方法构成的调用链

1) 异常处理器

处理 Exception1 异常的处理器如图 15-4 所示。处理 Exception2 异常的处理器如图 15-5 所示。处理 Exception3 异常的处理器如图 15-6 所示。

```
catch (Exception1 ex1) {
    process ex1
}
```

图 15-4　处理器一

```
catch (Exception2 ex2) {
    process ex2
}
```

图 15-5　处理器二

```
catch (Exception3 ex3) {
    process ex3
}
```

图 15-6　处理器三

catch 子句由两部分组成：参数表和处理异常的复合语句。参数表用于检查异常类型，如(Exception1 ex1)、(Exception2 ex2)、(Exception3 ex3)就是三个参数表。处理异常的操作是一条复合语句，如 Process ex1、Process ex2、Process ex3 分别代表处理异常的语句。

2) 异常处理过程

如果执行语句 Invoke method3 并抛出一个 Exception3 异常，系统就会执行处理器三并且跳过 Statement3；如果执行语句 Invoke method2 并抛出一个 Exception2 异常，系统就会执行处理器二，并跳过 Statement2 和 Statement3；如果执行语句 Invoke method1 并抛出一个 Exception1 异常，系统就会执行处理器一，并跳过 Statement1、Statement2、Statement3 三条语句。如果异常不是这三种类型，程序就会立刻中止。

注意： 如果在图形程序中出现了 Exception 子类的一个实例，Java 将在控制台上打印错误信息并忽略该异常，接着程序回到处理用户界面的循环中继续运行。

4. 捕获和处理异常

Java 使用 try-catch 语句捕获和处理异常，如图 15-7 所示。

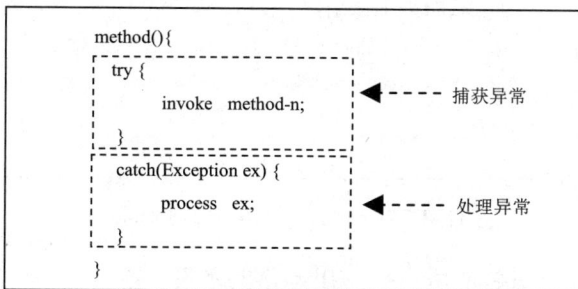

图 15-7　捕获和处理异常

【例 15.2】 addNewMember 方法声明和抛出异常，cth 方法捕获和处理异常。

程序清单 15-2　ExceptionDemo.java

```
public class ExceptionDemo{
    private  int a[]=new int[5];
    public void addNewMember() throws Exception{  //声明异常类型
    for(int i=0,k=0;;i++,k++){
       if  (i>4)  throw new Exception();            //如果数组越界，则抛出异常
       else { System.out.println("k的值为: "+k+"添加成功！"); a[i]=k;}//给数组添加新的成员
    }
 }
  public void cth() { //在该方法中捕获并处理异常
          try { addNewMember(); }
          catch(Exception e) { System.out.println("捕获到异常i>4,数组越界"); }
```

```
    }
        public static void main(String[]args){ ExceptionDemo E=new
            ExceptionDemo(); E.cth(); }
}
```

程序运行结果：

```
k 的值为: 0 添加成功!
k 的值为: 1 添加成功!
k 的值为: 2 添加成功!
k 的值为: 3 添加成功!
k 的值为: 4 添加成功!
捕获到异常 i>4,数组越界
```

15.4　重新抛出异常

方法执行时，如果没有语句捕获抛出的异常，程序将立刻退出该方法，控制权则返回到该方法的调用语句。为了在退出方法之前让其执行某些任务，应该在方法中先捕获异常，待执行完任务后再重新抛出这个异常。为了实现这一方案，常用的语句格式如图 15-8 所示。

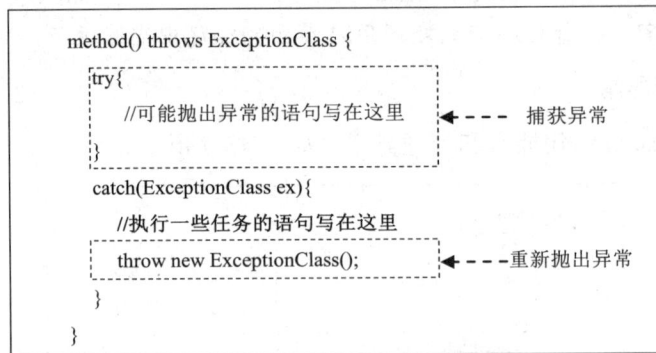

图 15-8　在 catch 子句中重新抛出异常

【例 15.3】在处理一些事情后重新抛出异常的示例。

程序清单 15-3　ReThrowException.java

```
public class ReThrowException{
    private   int a[]=new int[5];
    public void addNewMember()throws ArrayIndexOutOfBoundsException{//声明和抛出异常
    for(int i=0,k=0;;i++,k++) {
      if(i>4) { throw new ArrayIndexOutOfBoundsException();}}//数组越界则抛出异常
      else { System.out.println("k 的值为:"+k+"添加成功!"); a[i]=k;}//给数组添加新成员
    }
    }
    public void cth()throws ArrayIndexOutOfBoundsException {//捕获异常并重新抛出异常
  try { addNewMember();} //被调用的方法可能抛出异常
    catch(ArrayIndexOutOfBoundsException e) {//捕获异常后做一些别的事再重新抛出异常
        System.out.println("捕获到异常 i>4,数组越界");
        System.out.println("可以在这里做一些别的事…");
        throw e; //重新抛出异常
    }
```

```
        }
    public static void main(String[]args){
        try { ReThrowException exception=new ReThrowException(); exception.cth(); }
            catch(Exception e){ System.out.println("重新捕获到异常 i>4,数组越界"); }
    }
}
```

15.5　finally 子句

有时无论是否出现异常，都希望在方法中执行某些代码，这时就应该使用 finally 子句来达到这一目的。

1. try-catch-finally 语句的格式

```
try {
    //可能产生异常的语句写在这里
}
catch(ExceptionType e) { //捕获 ExceptionType 异常
    //处理异常 e 的语句写在这里
}
finally{
    //无论是否出现异常，在本方法中必须执行的某些代码写在这里
}
```

执行 try 子句时，如果其中某个语句产生异常，根据异常的不同类型由匹配的 catch 子句处理异常，处理完后控制权转到 finally 子句。如果没有产生异常，则不执行任何 catch 子句，控制权直接转到 finally 子句。可见，在 try 子句中无论是否捕获到异常，都会执行 finally子句。

注意：可以有多个 catch 子句，但至少要有一个 catch 子句。

2. try-catch-finally 语句执行逻辑

1)　try 子句

通常将可能发生异常的语句放在 try 子句中。例如，当某段代码需要访问某个文件，而程序运行时无法确定该文件是否存在，这时就要把这段代码放在 try 子句中。这样当文件存在时程序可以正常运行；若文件不存在，则可以由 catch 子句捕获并处理异常。

2)　catch 子句

catch 子句的参数表由一个异常类型和一个异常对象构成。异常类型必须为 Throwable类的子类，它表明了 catch 子句所处理的异常类型，异常对象是指 try 子句中的语句产生的异常。

当 try 子句中的某个语句抛出异常后，系统从上至下分别对每个 catch 子句的异常类型进行检测，当找到某个 catch 子句的异常类型与抛出的异常对象类型匹配时，就执行匹配的catch 子句，执行完后跳过其余 catch 子句，控制流转到 finally 子句。类型匹配的含义是：抛出的异常对象的类型与 catch 子句的异常类型或子类相同。

因此，为了捕捉到需要的异常，对多个 catch 子句的前后排列顺序是：将参数类型是子类型的 catch 子句放在前面,将参数类型是超类型的 catch 子句放在后面。也可以用一个 catch

子句处理多个异常类型，这时 catch 子句的参数类型应该是多个异常类型的超类。

注意：类型是对各种 Java 类的统称。

3) finally 子句

try 子句中的某个语句抛出一个异常后，该语句后的其他语句不会被执行。无论 try 子句中的代码是否抛出异常，也无论 catch 子句的异常类型是否与所抛出的异常类型一致，finally 子句中的代码都会执行。该子句是可以省略的。

【例 15.4】使用 try-catch-finally 语句对异常进行捕获和处理。

程序清单 15-4　FinallyDemo.java

```java
public class FinallyDemo{
  public static void main(String args[]){
    int i=0; int a[]={5,6,7,8};
    for(i=0;i<5;i++){
      try { System.out.print("a["+i+"]/"+i+"="+(a[i]/i)); }
      catch(ArrayIndexOutOfBoundsException e){ System.out.print("捕获数组下标越界异常");}
      catch(ArithmeticException e) { System.out.print("捕获算术异常!"); }
      catch(Exception e) { System.out.print("捕获"+e.getMessage()+"异常"); }
      finally {System.out.println(" finally "+i); }
    }  // for结束
    System.out.println("正常结束");//因为前面对异常进行了捕获，所以本语句可以正常执行
  }
}
```

程序运行结果：

```
捕获算术异常! finally0
a[1]/1=6 finally1
a[2]/2=3 finally2
a[3]/3=2 finally3
 捕获数组下标越界异常 finally4
正常结束
```

当程序执行到 i=4 时，由于不存在数组元素 a[4]，系统抛出了数组越界异常。Java 系统寻找到与数组越界异常匹配的 catch(ArrayIndexOutOfBoundsException e)子句，对异常进行处理，然后跳过其余所有 catch 子句，执行 finally 子句，接着退出循环语句，继续执行其他语句。

15.6　自定义异常类

在实际应用中，有时会遇到 Java 的异常类不能描述的错误，此时，可以通过扩展 Exception 类或其子类，定义一个描述错误的异常类。

【例 15.5】自定义异常类。

程序清单 15-5　MyException.java

```java
public class MyException extends Exception { //定义自己的异常类
  public MyException() {      }
  public MyException(String message) { super(message); }
}
```

程序清单 15-6 CheckScore.java

```java
import java.util.Scanner;
public class CheckScore { // 测试类
    public static void check(int score) throws MyException { // 检查分数合法性
        if (score > 100 || score < 0) throw new MyException("分数不合法,必须在 0--100 之间");
        else System.out.println("分数合法, 你的分数是" + score);
    }
    public static void main(String[] args) {
        Scanner sc = new Scanner(System.in);
        int score = sc.nextInt(); //从键盘上输入一个整数
        try { check(score);
        }
        catch (MyException e) {e.printStackTrace();       }
    }
}
```

15.7　本　章　小　结

异常就是指程序运行时发生的错误现象, 如果没有代码处理异常, 程序可能非正常结束。异常处理就是处理运行时发生的错误, 并控制程序执行流程。

Java 对异常进行处理涉及三种操作: 声明异常、抛出异常及捕获和处理异常。对异常的处理有两种方法: 在方法头中声明异常类, 在方法体中抛出异常; 在方法体中通过 try-catch 子句捕获和处理异常。

15.8　习　　题

1. 声明异常的目的是什么? throw 语句中能抛出多个异常吗?

2. 举例说明 throws 和 throw 的作用及区别。printStackTrace 方法在哪个类中定义?

3. 用例子说明 try-catch、try-catch-finally 的执行流程和区别。

4. 写一个符合下面要求的程序。

● 用随机选择的 50 个元素创建一个数组。

● 创建一个文本框输入数组的下标, 创建另一个文本框显示指定下标的数组元素。

● 创建一个用来显示数组元素的 Show Element 按钮。如果指定的下标越界, 则显示信息 "数组下标越界"。

5. 请编写一个程序, 重新抛出异常。

6. 哪些异常必须捕捉? 哪些异常类在方法头标志中不用声明?

第 16 章 Java 多线程

本章要点

● 线程及生命周期、创建线程的方法；
● 线程组；
● 线程的调度与控制；
● 线程的同步、死锁和线程通信。

学习目标

● 掌握创建线程的两种方法；
● 熟练运用线程同步机制操作共享数据；
● 掌握线程通信方法。

Java 语言支持多线程。Java 按照多线程的思路定义了线程类和接口，只需通过扩展 Thread 类或实现 Runnable 接口，就可以定义自己的线程类。本章介绍多线程的概念和生命周期、线程的创建、线程的调度与控制、线程同步和死锁以及线程通信。

16.1 多 线 程

16.1.1 什么叫线程

将一个程序分为多个独立的程序片段，这些程序片段可以并行执行。每个程序片段就是一个线程体。**线程是线程体的一次执行过程**，因此，线程的执行过程就是线程的创建、运行和销毁的过程。

与进程不同，用同一个线程类创建的多个线程共享一块内存空间和一组系统资源，但是，每个线程的数据保存在寄存器和一个系统栈中。

16.1.2 线程的生命周期

一个线程从创建、运行到消亡的过程称为线程的生命周期。线程的生命周期有 5 种状态：新建、就绪、运行、阻塞、死亡。在程序中，通过调用线程的相应方法，可以使线程在几种状态之间迁移。线程的状态迁移如图 16-1 所示。

1. 新建状态

用 new 运算符创建一个线程后，线程处于**新建状态**，这时的线程还不是活动线程，系统没有为它分配资源。

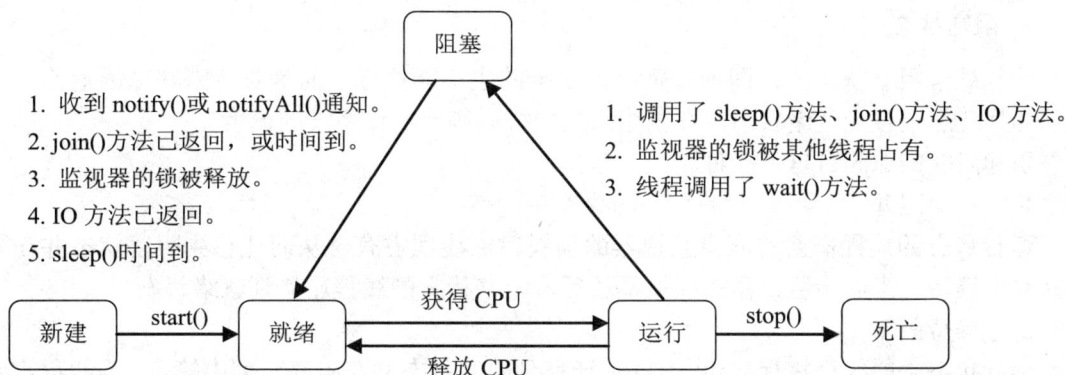

1. 收到 notify()或 notifyAll()通知。
2. join()方法已返回，或时间到。
3. 监视器的锁被释放。
4. IO 方法已返回。
5. sleep()时间到。

1. 调用了 sleep()方法、join()方法、IO 方法。
2. 监视器的锁被其他线程占有。
3. 线程调用了 wait()方法。

图 16-1　线程的状态迁移

2. 就绪状态

新建状态的线程调用 start()方法后，系统就为线程分配了除 CPU 以外的所有资源，此时的线程处于**就绪状态**。就绪状态的线程无法主动获得 CPU，它们都在就绪队列中排队等待操作系统的调度。此时线程没有执行 run()方法。

3. 运行状态

操作系统按照某种策略**从就绪队列中选择一个线程并为其分配 CPU**，获得 CPU 的线程开始运行 run()方法，这时的线程处于**运行状态**。运行状态的线程向三种状态迁移。

1) 向阻塞状态迁移

运行状态的线程调用下面的任一方法后，线程迁移到阻塞状态并在阻塞队列中等待：

● 运行中的线程调用了 sleep()方法、join()方法、IO 方法，主动放弃 **CPU**。
● 运行中的线程试图获得一个同步监视器的锁，但是，锁已经被其他线程占有，因此，主动放弃 **CPU**。
● 运行中的线程调用了 wait()方法后，主动放弃 **CPU**。
● 运行中的线程被其他线程调用 suspend()方法挂起，主动放弃 **CPU**。

注意：线程从运行状态迁移到阻塞状态时，系统会在线程中断的地方标出**中断标记**，当线程重新获得 CPU 后，就从上次中断的地方开始继续执行。

2) 向就绪状态迁移

运行状态的线程调用 yield 方法后主动放弃 **CPU**，线程迁移到就绪状态并在就绪队列等待。

3) 向死亡状态迁移

运行状态的线程出现以下任意一种情况后，线程迁移到死亡状态。

● 线程体正常执行结束。
● 运行中的线程抛出了未处理的 Error 异常或 Exception 异常。
● 运行中的线程调用了 stop()方法(该方法容易导致死锁，不推荐使用)。

对单个 CPU 的计算机来说，多个线程通过分时使用 CPU 实现多线程对单处理器的共享。对多个 CPU 的计算机来说，在同一时刻每个线程可以拥有自己独立的 CPU 资源。

4. 阻塞状态

线程处于阻塞状态时，即使处理器是空闲的也不能执行，而是等待阻塞原因消除，线程从阻塞状态迁移到就绪状态，在就绪队列中排队等待操作系统的调度。

引起阻塞的原因有以下三种。

1) 互斥阻塞

运行状态的线程需要的同步监视器的锁被另一线程占有，从而迁移到阻塞状态并在阻塞队列中等待。当同步监视器的锁被释放后，阻塞状态的线程迁移到就绪状态。

2) 等待阻塞

运行状态中的线程执行 wait()方法后迁移到阻塞状态并在阻塞队列中等待。当线程收到 notify()或 notifyAll()方法通知后从阻塞状态迁移到就绪状态。

3) 其他阻塞

运行状态中的线程执行 sleep()方法、IO 方法、join()方法后迁移到阻塞状态并在阻塞队列等待。当休眠时间(sleep)到、IO 方法返回、调用 join()方法的线程执行结束或 join()方法设置的时间到后，线程从阻塞状态迁移到就绪状态。

当线程经历阻塞、就绪，再次转入运行状态后，将从上次中断的地方继续开始执行。

5. 死亡状态

线程从运行状态迁移到死亡状态后，线程被销毁，所有资源被释放。

16.2 创 建 线 程

创建线程的两种方法：扩展 Thread 类和实现 Runnable 接口。

16.2.1 Runnable 接口与 Thread 类

java.lang 包中的 Runnable 接口中只声明了一个被称为**线程体的** run()方法，该方法是线程执行的载体，执行线程就是执行 run()方法。

1. Runnable 接口

Runnable 接口的声明语法：

```
public abstract interface java.lang.Runnable {
  public abstract void run(); //线程体
}
```

2. Thread 类

Thread 类对 Runnable 接口中的 run()方法提供了空实现。Thread 类的声明语法如下：

```
public class Thread extends Object implements Runnable
```

Thread 类提供了线程创建和控制的方法。

1)　构造方法

● Thread()：构造一个无名的线程。

● Thread(String name)：用线程的标签名 name 构造线程。

● Thread(Runnable target)：用目标对象 target 为参数构造一个线程。

● Thread(Runnable target,String name)：用目标对象 target 和线程的标签名 name 作参数构造线程。

● Thread(ThreadGroup group,Runnable target)：用线程组和目标对象 target 构造线程。

● Thread(ThreadGroup group,String name)：用线程组和线程的标签名 name 构造线程。
Thread(ThreadGroup group,Runnable target,String name)：用线程组、目标对象和线程的标签名 name 构造线程。

其中，group 是线程所属的线程组，target 是目标对象，name 是线程的标识名。

2)　Thread 类的静态方法

● static Thread currentThread()：返回当前执行线程的引用。

● static int activeCount()：返回当前线程组中的活动线程数目。

● static int enumerate(Thread[] arr)：把当前线程组中的活动线程复制到 arr 数组中。

3)　Thread 类的实例方法

● final String getName()：返回线程的标签名。

● final void setName(String name)：把线程的标签名设置为 name。

● void start()：启动已创建的线程对象。

● final boolean isAiive()：测试线程是否处于活动状态。若线程处于就绪、运行、阻塞状态之一，则该方法返回的值为 true，否则返回的值是 false。

● final ThreadGroup getThreadGroup()：返回当前线程所属的线程组。

● Sting toString()：返回线程的标签名、优先级和所属的线程组。

16.2.2　扩展 Thread 类创建线程

扩展 Thread 类创建线程的步骤如下。

(1)　扩展 Thread 定义子类，在子类中重写 run()方法(线程执行的任务写在方法体中)。

(2)　使用子类创建线程、启动线程。

【例 16.1】扩展 Thread 类来定义子线程类。本例要求创建 3 个线程：第一个线程，在控制台输出 50 次字母 x；第二个线程，在控制台输出 50 次字母 y；第三个线程，在控制台输出整数 1~50。

分析：该程序要求执行 3 个独立的任务，为了能并行执行这 3 个任务，可以为每个任务创建 1 个线程。由于前两个任务都是要求在控制台输出字母，因此可以由同一个线程类的 run 方法实现此功能；第 3 个任务由另一个线程类中的 run 方法实现。

程序清单 16-1　TestThread.java

```
class PrintChar extends Thread{//定义一个子线程类 PrintChar
    private char charToPrint;  //要在控制台输出的字符
    private int times;  //字符重复在控制台输出的次数
     public PrintChar(char c, int t) {//用指定的次数和指定的字符构造一个线程对象
```

```
      charToPrint = c;      times = t;
    }
    public void run() { //线程要执行的任务写在线程体中。按指定的次数在控制台输出指定的字符
      for (int i=1; i < times; i++) System.out.print(charToPrint);
    }
}
class PrintNum extends Thread{              //定义线程 PrintNum
  private int lastNum;
  public PrintNum(int n) { lastNum = n;}     //用给定的数字构造一个线程
  public void run() { //线程要执行的任务写在该方法中。该线程将数字 1~n 在控制台输出
      for (int i=1; i <= lastNum; i++) System.out.print(" " + i);
    }
}
public class TestThread{                   // 定义测试类 TestThread
  public static void main(String[] args){   //下面创建 3 个线程，分别实现 3 个任务
    PrintChar printA = new PrintChar('a',50); PrintChar printB = new PrintChar('b',50);
    PrintNum print50 = new PrintNum(50);
    print50.start(); printA.start(); printB.start(); //启动 3 个线程，由操作系统调度线程的执行
  }
}
```

16.2.3 实现 Runnable 接口创建线程

实现 Runnable 接口创建线程的步骤如下。

(1) 定义一个目标类实现 Runnable 中的 run()方法。线程的任务写在 run()方法体中。

(2) 创建线程。使用目标类创建一个目标对象，再以目标对象为参数创建线程。

【例 16.2】修改例 16.1，使用 Runnable 接口创建并运行相同的线程。

程序清单 16-2 TestRunnable.java

```
class PrintChar implements Runnable{  //定义目标类 PrintChar
  private char charToPrint;           //要在控制台输出的字符
  private int times;                  //在控制台输出字符的次数
  public PrintChar(char c, int t) {   //用指定的字符和次数构造一个目标对象
    charToPrint = c;   times = t;
  }
  public void run(){//线程要执行的任务写在 run()方法中。按指定的次数在控制台输出指定的字符
    for (int i=1; i < times; i++) System.out.print(charToPrint);
  }
}
class PrintNum implements Runnable{//定义目标类 PrintNum
  private int lastNum;
  public PrintNum(int n){ lastNum = n;  }//用数字构造一个线程
  public void run(){    //把线程执行的任务写在 run 方法体中
    for (int i=1; i <= lastNum; i++)  System.out.print(" " + i);
  }
}
public class TestRunnable{ // 测试类
  public static void main(String[] args){
    Thread printA = new Thread(new PrintChar('a',50)); //以目标对象为参数创建线程
    Thread printB = new Thread(new PrintChar('b',50)); //以目标对象为参数创建线程
    Thread print50 = new Thread(new PrintNum(50)); //以目标对象为参数创建线程
    print50.start();  printA.start();  printB.start(); //启动 3 个线程
  }
}
```

16.3　线　程　组

　　线程组是由线程构成的一个集合。通过线程组可以同时对多个线程进行操作，如启动一个线程组、挂起或唤醒一个线程组。通常使用 java.lang 包中的 ThreadGroup 类创建线程组。Thread 是 ThreadGroup 的父类，因此线程组也是一个线程。

　　一个线程或线程组可以加入其他线程组，线程之间构成树形继承关系。在线程的树形结构中，**最高层的线程组是主线程组**(主线程组的名字是 main)，主线程组包含一个主线程(主线程的名字是 main)，**主线程的线程体是 main** 方法。主线程组和主线程都由虚拟机创建。线程组的主要操作如下。

1)　创建线程组

```
ThreadGroup  g=new ThreadGroup("线程组名字");  //创建线程组 g
```

2)　将线程加入线程组

```
Thread  t=new ThreadClass(g, "threaName");  //创建标签是 threaName 的线程，并加入线程组 g 中
```

3)　获得线程组 g 中活动线程的数目

```
int  sum=g.activeCount();
```

活动线程是指处于就绪状态、阻塞状态、运行状态之一的线程。

程序清单 16-3　MyThread.java

```java
public class MyThread extends  Thread{
    public MyThread(ThreadGroup g,String name) {
        super(g , name);//以线程组 g 和线程名 name 为参数，构造一个线程
    }
    public void run(){  //线程体
        try{ System.out.println(getName()+"线程进入睡眠  ");
            Thread.currentThread().sleep(1000); //当前线程睡眠 1 秒钟(1 秒钟等于 1000 毫秒)
        }
        catch(InterruptedException e) { System.out.println(e.getMessage()); }
        System.out.print(getName()+"死亡!");
    }
    public static void main(String args[]){
        ThreadGroup x=new ThreadGroup("X 线程组");   //创建 X 线程组
        new MyThread(x,"A").start();  new MyThread(x,"B").start();
        ThreadGroup y=new ThreadGroup("Y 线程组");  //创建 Y 线程组
        new MyThread(y,"C").start();  new MyThread(y,"D").start();
        Thread curt=Thread.currentThread();   //返回当前活动线程
        System.out.println(Thread.currentThread().getThreadGroup().getName()+": "+
            curt.getName()+"及其优先级: "+curt.getPriority());
        System.out.println("当前活动线程数: "+Thread.activeCount()); //活动线程的个数
        Thread  ta[]=new Thread[10] ;
        Thread.enumerate(ta);    //将当前活动线程复制到 ta 数组中
        System.out.println("线程组名: 线程名  激活情况");
        for (int i=0;i<Thread.activeCount();i++)
         System.out.println(ta[i].getThreadGroup().getName() +":"+ta[i].getName()+" "+ta[i].isAlive());
    }
}
```

16.4 线程调度与控制

16.4.1 线程调度

1. 线程调度概述

系统给每个在就绪队列中等待的线程分配一个优先级。任务紧急、重要的线程分配的优先级较高，相反则较低。

线程调度管理器负责管理线程排队和为线程分配 CPU。当线程调度管理器从就绪队列中选取一个线程并为其分配 CPU 后，线程便进入运行状态。

线程调度管理器是依据某个算法来调度线程的，**优先级高的线程优先调度，而同等优先级的线程调度遵循"先到先服务"的原则。**

2. 线程优先级

线程的优先级用数字 1~10 表示，1 表示优先级最低，10 表示最高优先级。默认情况下系统给线程分配的优先级是 5。main 线程的优先级是 5。优先级值用 Thread 类中的类常量表示。例如：

```
public static final int NORM_PRIORITY=5
public static final int MIN_PRIORITY=1
public static final int MAX_PRIORITY=10
```

线程优先级的获取和设置方法：
- final int getPriority()：获得线程的优先级。
- final void setPriority(int newPriority)：设定线程的优先级。

16.4.2 线程控制

可以使用 Thread 类中的 sleep()、yield()、join()、interrupt()等方法控制线程的状态迁移。

1. 线程睡眠(sleep())

如果希望运行中的线程暂停一段时间，可以使用 sleep()方法，该方法有两种重载形式。
- static void sleep(long millis) throws InterruptedException：线程睡眠 millis 毫秒。
- static void sleep(long millis, int nanos) throws InterruptedException：线程睡眠 millis 毫秒+ nanos 纳秒。

运行中的线程调用该方法后迁移到阻塞状态，仅当睡眠时间过后，被阻塞的线程才从阻塞状态迁移到就绪状态。

【例 16.3】线程睡眠。调用 sleep()方法时必须捕获异常。

程序清单 16-4 ThreadSleep.java

```
class Sleep implements Runnable {
    public void run() {                // 线程体
     String name=Thread.currentThread().getName();// 当前执行线程的名字
```

```
        System.out.println(name+"优先级"+Thread.currentThread().getPriority());
            for (int i = 0; i < 5; i++) {
                try {Thread.sleep(1000);  }       // 线程休眠1秒。1秒等于1000毫秒
                catch (Exception e) {}
                System.out.println(name+ "在运行, i 的值是: " + i);
                if (i==2) Thread.currentThread().setPriority(10);  //修改线程优先级
                System.out.println(name+"修改后的优先级是"+Thread.currentThread().getPriority());
            }
        }
    }
}
public class ThreadSleep {
1     public static void main(String args[]) {//主线程体
2         System.out.println(Thread.currentThread().getName());     //输出当前线程的名字
3         Sleep m = new Sleep();          //创建目标对象m
4       Thread t=new Thread(m,"线程B");   //目标对象:m; 线程标签名:线程B; 线程名:t
5       t.start();                       //启动线程 t
6       System.out.println("主线程死亡");
7     }
  }
```

主线程执行前虚拟机首先要执行下面 4 个步骤。

(1)　创建一个主线程组(主线程组的名字是 main);

(2)　创建一个主线程，并将主线程加入主线程组中(主线程的名字是 main);

(3)　启动主线程，让主线程进入就绪状态;

(4)　系统调度主线程(将 CPU 分配给主线程)，即调用 main 方法。

主线程执行过程:

(1)　系统调度主线程，执行 main 方法(第 1 行);

(2)　输出主线程名字(第 2 行);

(3)　创建目标对象 m(第 3 行);

(4)　创建线程 t(第 4 行);

(5)　启动线程 t，线程 t 进入就绪队列等待操作系统调度(第 5 行)。这时，程序中有两个线程(一个是主线程，一个是 t 线程)。当线程 t 获得 CPU 后才开始执行 run()方法。

2. 暂停线程(yield())

```
public static void yield()
```

运行中的线程调用该方法后从运行状态迁移到就绪状态。系统从就绪队列中选择其他更高优先级线程或同等优先级线程执行。

程序清单 16-5　ThreadYieldDemo.java

```
class ThreadYield implements Runnable {         //目标类
8     public void run() {                       // 线程体
9         for (int i = 1; i < 7; i++) {
10            System.out.println(Thread.currentThread().getName() + "在运行, 其i值是: " + i);
11            if (i == 3) {
12                System.out.print("线程暂停:");
13                Thread.currentThread().yield() ; //暂停当前线程
14            }
15        }
```

```
16    }
}
public class ThreadYieldDemo {
1    public static void main(String args[]) {      // 主线程体
2         ThreadYield  m = new ThreadYield () ;    //创建目标对象
3         Thread t1 = new Thread(m, "线程A") ;      //创建线程t1
4         Thread t2 = new Thread(m, "线程B");       // 创建线程t2
5         t1.start() ;                             //线程t1迁移到就绪队列
6         t2.start() ;                             //线程t2迁移到就绪队列
7    }
}
```

主线程执行过程如下。

(1) 系统调度主线程 main，即调用 main 方法(第 1 行)；

(2) 创建目标对象 m(第 2 行)；

(3) 创建线程 t1(第 3 行)；

(4) 创建线程 t2(第 4 行)；

(5) 线程 t1 进入就绪队列等待操作系统调度(第 5 行)；

(6) 线程 t2 进入就绪队列等待操作系统调度(第 6 行)。

主线程执行到第 6 行时，系统中有 3 个线程，这时，主线程处在运行状态，线程 t1 和 t2 处在就绪状态，3 个线程处于并发活动状态，这时，操作系统依据调度策略(比如，CPU 分时)分配 CPU。

当 t1 或 t2 获得 CPU 后，它们才开始执行 run()方法。当 t1 或 t2 执行到第 13 行时，都会中断线程(系统在 13 行标识一个中断标记，当 t1 或 t2 再次获得 CPU 后，将在此处继续执行)，并转入就绪队列等待系统调度。

3. 强制执行线程(join())

join()方法强制执行另外一个线程。join()方法有三种重载形式。

- final void join() throws InterruptedException：调用该方法的线程进入阻塞状态，一直等待被强制执行的线程执行结束后才从阻塞状态进入就绪状态。
- final void join(long millis) throws InterruptedException：调用该方法的线程进入阻塞状态睡眠 millis 毫秒后，才从阻塞状态进入就绪状态。
- final void join(long millis ,int nanos) throws InterruptedException：调用该方法的线程进入阻塞状态睡眠 millis 毫秒+nanos 纳秒后，才从阻塞状态进入就绪状态。

程序清单 16-6 ThreadJoin.java

```
class MyThread implements Runnable {
13    public void run() {                          //线程体(也称为程序片段)
14        for (int i =1; i <=3; i++)System.out.println(Thread.currentThread().getName() +"的i值: "+ i);
15    }
}
public class ThreadJoin {
1    public static void main(String args[]) {      //主线程体(也称为程序片段)
2         MyThread m = new MyThread();             // 创建目标对象 m
3         Thread t = new Thread(m, "线程A");        //创建线程 t
4         t.start();                               //启动线程 t，线程 t 从新建状态迁移到就绪状态
```

```
5       for (int k = 1;k <=10; k++) {
6               if (k >5) {                          //如果 k 大于 5，强制执行线程 t
7                   try {t.join(); }                 // 主线程进入阻塞队列，同时强制执行线程 t
8               catch (Exception e) {}
9               }
10              System.out.println(Thread.currentThread().getName() + "的 k 值：" + k);
11          }
12      }
}
```

主线程执行过程：

(1)　系统调度主线程 main，执行 main 方法(第 1 行)；

(2)　创建目标对象 m(第 2 行)；

(3)　创建线程 t(第 3 行)；

(4)　线程 t 进入就绪队列(第 4 行)；

(5)　当 k 值为 1~5 时，主线程重复执行循环体的 6~10 行语句。当 k 值为 6 时，主线程从运行状态迁移到阻塞状态**(系统在第 7 行标识中断标记)**，并强制执行线程 t(即执行第 13~15 行)，当线程 t 执行完后，主线程才从阻塞状态迁移到就绪队列等待操作系统的调度。当主线程再次获得 CPU 后，将从**第 7 行的分号处**开始往下执行，然后执行第 10 行(这时 k 的值是 6)。当 k 的值为 7~10 时，线程 t 已经死亡了，因此，以后执行第 6~9 行时，相当于执行空语句。

4．线程中断和测试

- void interrupt()：中断一个正在运行的线程。
- static boolean isInterrupted()：测试线程是否被中断。
- boolean isAlive()：当线程处于激活状态时，返回值是 true；否则返回值是 false。处于就绪、阻塞、运行状态的线程都属于激活状态。

程序清单 16-7　ThreadInterrupt.java

```
class Interrupt implements Runnable {
    public void run() {  //线程体
        try { System.out.println(Thread.currentThread().getName()+"休眠 2 秒");
            Thread.sleep(2000);       // 休眠 2 秒
            System.out.println(Thread.currentThread().getName()+"休眠结束");
        }
        catch (Exception e) {
            System.out.println(Thread.currentThread().getName()+"休眠被系统中断");
        }
        System.out.println(Thread.currentThread().getName()+"线程正常结束而死亡");
    }
}
public class ThreadInterrupt {
    public static void main(String args[]) {  //主线程体
        Interrupt m = new Interrupt();            // 创建目标对象
        Thread t = new Thread(m, "线程X");         // 创建线程
        t.start();
        System.out.println(Thread.currentThread().getName()+"线程休眠 2 秒");
        try { Thread.sleep(2000); }              // 主线程休眠 2 秒
```

```
    catch (Exception e) {        }
    t.interrupt();                        // 中断 t 线程的执行
    System.out.println(t.getName()+"中断了吗? "+t.isInterrupted());//测试线程是否被中断
    System.out.println("线程 x 是活的吗? "+t.isAlive());//判断线程 t 是否是活动状态
    System.out.println("主线程死亡");
    }
}
```

5. 后台线程

有一种线程在后台运行，它的任务是为其他线程提供服务，这种线程称为后台线程(也称为守护线程)。虚拟机的垃圾回收线程就是一个后台线程。后台线程的特点是，如果所有前台线程都死亡了，后台线程就会自动死亡。setDaemon 方法可以将一个线程设置为后台线程。

程序清单 16-8　ThreadDaemon.java

```
class Daemon implements Runnable {
    public void run() {                           //线程体
      while (true) {System.out.println(Thread.currentThread().getName()+"在运行");}
    }
}
public class ThreadDaemon {
    public static void main(String args[]) {
        Daemon m = new Daemon();              //创建目标对象
        Thread t = new Thread(m, "后台线程");  //创建线程
        t.setDaemon(true) ;  //将线程设置为后台线程。必须在启动线程之前调用此方法
        t.start();                //启动线程
    }
}
```

6. 线程挂起和唤醒

- void suspend()：挂起线程。该方法可能引起死锁。
- void resume()：唤醒线程。该方法可能引起死锁。

16.5　线程同步和死锁

前面程序中的多个线程之间是独立的，当多个线程对共享数据操作时，线程之间就需要实现互斥。例如，在银行业务中，同一时间内可能有多个存款、取款线程操作同一个账户(数据)，如果不对共享数据的多个线程进行统一管理，就会导致并发执行问题。

16.5.1　同步机制

在 Java 中使用关键字 synchronized 实现多个线程对共享数据的互斥操作。关键字 synchronized 有两种用法：锁定一段代码和锁定一个方法。

1. 同步代码块

用关键字 synchronized 声明的代码块称为同步代码块(也称为**临界区**)。进入临界区的线

程以独占方式执行临界区中的代码。同步代码块的声明语法如下：

```
synchronized(<对象>) {
    //临界区。整个代码块是临界区
}
```

这里的对象称为**同步监视器(对象有一把锁)**。一般将多个线程共享的资源设置为同步监视器。

一个线程只有在获得**对象锁以后才能执行**同步代码块。如果临界区未锁定，线程获得对象的锁并以独占方式执行临界区中的代码，代码执行完后自动释放对象的锁。如果临界区被锁定，线程必须等待，直到对象的锁被释放。这样就实现了多个线程对共享资源的"互斥"访问。

2. 同步方法

用关键字 synchronized 声明的方法称为**同步方法(同步方法有一把锁)**，进入临界区的线程以独占方式执行临界区中的代码。声明同步方法的语法：

```
synchronized(<方法声明>) {
    //临界区。整个方法体是临界区
}
```

一个线程只有在获得**方法的锁以后才能执行**同步方法。如果方法未锁定，线程锁定该方法后以独占方式执行该方法体，方法体执行完后自动释放方法的锁。如果方法被锁定，线程必须等待，直到方法的锁被释放。

16.5.2　线程互斥实现数据共享

Java 的多线程机制使多个线程共享数据成为可能。例如，火车售票系统中，每个窗口出售火车票的操作就是一个线程，多个窗口出售火车票(数据)属于多线程共享同一个数据。

如果多个线程是由同一个目标对象创建的，则目标对象中的数据(成员变量)被多个线程共享，在这种情况下，必须让多个线程对共享数据实现互斥操作。

1. 线程没有实现互斥操作

下面是一个多线程出售车票的程序，多个线程操作车票时没有引入线程互斥机制。

程序清单 16-9　Demo01.java

```
class Unsynchronized implements Runnable{
    private int ticket =5 ;                //待售总票数为5。ticket 是多个线程共享的资源
12   public void run(){
13       while (ticket>0){              //1.判断是否还有可售的车票
14           try {  Thread.sleep(300) ;} //线程睡眠0.3秒
15           catch (InterruptedException e) {e.printStackTrace();}
16           System.out.println("销售第 " + ticket+"张票"); //2.显示剩余车票数
17           --ticket;                      // 3.卖出一张车票
18       }
19   }
}
public class Demo01 {
```

```
1    public static void main(String[] args) {
2        Unsynchronized m = new Unsynchronized() ;   // 创建目标对象
3        Thread t1 = new Thread(m) ;              // 创建线程 t1
4        Thread t2 = new Thread(m) ;              // 创建线程 t2
5        Thread t3 = new Thread(m) ;              // 创建线程 t3
6        t1.start() ;t2.start() ; t3.start() ;        // 启动 3 个线程
7    }
8  }
```

程序运行结果：

```
销售第 5 张票
销售第 5 张票
销售第 5 张票
销售第 2 张票
销售第 1 张票
销售第 0 张票
销售第 -1 张票
```

为什么出现 0 和负数呢？

程序分析：

三个线程(t1、t2 和 t3)的线程体都是 run 方法，它们共享数据 ticket。每个线程执行到第 14 行时都要让出 CPU 并进入阻塞队列中休眠 0.3 秒(三个线程的中断标记位置都是第 14 行)，因此，当每个线程重新获得 CPU 后，都要从第 14 行的分号处开始执行。

假设在某个时刻，线程 t1、t2 和 t3 都执行到第 14 行后进入阻塞状态，而且还剩下一张票(ticket=1)没售卖，这时线程 t1 重新获得 CPU，准备从第 14 行的分号处开始继续执行，相当于 t1 从第 16 行开始执行，如图 16-2 所示。

```
    12    public void  run(){
    13        while (ticket>0){              //1.判断是否还有可售的车票
 t1 14        try { Thread.sleep(300) ; }    // 线程睡眠 0.3 秒
 开 15        catch (InterruptedException e) {e.printStackTrace();}
 始 16        System.out.println("销售第 " + ticket+"张票") ; //2.显示剩余车票数
 执 17        --ticket;                      //3.卖出一张车票
 行 18      }
    19  }
```

图 16-2   t1、t2 和 t3 的线程体

1)   线程 t1 重新获得 CPU
● 执行第 16 行输出：销售第 1 张票。
● 执行第 17 行：ticket=0。
● 回到第 13 行：由于表达式(ticket>0) 的值是 false，线程 t1 结束而死亡。

t1 死亡后，假设操作系统把 CPU 分配给线程 t2，线程 t2 开始执行。

2)   线程 t2 重新获得 CPU
● 执行第 16 行输出：销售第 0 张票。
● 执行第 17 行：ticket=-1。
● 回到第 13 行：由于表达式(ticket>0) 的值是 false，线程 t2 结束而死亡。

t2 死亡后，假设操作系统把 CPU 分配给线程 t3，线程 t3 开始执行。

3)　线程 t3 重新获得 CPU

● 执行第 16 行输出：销售第-1 张票。

● 执行第 17 行：ticket=-2。

● 回到第 13 行：由于表达式(ticket>0) 的值是 false，线程 t3 结束而死亡。

3 个线程对共享数据(ticket)的操作都包括 3 条语句(第 13 行、16 行、17 行)，由于在第 13 行与第 16 行语句之间，线程让出了 CPU，这样，在一个线程没有全部执行完这 3 条语句以前，其他线程有可能已经修改了共享数据(ticket)，从而导致数据错误。

那么如何保证数据操作的完整性？必须引入线程同步机制：**任何时刻，线程以独占的方式执行临界区中的代码。**

注意：由于桌面操作系统一般采用分时调度，因此线程体中的任何语句都有可能由于时间片用完被中断。

2. 线程实现互斥操作

下面使用同步方法，实现多个线程对共享数据的互斥操作。

程序清单 16-10　Demo02.java

```
class Synchronized implements Runnable{
  private int ticket =5 ;         // 待售总票数为5。ticket 是多个线程共享的资源
6    public void run(){              互斥线程在此处进入阻塞状态
7       for(int i=0;i<50;i++)     sale();  //当线程调用同步方法返回时，很可能在此处被系统中断
8    }
9    public synchronized void sale() {    // 声明同步方法
10      if(ticket>0){                      // 1. 判断是否有剩余票
11          try {Thread.sleep(300) ; }     // 当前线程释放CPU，系统再次打上中断标记
12       catch (InterruptedException e) {e.printStackTrace();}
13          System.out.println(Thread.currentThread().getName()+"卖票号:" + ticket) ; //2.销售车票
14       ticket--;                         //3.总票数减1
15       }
16   }
}
public class Demo02 {
1       public static void main(String[] args) {
2          Synchronized m = new Synchronized() ;       // 创建目标对象
3          Thread t1=new Thread(m,"t1"),t2=new Thread(m,"t2"),t3 = new Thread(m,"t3") ;
4          t1.start() ;t2.start() ; t3.start() ;        // 启动3个线程
5   }
}
```

首先，虚拟机创建主线程组、创建主线程、启动并执行主线程。主线程执行到第 4 行后，线程 t1、t2 和 t3 进入就绪队列，然后，主线程死亡。下面是 t1、t2 和 t3 的交互过程。

假设系统把 CPU 分配给 t1，t1 开始执行第 6~7 行，当执行第 7 行时，发现同步方法 sale 的锁没有被其他线程占有，于是，t1 占有 sale 的锁并调用 sale 方法，当执行到第 11 行时 t1 中断、释放 CPU、迁移到阻塞状态。

假设系统把 CPU 分配给 t3，t3 开始执行第 6~7 行，当执行第 7 行时，发现 sale 的锁已经被 t1 线程占有，于是 t3 在第 7 行中断、释放 CPU、迁移到阻塞状态；同理，系统把 CPU

分配给 t2，t2 开始执行第 6~7 行，当执行第 7 行时，发现 sale 的锁被 t1 占有，于是 t2 在第 7 行中断、释放 CPU、迁移到阻塞状态。这样，t3 和 t2 一直要等到 sale 的锁被释放后才从阻塞队列迁移到就绪队列。

当 t1 在阻塞队列中休眠 0.3 秒、迁移到就绪队列、重新获得 CPU 后开始执行 13~16 行，在第 16 行释放 sale 的锁并返回到第 7 行。这时，t3 和 t2 迁移到就绪队列。

t1 调用同步方法 sale 返回时，很可能在第 7 行的分号处被中断。

假设 t1 被中断，系统把 CPU 分配给 t3，t3 获得 sale 的锁并调用 sale 方法，当执行到第 11 行时中断、释放 CPU、迁移到阻塞状态，t3 在阻塞队列中休眠 0.3 秒、迁移到就绪队列、重新获得 CPU 后开始执行 13~16 行，在第 16 行释放 sale 的锁并返回到第 7 行。

t3 调用同步方法 sale 返回时，很可能在第 7 行的分号处被中断。

假设 t3 被中断，系统把 CPU 分配给 t2，t2 获得 sale 的锁并调用 sale 方法，当执行到第 11 行时中断、释放 CPU、迁移到阻塞状态，t2 在阻塞队列中休眠 0.3 秒、迁移到就绪队列、重新获得 CPU 后开始执行 13~16 行，在第 16 行时释放 sale 的锁并返回到第 7 行。

t2 调用同步方法 sale 返回时，很可能在第 7 行的分号处被中断。

假设 t2 被中断，系统又把 CPU 分配给 t1，并从第 7 行分号处开始执行……

16.5.3 线程释放锁的条件

进入临界区的线程，在有的情况下释放同步监视器的锁，在有的情况下不会释放同步监视器的锁。

1. 线程释放锁

线程在临界区具备下面任一情况都会释放锁：

(1) 线程正常执行结束；

(2) 线程执行临界区代码时出现了未处理的 Error 或 Exception 异常；

(3) 线程执行临界区代码时调用 wait()方法(锁和 CPU 都释放了)。

2. 线程不会释放锁

线程在临界区调用下面任一方法，只释放 CPU，不会释放锁：

(1) join 方法、sleep 方法、yield 方法；

(2) 其他线程调用 suspend()方法挂起线程。

16.5.4 死锁

如果程序中有多个同步监视器，就可能出现死锁，因此，多线程中应该尽量避免死锁现象的发生。如果出现死锁，程序不会出现任何异常，也不会给出提示，所有线程处于阻塞状态，程序无法继续运行下去。下面是死锁的一个例子。

程序清单 **16-11**   ThreadDeadlock.java

```
class MyThread implements Runnable{
  private Object d1; private Object d2;
```

```
  public MyThread(Object o1, Object o2){ d1=o1; d2=o2; }
  public void run() {  // 线程体
        String name = Thread.currentThread().getName();
        System.out.println(name + "希望霸占: "+d1);
        synchronized (d1) {
           System.out.println(name + "已经霸占了: "+d1);
           sleep3();
           System.out.println(name + "希望霸占: "+d2);
           synchronized (d2) {
              System.out.println(name + "已经霸占了: "+d2);
              sleep3();
           }
           System.out.println(name + "释放了:"+d2);
        }
        System.out.println(name + " 释放了: "+d1);
        System.out.println(name + " 执行结束……");
     }
  private void sleep3() {
     try {  Thread.sleep(3000); }
     catch (InterruptedException e) {e.printStackTrace();}
  }
}
public class ThreadDeadlock {
       public static void main(String[] args) throws InterruptedException { //主线程体
     Object obj1="30 万亿人民币", obj2="2000 万套房子", obj3="1000 万亩良田";
     Thread t1 = new Thread(new MyThread(obj1, obj2), "邓笑贫");
     Thread t2 = new Thread(new MyThread(obj2, obj3), "秦桧");
     Thread t3 = new Thread(new MyThread(obj3, obj1), "刘文采");
     t1.start(); t2.start(); t3.start();
  }
}
```

1. t1、t2、t3 的线程体(见图 16-3)

```
    public void run() {           // 线程体
          String name = Thread.currentThread().getName();
          System.out.println(name + "希望霸占: "+d1);
          synchronized (d1) {
             System.out.println(name + "已经霸占了: "+d1);
             sleep3();
             System.out.println(name + "希望霸占: "+d2);
             synchronized (d2) {
                System.out.println(name + "已经霸占了: "+d2);
                sleep3();
             }
             System.out.println(name + "释放了:"+d2);
          }
          System.out.println(name + " 释放了: "+d1);
          System.out.println(name + " 执行结束……");
    }
```

同步块d1

同步块d2

图 16-3 t1、t2、t3 的线程体

2. 主线程执行

主线程创建并启动三个线程(t1、t2、t3 进入就绪队列)后死亡。

3. t1、t2、t3 线程之间的交互

- 假设 t1 获得 CPU 开始执行线程体(d1=obj1,d2=obj2)。当执行到第 3 行时,进入同步块 d1(临界区是第 3~12 行)、占有 **obj1** 的锁并锁定临界区。当执行到第 5 行时,t1 释放 CPU 并进入阻塞状态(但是没有释放 obj1 的锁),这时系统在第 5 行标识中断标记。

- 假设 t2 获得 CPU 开始执行线程体(d1=obj2,d2=obj3)。当执行到第 3 行时,进入同步块 d1(临界区是第 3~12 行)、占有 **obj2** 的锁并锁定临界区。当执行到第 5 行时,t2 释放 CPU,进入阻塞状态(但是没有释放 obj2 的锁),这时系统在第 5 行标识中断标记。

- 这时 t3 获得 CPU 开始执行线程体(d1=obj3,d2=obj1)。当执行到第 3 行时,进入同步块 d1(临界区是第 3~12 行)、**占有 obj3 的锁并锁定临界区**。当执行到第 5 行时,t3 释放 CPU,进入阻塞状态(但是没有释放 obj3 的锁),这时系统在第 5 行标识中断标记。

现在的情况是:t1 锁定了 obj1,t2 锁定了 obj2,t3 锁定了 obj3。

(1) 当 t1 第 2 次获得 CPU 并从第 5 行执行到第 7 行时,它试图获得 obj2 的锁,但是 obj2 的锁已经被 t2 占有,所以 t1 进入阻塞队列,等待 t2 释放 obj2 的锁。

(2) 当 t2 第 2 次获得 CPU 并从第 5 行执行到第 7 行时,它试图获得 obj3 的锁,但是 obj3 的锁已经被 t3 占有,所以 t2 进入阻塞队列,等待 t3 释放 obj3 的锁。

(3) 当 t3 第 2 次获得 CPU 并从第 5 行执行到第 7 行时,它试图获得 obj1 的锁,但是 obj1 的锁已经被 t1 占有,所以 t3 进入阻塞队列,等待 t1 释放 obj1 的锁。

现在的情况是:t1、t2、t3 第二次获得 CPU 后,都在第 7 行被阻塞,都等待对方释放同步锁。线程体中的代码表明,所有的线程都必须执行到第 10 行后才会释放同步锁,但是,每个线程在第 7 行就被阻塞了,因此,整个程序无法向前推进,从而导致死锁。

16.6　线　程　通　信

16.6.1　线程通信机制

有时候多个线程之间需要进行通信。比如,发送线程和接收线程通过缓冲区实现收、发数据,不仅需要实现线程之间的互斥操作,还要让发送线程与接收线程之间实现通信,以保证发送线程在合适的时刻向缓冲区发送数据,接收线程在合适的时刻从缓冲区取走数据。

传统的线程之间的通信使用 Object 中的 wait 方法、notify 方法和 notifyAll 方法实现。

1. wait 方法

wait 方法有三种重载形式。

- wait()：调用本方法的线程一直被阻塞，直到其他线程调用了同步监视器的 notify() 或者 notifyAll()方法后，线程转入就绪队列。

- wait(long timeout)：调用本方法的线程被阻塞，等待 timeout 毫秒后转入就绪队列。

- wait(long timeout,int nanos)：调用本方法的线程被阻塞，等待 timeout 毫秒+ nanos 纳秒后转入就绪队列。

2. notify 方法

唤醒阻塞队列中的第一个线程，并使之转入就绪状态。

3. notifyAll 方法

唤醒阻塞队列中的全部线程，使这些线程转入就绪状态。

注意：只能在临界区调用 wait 方法、notify 方法和 notifyAll 方法，否则将抛出 IllegalMonitorStateException 异常。

多线程利用 wait 方法和 notify 方法实现对共享数据的一致性操作。当一个线程检测到它要操作的共享数据的状态不合适时，就调用 wait 方法挂起自己，以等待共享数据的状态改变；当一个线程对共享数据完成操作后，就修改共享数据的状态并释放互斥锁。

16.6.2　线程通信实例

通过共享数据的**状态标志值**，使发送线程和接收线程实现通信。线程根据状态标志的不同值执行相应的操作，如此，保证合适的线程操作合适的数据。

1. 线程之间无通信

【例 16.4】发送线程与接收线程。

两个线程类(发送数据的线程类 Sender1，接收数据的线程类 Receiver1)使用一个共同的缓冲区(Buffer1 对象)。Buffer1 中的成员 value 的访问器是 put 方法和 get 方法。

Sender1 调用 put 方法依次发送数据 1~5。Sender1 每次发送一个数据后都要休息一会儿让 Receiver1 有时间接收数据值。Receiver1 调用 get 方法依次取走数据 1~5。Receiver1 每次接收一个数据后都要休息一会儿再让 Sender1 发送数据。

程序清单 16-12　Clustomer.java

```
class Buffer1 {    //共享数据类 Buffer1
    private int value;
    void put(int i){value=i;}
    int get(){return value;}
}
class Sender1 extends Thread {        //发送线程类 Sender1
    private Buffer1 bf;                //引用缓冲区
    public Sender1(Buffer1 bf){this.bf=bf;      }
    public void run(){                //线程体
        for(int i=1;i<6;i++){
        bf.put(i);   //发送数据到 value 缓冲区
        System.out.println("Sender put :"+i);
        try{ sleep(1); }              //当前线程让出 CPU 1 毫秒
```

```
              catch(InterruptedException e){ System.out.println(e.getMessage());}
      }
    }
}
class Receiver1 extends Thread{          //接收线程类 Receiver1
    private Buffer1 bf;                   //引用缓冲区
    public Receiver1(Buffer1 bf){ this.bf=bf; }
    public void run(){                    //线程体
        for(int i=1;i<6;i++){
        System.out.println("\t\t  Receiver get :"+bf.get());
        try   { sleep(1);      } //线程让出 CPU 1 毫秒
            catch(InterruptedException e){System.out.println(e.getMessage());}
        }
    }
}
public class Clustomer {//测试类 clustomer
        public static void main(String args[]){
            Buffer1 bf=new Buffer1();
            (new Sender1(bf)).start();  (new Receiver1(bf)).start();
        }
}
```

虽然 Sender1 与 Receiver1 每次休息的时间一样，但由于系统调度线程的不确定性，造成 Sender1 发送的数据与 Receiver1 接收的数据不一致。

2. 线程之间有通信

【例 16.5】发送线程和接收线程既实现对共享数据的互斥操作，也实现通信。发送线程和接收线程什么时候操作共享数据取决于共享数据的状态标志值(isEmpty)。

- 状态标志：在 Buffer2 中增加成员 isEmpty 作为互斥操作的状态标志。value 空时 isEmpty 值为 true，value 非空时 isEmpty 值为 false。
- put()方法：当 isEmpty 的值为 true 时，给 value 赋值并将 isEmpty 的值设置为 false，然后唤醒一个等待接收数据的线程；当 isEmpty 的值为 false 时(value 非空，即 value 值未被取走)，不能设置 value 的值，发送线程只能等待。
- get()方法：当 isEmpty 的值为 true 时，接收线程只能等待；当 isEmpty 的值为 false(value 非空)时，取走 value 的值并唤醒一个等待发送数据的线程。

程序清单 16-13　Communication.java

```
class Buffer2 {                          //缓冲区 Buffer2
    private int value;
    private boolean isEmpty=true;        //状态标志，反映共享数据 value 值的状态(是否为空)
    synchronized void put(int i){        //发送数据 i
        while(!isEmpty) {                //当 value 不为空时，发送线程等待
            try { this.wait();}          //发送线程阻塞自己，释放 CPU 和锁，等待被唤醒
          catch(InterruptedException e){System.out.println(e.getMessage()); }
        }  //当线程被唤醒，并再次获得 CPU 后，将从此处开始继续执行
        value=i;                         //设置 value 的值
        isEmpty=false;                   //因为 value 已经有值，状态标志 isEmpty 设为非空
        notify();                        //唤醒其他等待线程
    }
    synchronized int get(){     //取走数据
```

```
            while(isEmpty){        //当value为空时，接收线程等待
                try {this.wait();}   //接收线程阻塞自己，释放CPU和锁，等待被唤醒
                  catch(InterruptedException e){System.out.println(e.getMessage()); }
            }    //当线程被唤醒，并再次获得CPU后，将从此处开始继续执行
            isEmpty=true;                    //取走value的值，将状态标志isEmpty设为空
            notify();                         //唤醒其他等待线程
            return value;          //取走value数据
        }
}
class Sender2 extends Thread {    //发送线程类Sender2
    private Buffer2 bf;
    public Sender2(Buffer2 bf) { this.bf=bf; }
    public void run() {              //线程体
        for(int i=1;i<6;i++) {
            bf.put(i); System.out.println("Sender put :"+i);
        }
    }
}
class Receiver2 extends Thread { //接收线程类Receiver2
    private Buffer2 bf;
    public Receiver2(Buffer2 bf) { this.bf=bf; }
    public void run() {              //线程体
        for(int i=1;i<6;i++) System.out.println("\t\t Receiver get :"+bf.get());
    }
}
public class Communication{        //测试类
    public static void main(String args[]) {
        Buffer2 bf=new Buffer2();
        (new Sender2(bf)).start(); (new Receiver2(bf)).start();
    }
}
```

16.7　本 章 小 结

run 方法就是线程体，线程是线程体的一次执行过程。在生命周期内，线程有新建、就绪、运行中、阻塞、死亡 5 种状态。创建线程的方法有两种：扩展 Thread 类和实现 Runnable 接口。

控制线程的方法有 sleep()、yield()、join()、interrupt()。多个线程操作共享数据时必须采用线程同步机制，对共享数据的争夺必然导致线程死锁。死锁是因为所有线程处于阻塞状态，程序无法继续运行下去。

传统线程之间的通信使用 Object 中的 wait 方法、notify 方法和 notifyAll 方法实现。

16.8　习　　题

1. 用例子说明创建线程的两种方法。

2. 编写一个程序，模拟柜员机的存款、取款和查款功能。

3. 编写程序，启动 100 个线程，每个线程给变量 sum 加 1，sum 的初始值为 0。使用同

步或不同步来运行程序，看一看它们的影响。

4. 为什么应用程序中需要多线程？在单处理机中，多个线程如何同时运行？

5. 在什么情况下使用方法 wait()、notify()、notifyAll()？这些方法的用途是什么？

6. 用例子说明创建线程组、启动线程组中的线程。

7. 如何知道线程组中正在运行的线程的个数？线程组有什么好处？如何避免死锁？

第 17 章 输入/输出

本章要点

- Filel 类、数据流模型；
- 字节流、字符流和缓存流；
- RandomAccessFile 类；
- 数据流(指用 DatalnputStream 和 DataOutputStream 创建的对象)；
- 内存处理、对象流和 PrintStream 类。

学习目标

- 理解数据流模型；
- 熟练使用流实现输入和输出；
- 熟练使用 RandomAccessFile 类实现随机读、写。

输入/输出就是程序与文件、内存、设备交换信息，即读取信息和输出信息。例如，从键盘读取数据、与网络交换数据、打印报表、读/写文件信息等都要涉及数据输入/输出的处理。在 Java 语言中，程序通过数据流来实现输入/输出。数据流是一个用类创建的对象。

17.1 File 类

文件操作主要包括三种形式：按照顺序读/写文件内容、以随机方式读/写文件内容、查看或修改文件属性。

数据流实现文件内容的顺序读写；RandomAccessFile 类实现文件的随机读写。它们都不能访问文件的属性。在 Java 中使用 File 类访问文件属性，但是不能读/写文件的内容。下面列出 File 类的构造方法和实例方法。

1. 构造方法

- File(String filename)：用字符串格式的文件名(filename)创建一个 File 对象。
- File(String dir, String filename)：用字符串格式的目录(dir)和文件名(filename)构造一个 File 对象。
- File(File dir, String filename)：用目录 dir(File 对象表示的 dir)和字符串格式的文件名(filename)构造一个 File 对象。

注意：File 对象可能代表一个文件，也可能代表一个目录。

2. 实例方法

1) 获取文件属性
- String getName()：获取文件名。

- String getPath()：获取文件路径。
- String getAbsolutePath()：获取文件绝对路径。
- long length()：获取文件的长度(单位是字节)。
- String getParent()：获取文件的父目录。返回字符串表示的父目录。
- File getParentFile()：获取文件的父目录。返回文件对象表示的父目录。
- long lastModified()：获取文件最后修改时间。
- boolean canRead()：判断文件是否可读。
- boolean canWrite()：判断文件是否可被写入。
- boolean exits()：判断文件是否存在。
- boolean isFile()：判断是不是一个文件。
- boolean isDirectroy()：判断是不是一个目录。
- boolean isHidden()：判断文件是不是隐藏的。

2) 文件操作

- boolean renameTo(File dest)：将文件名改为 dest。
- boolean delete()：删除文件。

3) 目录操作

- boolean mkdir()：创建目录。
- String[] list()：以字符串形式列出目录。
- File[] listFiles()：以 File 对象形式列出目录。

17.1.1 获得文件信息

【例 17.1】在 D:/ch4 目录下创建 test.txt 文件，并测试文件的属性。

程序清单 17-1　FileTest.java

```java
import java.io.*;
public class FileTest{
  private File file=null;
  public FileTest(){
    file=new File("D:/ch4","test.txt");      //创建 File 对象
    try{ file.createNewFile(); }              //创建文件 test.txt
    catch(IOException e){}
  }
  public void showProperties() {
    System.out.println("文件是否存在? "+file.exists());
    System.out.println("文件是否隐藏? "+file.isHidden());
    System.out.println("文件 test.txt 是否可读? "+file.canRead());
    System.out.println("文件 test.txt 的长度: "+file.length()+"字节");
  }
  public static void main(String[] args){ FileTest file1=new FileTest();
    file1.showProperties(); }
}
```

如果 D:/ch4 目录不存在，就无法创建 test.txt 文件。

17.1.2 创建目录和文件

【例 17.2】在 D:/test 目录下创建 students 子目录，在 students 下创建文件 new.doc。
程序清单 17-2 FileDemo.java

```java
import java.io.*;
public class FileDemo {
  private File dir , newFile ;
      public FileDemo() {
    dir=new File("D:/test/students");        //创建一个代表目录的 File 对象 dir
    newFile=new File(dir, "new.doc");         //创建一个代表文件的 File 对象 newFile
    }
      public void createDir(){
      dir.mkdir();        //创建目录
    System.out.println("创建文件夹成功");
      }
      public void createFile() {
      try{  newFile.createNewFile();        //创建文件。如果文件存在，则该方法不起作用
              System.out.println("创建文件成功");
          }
          catch(IOException ex) { System.out.println("创建文件失败"); }
      }
      public static void main(String[] args) {
    FileDemo file=new FileDemo();  file.createDir() ; file.createFile(); }
}
```

17.1.3 列出文件和子目录

【例 17.3】列出 d:/ch4 目录下的所有子目录和文件。
程序清单 17-3 FileListDemo.java

```java
import java.io.*;
public class FileListDemo {
    private File file[] ;
    public FileListDemo() {
        File dir=new File("d:/ch4");  //创建一个代表目录 d:/ch4 的 File 对象 dir
            file=dir.listFiles(); //获得 dir 目录包含的子目录和文件构成的 File 型数组
    }
        public void showFile(){ //显示所有子目录和文件
            System.out.println("目录列表:");
            for(int i=0; i<file.length; i++) { if (file[i].isDirectory())
                System.out.println(file[i].toString()); }
            System.out.println("文件列表:");
            for(int j=0; j<file.length; j++) { if(file[j].isFile())
                System.out.println(file[j].toString()); }
    }
        public static void main(String[] args){ FileListDemo file=new FileListDemo();
            file.showFile(); }
}
```

17.1.4 列出指定类型的文件

【例 17.4】列出 D:/ch4 目录下所有的 Java 文件。

程序清单 17-4 FileFilterDemo.java

```java
import java.io.*;
public class FileFilterDemo{
    private File  dir;        //文件所属的目录
    private String suffix;   //文件的后缀
    public FileFilterDemo(String ml,String suffix) {
        dir=new File(ml);
        this.suffix=suffix;
        }
    public void showFile(){
            FileFilter filter=new FileFilter(suffix);  //用文件后缀创建过滤器
            String file[]=dir.list(filter); //目录dir下由过滤器过滤后的文件数组
            for(int i=0; i<file.length; i++) {
            System.out.println(file[i]);
            }
    }
    public static void main(String[] args) {
        FileFilterDemo  t4=new FileFilterDemo("d:/","java"); t4.showFile();
    }
}
class FileFilter implements FilenameFilter {  //过滤器
    String str=null;       //str 是文件名的后缀
        FileFilter(String str){
        this.str="."+str;
    }
    public boolean accept(File dir, String name)  {//实现接口FilenameFilter中的accept方法
        return name.endsWith(str);
    }
}
```

17.1.5 删除文件和目录

【例 17.5】删除 D:/test/Students 目录下的文件 new.doc，然后删除目录 test。

程序清单 17-5 DelFileDemo.java

```java
import java.io.*;
public class DelFileDemo {
  private File f=new File("D:/test/new.doc");     //这里的 f 代表一个文件
  private File dir=new File("D:/test");           //这里的 dir 代表一个目录
  public void deleteFile(){
   boolean b1=f.delete();          //删除文件 new.doc
    boolean b2=dir.delete();      //删除目录 test
    System.out.println("文件new.doc删除了吗? "+b1);System.out.println("目录test删除了吗? "+b2);
  }
  public static void main(String[] args) { DelFileDemo t5=new DelFileDemo(); t5.deleteFile(); }
}
```

File 对象使用 delete()方法删除当前对象代表的文件或目录。如果 File 对象代表的是一个目录，则该目录必须是一个空目录才能被删除。

17.2 数据流概述

Java 数据流技术把外部设备(如打印机、网络、显示器、键盘、文件和内存等)当作数据源。以数据源为参数创建数据流，程序通过数据流对外部设备进行读/写。

1. 数据流模型

为了便于理解数据流的工作方式，我们把**程序**、**数据流**和**数据源**之间的关系用数据流模型表示。带箭头的实线表示**数据流**，**数据源**是指打印机、网络、显示器、键盘、文件和内存等，如图 17-1 所示。当程序要从键盘或文件中读取数据时，就以键盘或文件为参数创建一个输入流，然后使用输入流中的方法从键盘和文件中读取数据。当程序要把数据输出到显示器或文件时，就以显示器或文件为参数创建一个输出流，然后使用输出流中的方法向显示器或文件写数据。

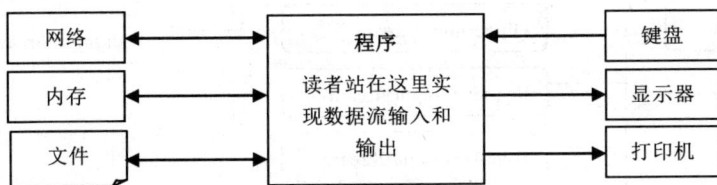

图 17-1　数据流模型

2. 数据流分类

任何一个数据流都具有两重属性，即数据流的流动方向和数据流的成分。

从流动方向来看，数据流分为输入流和输出流。程序使用**输入流**中的方法读取数据源中的数据，使用**输出流**中的方法把数据写到**数据源**。

从数据流的组成来看，数据流分为字节流、字符流、缓冲流、对象流等。

17.3 字 节 流

字节流中有两个抽象的超类：InputStream 和 OutputStream。InputStream 类是所有字节输入流的超类。OutputStream 类是所有字节输出流的超类。在编程时常用这两个抽象的超类声明变量的数据类型。

17.3.1 InputStream 类

1. 常用方法

InputStream 类中的方法有以下几种。

● int read()：从数据源中读取一个字节并返回它的值(0~255 的一个整数)，数据流结束时返回-1。

- int read(byte b[])：从数据源中试图读取 b.length 个字节到 b 中。返回实际读取的字节数。数据流结束时返回-1。
- int read(byte b[],int off,int len)：从数据源中试图读取 len 字节到 b 中，并从 b 的 off 位置开始存放。返回实际读取的字节数目，数据流结束时返回-1。
- void close()：关闭输入流。
- long skip(long numBytes)：跳过 numBytes 字节，并返回实际跳过的字节数目。

2. InputStream 的子类

常使用 InputStream 的子类对象读取数据，其子类如图 17-2 所示。

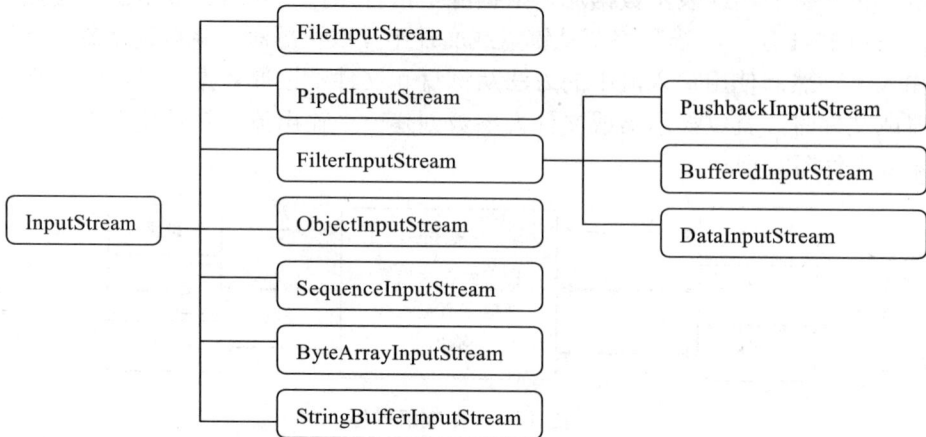

图 17-2　InputStream 的子类

17.3.2　OutputStream 类

1. 常用方法

OutputStream 类中的方法如下。

- void write(int n)：向输出流写入一字节。
- void write(byte b[])：将一字节数组 b 写入输出流。
- void write(byte b[],int off,int len)：从字节数组 b 的偏移量 off 处，取 len 字节写到输出流。
- void close()：关闭输出流。
- void flush()：将缓冲数据写入输出流。

2. OutputStream 的子类

常使用 OutputStream 的子类对象输出数据，其子类如图 17-3 所示。

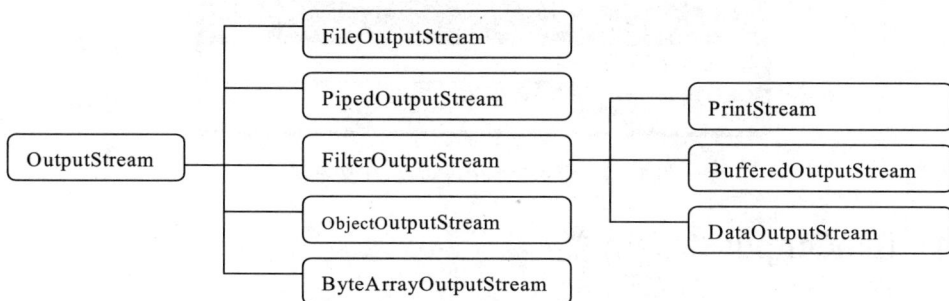

图 17-3　OutputStream 类的层次结构

17.3.3　FileInputStream 类

FileInputStream 类创建的对象称作文件字节输入流，它继承了超类 InputStream 中的方法。可以使用该类对象读取文件内容。FileInputStream 类的构造方法如下。

● FileInputStream(String name) throws FileNotFoundException：构造文件字节输入流。

● FileInputStream(File file) throws FileNotFoundException：构造文件字节输入流。

其中，name 是字符串类型的文件名，file 是 File 类型的文件名。

【例 17.6】读取 d:/write.txt 文件的内容，并显示在文本区中。

程序清单 17-6　ReadFileData.java

```
import java.io.*; import java.awt.*; import java.awt.event.*;import javax.swing.*;
public class ReadFileData{
  public static void main(String args[]) {
        int b; Label lab; TextArea textArea;
        byte temp[] = new byte[25]; //用字节数组作为缓冲区
        Frame window = new Frame(); window.setSize(400, 400);
        lab = new Label();lab.setText("文件d:/write.txt的内容如下: ");textArea = new TextArea(10,16);
        window.add(lab, BorderLayout.NORTH); window.add(textArea, BorderLayout.CENTER);
        window.validate();window.setVisible(true);
        window.addWindowListener(new WindowAdapter() {
          public void windowClosing(WindowEvent e) { System.exit(0); }
        });
        try { File f = new File("d:/write.txt");//创建文件对象
             FileInputStream readfile = new FileInputStream(f); //创建文件输入流对象
             while ((b = readfile.read(temp, 0, 25)) != -1){ //将输入流写入数组 temp 中
                   String s = new String(temp, 0, b);
                   textArea.append(s);
              }
              readfile.close();//关闭输入流
         }
      catch (IOException e) { lab.setText("文件打开出现错误! "); }
   }
}
```

程序运行结果如图 17-4 所示。

图 17-4 读取文件内容显示在文本区

17.3.4 FileOutputStream 类

FileOutputStream 类创建的对象称作文件字节输出流，它继承了超类 OutputStream 中的方法。可以使用该类对象将数据输出到文件。FileOutputStream 类的构造方法如下。

- public FileOutputStream(String name)throws FileNotFoundException
- public FileOutputStrearm(File file) throws FileNotFoundException
- public FileOutputStrearm(String name, boolean append) throws FileNotFoundException

其中，name 为文件名，file 为 File 对象，append 表示文件写入方式。若 append 的值是 false，内容从文件开头写入，覆盖文件原有的内容；若 append 的值是 true，则内容添加到文件的尾部。append 的默认值是 false。

【例 17.7】把从键盘输入的一行字符串写到文件 D:\myInput.txt 中。

程序清单 17-7 WriteFileData.java

```
import java.io.*;
public class WriteFileData{
   public static void main(String args[]) {
         int count, n = 512; //设置缓冲区大小
         byte buffer[] = new byte[n]; //字节数组作为缓冲区。用一个字节数组保存一个字符串
         try { System.out.println("请输入文字，按回车键结束 ");
              count = System.in.read(buffer);//把从键盘输入的字节流存入字节数组 buffer 中
              FileOutputStream wf = new FileOutputStream("D:/myInput.txt");
              wf.write(buffer, 0, count); //把 buffer 的内容写到文件中
              wf.close();
              System.out.println("您所输入的内容已经保存到文件 D:/myInput.txt 中");
         }
         catch (IOException ioe) { System.out.println(ioe); }
         catch (Exception e)    { System.out.println(e); }
   }
}
```

17.4 字 符 流

前面学习了使用字节流读/写文件，但是字节流不能直接操作 Unicode 字符，因为汉字在文件中占用两字节，如果使用字节流读、写文件就会出现乱码现象，此时采用 Java 提供的字符流就可解决这个问题。在 Unicode 字符集中，一个汉字被看作一个字符。

字符流中有两个抽象的超类 Reader 和 Writer，Reader 类是所有字符输入流的超类，其对象被称作字符输入流；Writer 类是所有字符输出流的超类，其对象被称作字符输出流。在编程时常用这两个抽象的超类声明变量的数据类型。

17.4.1　Reader 类

1. 常用方法

Reader 类中的方法如下。

- int read()：从数据源中读取一个 int 型数值，这个值就是字符的 Unicode 对应值 (Unicode 字符值的范围是 0~65535)。如果未读出字符，则返回-1。
- int read(char b[])：从数据源中读取 b.length 个字符到字符数组 b 中，返回实际读取的字符数目。如果到达文件的末尾，则返回-1。
- int read(char b[],int off, int len)：从数据源中读取 len 个字符并从字符数组 b 的 off 位置处开始存放数据。返回实际读取的字符数目。如果到达文件的末尾，则返回-1。
- void close()：关闭输入流。
- long skip(long numBytes)：跳过 numBytes 个字符，并返回实际跳过的字符数目。

2. Reader 的子类

常使用 Reader 的子类对象读取数据，其子类如图 17-5 所示。

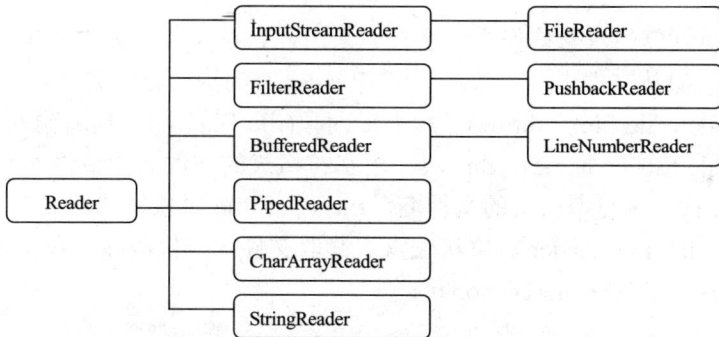

图 17-5　Reader 的子类

17.4.2　Writer 类

1. 常用方法

Writer 类中的方法如下。

- void write(int n)：向输出流写入一个 Unicode 字符对应的 int 型数值。
- void write(char b[])：把字符数组 b 写到输出流。
- void write(char b[],int off, int length)：从字符数组 b 的位移 off 处开始取 len 个字符写到输出流。
- void write(String str)：将字符串 str 写到输出流。
- void close()：关闭输出流。

2. Writer 的子类

常使用 Writer 的子类对象输出数据，其子类如图 17-6 所示。

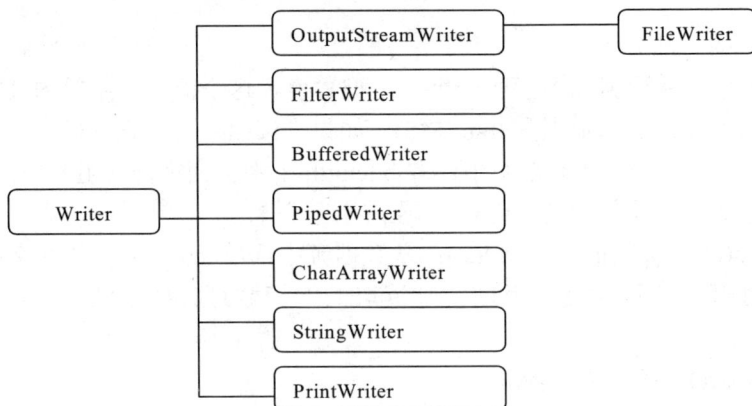

图 17-6　Writer 的子类

17.4.3　FileReader 类

FileReader 类创建的对象称作文件字符输入流，它继承了超类 Reader 中的方法。可以使用 FileReader 对象从文件中读取数据。FileReader 类的构造方法如下。

● FileReader(File file)　throws。用 File 对象(file 代表文件)构造输入流。

● FileReader(String name)　throws。用字符格式的文件名构造输入流。

其中，name 代表字符串格式的文件名，file 代表 File 对象格式的文件名。

【例 17.8】利用 FileReader 对象从磁盘上读取文件，将代码显示在文本区中。

程序清单 17-8　FileReaderDemo.java

```
import java.awt.*; import java.awt.event.*; import java.io.*;
public class FileReaderDemo{
   public static void main(String args[]) {
       int b;  //保存实际读取的字符数目
       char[] temp; Label lab = new Label();
       TextArea textArea = new TextArea(10, 16);
        Frame window = new Frame(); window.setSize(400, 400);
        window.add(lab, BorderLayout.NORTH); window.add(textArea, BorderLayout.CENTER);
        window.setVisible(true);
        window.addWindowListener(new WindowAdapter(){
    public void windowClosing(WindowEvent e){ System.exit(0); }
        } );
        try { File f = new File("d:/write.txt"); //创建File对象
            FileReader readfile=new FileReader(f); //创建FileReader流，以便读取文件中的数据
        int length=(int)f.length(); //获取f文件的字符数目
            temp=new char[length]; //创建字符数组
        lab.setText("文件"+f+"的内容如下: ");
            while((b=readfile.read(temp,0,length))!=-1){//把文件中的数据读入数组temp中
            String s = new String(temp, 0, b); //将数组temp转换为字符串
```

```
                    textArea.append(s); //将字符串添加到文本区 textArea 中
                }
                readfile.close();//关闭输入流
        }
    catch (IOException e) { lab.setText("文件打开出现错误! "); }
    }
}
```

程序运行结果如图 17-7 所示。

图 17-7　从磁盘上读取文件并将其显示在文本区中

17.4.4　FileWriter 类

FileWriter 类创建的对象称作文件字符输出流，它继承了超类 Writer 中的方法。可以使用 FileWriter 对象将数据写入文件。FileWriter 类的构造方法如下。

- public FileWriter(File file) throws IOException
- public FileWriter(String name) throws IOException
- public FileWriter(File file, boolean append) throws IOException
- public FileWriter(String name, boolean append) throws IOException

其中，name 为文件名，file 为 File 对象，append 表示文件的写入方式。append 的值为 false 时为重写方式，即将要写入的内容从文件开头写入，覆盖以前的文件内容；append 的值为 true 时，为添加方式，即将要写入的内容添加到文件的尾部。append 的默认值是 false。

【例 17.9】利用 FileWriter 对象把从键盘输入的一行字符写到文件 D:\myInput.txt 中。

程序清单 17-9　FileWriteDemo.java

```
import java.io.FileWriter; import java.io.IOException;
public class FileWriteDemo{
  public static void main(String args[]) {
            int count, n = 512; //n 为缓冲区大小, count 保存实际读取的字符数
        byte buffer[] = new byte[n]; //创建字节缓冲区
        char charBuff[]=new char[n]; //创建字符缓冲区
        try { System.out.println("请输入文字, 按回车键结束 ");
            count=System.in.read(buffer); //1.键盘输入的字节流存入字节缓冲区 buffer
            String str=new String(buffer); //2.将字节数组转换为字符串
            charBuff=str.toCharArray(); //3.将字符串 str 转换为字符数组
            FileWriter wf = new FileWriter("D:\\myInput.txt",true);//创建字符输出流 wf
            wf.write(charBuff, 0, charBuff.length); //把 charBuff 的内容写到文件中
            wf.close();
            System.out.println("您所输入的内容已经保存到文件 D:\myInput.txt 中");
        }
        catch (IOException ioe) { System.out.println(ioe); }
        catch (Exception e) { System.out.println(e); }
    }
}
```

17.5 缓 存 流

由于使用字节流或字符流读/写文件的效率不高，因此在实际应用中经常使用缓存流来读/写文件。缓存流分为缓存字节流和缓存字符流两大类。

17.5.1 缓存字节流

缓存字节流包括缓存字节输入流和缓存字节输出流。用 BufferedInputStream 类创建缓存字节输入流，用 BufferedOutputStream 类创建缓存字节输出流。

1. 缓存字节输入流

下面介绍 BufferedInputStream 类的构造方法和构造步骤。

1) 构造方法

● BufferedInputStream(InputStream in)：以输入流 in 为参数构造输入缓存流。

● BufferedInputStream(InputStream in, int size)：以输入流 in 为参数，缓冲区大小为 size 字节，构造输入缓存流。

2) 构造缓存字节输入流的步骤

FileInputStream 流经常和 BufferedInputStream 流配合使用。程序为了读取数据，首先，以文件为参数构造一个 FileInputStream 流；其次，以 FileInputStream 流为参数构造一个 BufferedInputStream 流；最后，利用 BufferedInputStream 流中的方法读取文件中的数据。

构造 BufferedInputStream 流的模式如图 17-8 所示。

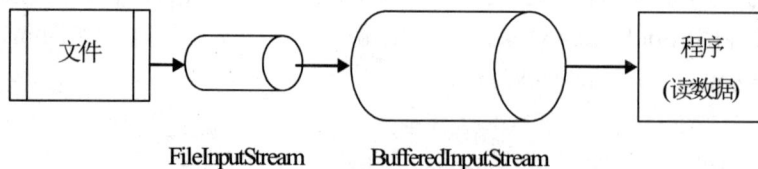

图 17-8 构造 BufferedInputStream 流

例如，通过缓存字节输入流读取文件 D:/write.txt 的程序片段：

```
FileInputStream in=new FileInputStream("D:/ write.txt");
BufferedInputStream  inbuffer=BufferedInputStream(in);
```

最后调用 inbuffer 中的 read 方法，读取文件 D:/write.txt 中的内容，此时，系统会进行缓存处理，提高了读取效率。默认情况下，系统在内存中自动创建一个 32 字节的缓冲区。

【例 17.10】用缓存字节输入流读取文件 D:/write.txt 的内容，并输出到控制台。

程序清单 17-10　ReadBufferDemo.java

```
import java.io.*;
public class ReadBufferDemo {
        File f=new File("D:/write.txt"); //构造File对象
        public void read() {
```

```
    try { FileInputStream in=new FileInputStream(f); //构造字节输入流
    BufferedInputStream bufferin=new BufferedInputStream(in);//构造缓存输入流
    byte buf[]=new byte[90]; //创建字节缓存区
    int n=0;
    while((n=bufferin.read(buf))!= -1) { //读取输入流，并写入字节数组buf中
        String temp=new String(buf,0,n);//n中保存的是实际读取的字节数目
        System.out.print(temp);
    }
    bufferin.close(); in.close();
        }
        catch(IOException ex) { System.out.println("文件输出错误"); }
    }
    public static void main(String[] args){
    ReadBufferDemo readFile=new ReadBufferDemo(); readFile.read();
    }
}
```

2. 缓存字节输出流

下面介绍 BufferedOutputStream 类的构造方法和构造步骤。

1) 构造方法

● BufferedOutputStream(OutputStream out)：使用输出流 out 为参数，构造字节缓存输出流。

● BufferedOutputStream(OutputStream out, int size)：使用输出流对象 out、缓冲区大小 size 为参数，构造字节缓存输出流。

2) 构造缓存字节输出流的步骤

FileOutputStream 流经常和 BufferedOutputStream 流配合使用。程序为了向文件写数据，首先，以文件为参数构造一个 FileOutputStream 流；其次，以 FileOutputStream 流为参数构造一个 BufferedOutputStream 流；最后，利用 BufferedOutputStream 流中的方法向文件写数据。构造 BufferedOutputStream 流的模式如图 17-9 所示。

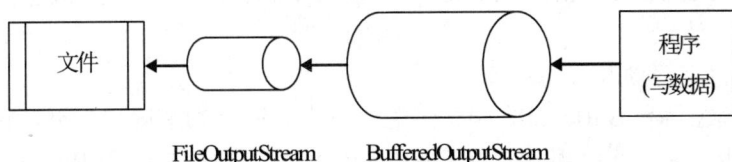

图 17-9　构造 BufferedOutputStream 流

例如，通过缓存字节输出流，将数据写入文件 D:/write.txt 的程序片段：

```
FileOutputStream out=new FileOutputStream("D:/write.txt");
BufferedOutputStream outbuffer=BufferedOutputStream(out);
```

最后，调用 outbuffer 中的 write 方法向文件(D:/write.txt)写数据，此时系统会进行缓存处理，提高写入的效率，写入完毕后**必须调用 flush()方法将缓存中的数据存入文件**。

【例 17.11】通过缓存流，将客户端的数据写入 D:/write.txt 文件中。

程序清单 17-11　WriteBufferDemo.java

```
import java.io.*; import javax.swing.JOptionPane;
```

```
public class WriteBufferDemo{
  String str="";
      public void write() {
          String str=JOptionPane.showInputDialog("请输入内容:");  //对话框中返回的数据
            try { byte buffer[]=str.getBytes("ISO-8859-1");
              FileOutputStream outFile= new FileOutputStream ("D:/write.txt",true);
              BufferedOutputStream bufferout=new BufferedOutputStream (outFile);
                bufferout.write(buffer);  //将缓存buffer 数据写到文件中
                bufferout.flush();          //此语句是必需的
              bufferout.close();  outFile.close();
            }
          catch(IOException ex) { System.out.println("File Write Error!"); }
      }
      public static void main(String[] args) {
          WriteBufferDemo writeFile=new WriteBufferDemo();  writeFile.write();
      }
}
```

17.5.2　缓存字符流

缓存字符流包括缓存字符输入流和缓存字符输出流。用 BufferedReader 类创建缓存字符输入流，用 BufferedWriter 类创建缓存字符输出流。

BufferedReader 流中 readLine 方法的功能是读取一个文本行。BufferedWriter 流中 newLine 方法的功能是在文件中写入一个行分隔符。

1. 缓存字符输入流

下面介绍 BufferedReader 类的构造方法和构造步骤。

1) 构造方法

● BufferedReader (Reader in)：以输入流 in 为参数，构造缓存输入流。

● BufferedReader (Reader in int sz)：以输入流 in、缓冲区大小 size(字符)为参数构造缓存输入流。

2) 构造缓存字符输入流的步骤

FileReader 流经常和 BufferedReader 流配合使用。程序为了读取数据，首先，以文件为参数构造一个 FileReader 流；其次，以 FileReader 流为参数构造一个 BufferedReader 流；最后，利用 BufferedReader 流中的方法读取文件中的数据。

构造 BufferedReader 流的模式如图 17-10 所示。

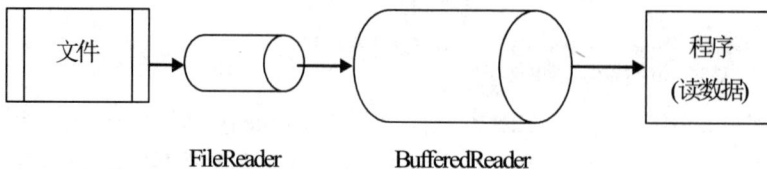

FileReader　　　　　　BufferedReader

图 17-10　构造 BufferedReader 流

例如，通过缓存字符输入流读取文件 D:/write.txt 的程序片段如下：

```
FileReader in=new FileReader ("d:/write.txt");
BufferedReader  inbuffer= BufferedReader (in) ;
```

最后，调用 inbuffer 中的 readLine 方法每次从数据源中读取一行数据，此时，系统会进行缓存处理。**默认情况下，系统在内存自动创建一个 32 个字符的缓冲区。**

【**例 17.12**】用字符缓存字符输入流读取文件 d:/write.txt 中的内容，并输出到控制台。

程序清单 17-12　BuffReaderDemo.java

```
import java.io.*;
public class BuffReaderDemo{
  File f=new File("d:/write.txt");                //1.创建 File 对象
      public void read(){
          try { FileReader in=new FileReader(f);        //2.创建输入流
          BufferedReader bufferin=new BufferedReader(in);  //3.创建缓存输入流
          String str=null;
          while((str=bufferin.readLine())!=null) System.out.println(str);
          bufferin.close(); in.close();
      }
          catch(IOException e) { }
      }
      public static void main(String[] args) {
          BuffReaderDemo flow=new BuffReaderDemo();  flow.read();
      }
}
```

2．缓存字符输出流

下面介绍 BufferedWriter 类的构造方法和构造步骤。

1)　构造方法

● BufferedWriter (Writer out)

● BufferedWriter (Writer out int size)

其中，out 是字符输出流对象，size 是缓冲区大小，默认是 32 个字符。

2)　构造缓存字符输出流的步骤

FileWriter 流经常和 BufferedWriter 流配合使用。程序为了向文件写数据，首先，以文件为参数构造一个 FileWriter 流；其次，以 FileWriter 流为参数构造一个 BufferedWriter 流；最后，利用 BufferedWriter 流中的方法向文件写数据。构造 BufferedWriter 流的模式如图 17-11 所示。

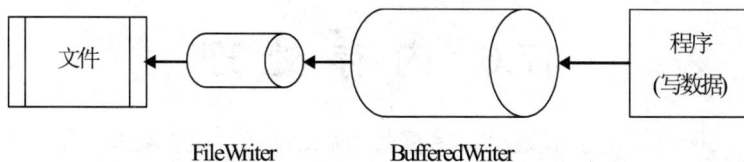

图 17-11　构造 BufferedWriter 流

例如，通过缓存字符输出流，将数据写入文件 D:/write.txt 中的程序片段：

```
FileWriter out=new FileWriter ("D:/write.txt");
BufferedWriter outbuffer= BufferedWriter (out);
```

最后，调用 outbuffer 中的 write 方法向文件写入数据，此时将进行缓存处理，提高写入的效率，**写入完毕后必须调用 flush()方法将缓存中的数据存入文件。**

【例 17.13】将 D:/write.txt 文件内容复制到 E:/write.txt 文件中。

程序清单 17-13　ReadWriteDemo.java

```java
import java.io.*;
public class ReadWriteDemo{
  File fread=new File("D:/write.txt");
     File fwrite=new File("E:/write.txt");//执行该语句后，如果E:/write.txt不存在，则创建该文件
     public void copy(){
      try { FileReader in=new FileReader(fread); //创建输入流
           BufferedReader bufferin=new BufferedReader(in); //创建缓存输入流
           FileWriter outfile=new FileWriter(fwrite,true);//创建输出流
           BufferedWriter bufferout=new BufferedWriter(outfile);//创建缓存输出流
      String str=null;
           while((str=bufferin.readLine())!=null) {//每次从输入流bufferin读取一行字符串
                bufferout.write(str);         //将字符串str输出到bufferout中
                bufferout.newLine();          //向输出流中写入一个行分隔符
                System.out.println(str);      //将字符串输出到控制台
           }
           bufferout.flush();         //将输出流数据全部写往文件
           bufferout.close();         //关闭缓存输出流
           outfile.close();           //关闭输出流
           bufferin.close();          //关闭缓存输入流
           in.close();                //关闭输入流
        }
        catch(IOException e) { }
     }
     public static void main(String[] args) {
        ReadWriteDemo rw=new ReadWriteDemo (); rw.copy();
     }
  }
```

已知，br 是缓存字符输入流，bw 是缓存字符输出流，实现文件复制的程序片段：

```java
String str = br.readLine();//从输入流中读取一个文本行
while(str != null){
  bw.write(str);          //将文本行写入输出流中
  bw.newLine();           //将换行符写入输出流中
  str = br.readLine();    //从输入流中读取下一行
}
```

17.6　内 存 处 理

内存中存在三种数据：字节数组、字符数组和字符串，对这三种数据进行输入/输出处理的类有：ByteArrayInputStream 和 ByteArrayOutputStream、CharArrayReader 和 CharArrayWriter、StringReader 和 StringWriter。

1. ByteArrayInputStream 和 ByteArrayOutputStream

ByteArrayInputStream 类创建字节数组输入流，ByteArrayOutputStream 类创建字节数组

输出流。

【例 17.14】将字符串中的大写字符转换为小写字符。

程序清单 17-14　TestByteArray.java

```
import java.io.*;
public class TestByteArray{
  public static void main(String[] args) {
    String str = "abcAAGG";
    byte [] b = str.getBytes(); //把字符串转换为字节数组
    ByteArrayInputStream input = new ByteArrayInputStream(b);//构造字节数组输入流input
    ByteArrayOutputStream output = new ByteArrayOutputStream();
    transform(input, output);
    byte [] result = output.toByteArray();
    System.out.println(new String(result));
  }
  public static void transform(InputStream in,OutputStream out) {
    int ch = 0;
    try { while((ch=in.read()) != -1 ) {//每次从字节数组输入流中读取一个字节保存到ch中
         int upperCh = Character.toLowerCase((char)ch);//把字符ch转换为小写
         out.write(upperCh);//把转换后的小写字符写入字节数组输出流中
       }
     }
    catch (Exception e) { e.printStackTrace(); }
  }
}
```

2. CharArrayReader 和 CharArrayWriter

CharArrayReader 类创建字符数组输入流，CharArrayWriter 类创建字符数组输出流。

程序清单 17-15　CharArrayDemo.java

```
import java.io.*;import java.io.CharArrayReader;
public class CharArrayDemo {
  public static void main(String[] args) {
    char ch[] = "This is an example".toCharArray();//将字符串转换为字符数组ch
    CharArrayReader b = null;
    try { b=new CharArrayReader(ch);//创建字符数组输入流b
      int c;
      while((c=b.read())!=-1)System.out.print((char)c);//read():从字符数组输入流读取字符
      }
    catch (IOException e) { e.printStackTrace(); }
  }
}
```

3. StringReader 和 StringWriter

StringReader 类创建字符串输入流，StringWriter 类创建字符串输出流。

【例 17.15】写一函数把字符串全部转换成大写。

程序清单 17-16　StringStreamTest.java

```
import java.io.*;
public class StringStreamTest {
    public static void main(String[] args) {
```

```
        String str = "abcdefg";
        transform(str);
    }
public static void transform(String str) {
    StringReader sr=new StringReader(str);  StringWriter sw=new StringWriter();
    char[] chars=new char[1024];
    try { int len = 0;
        while((len=sr.read(chars))!=-1){//read(chars)从输入流中读取字符串保存到字符数组chars中
            String strRead = new String(chars, 0, len).toUpperCase();
            System.out.println(strRead);
            sw.write(strRead);  sw.flush();//本条语句必须有
        }
        sr.close();      sw.close();
    }
    catch (IOException e) { e.printStackTrace(); }
    finally {   sr.close();
            try { sw.close(); }
            catch (IOException e) { e.printStackTrace(); }
    }
}
}
```

17.7 RandomAccessFile 类

前面几节介绍的数据流只能按顺序读/写文件，而且输入流只能读不能写，输出流只能写不能读，即，不能用同一个流读/写文件内容。RandomAccessFile 类不同，该类的同一个对象可以随机读/写文件。下面是该类的构造方法和实用方法。

1．构造方法

● RandomAccessFile(File file, String mode)throws FileNotFoundException
● RandomAccessFile(String name, String mode)throws FileNotFoundException
其中，name 是文件名；file 是文件对象；mode 指定对文件的访问模式，r 表示读，w 表示写，rw 表示读和写。当文件不存在时，构造方法将抛出 FileNotFoundException 异常。

2．实用方法

RandomAccessFile 类的常用方法如表 17-1 所示。

表 17-1　RandomAccessFile 类的常用方法

方　法	描　述
close()	关闭文件
getFilePointer()	获取文件指针的位置
length()	获取文件的长度
read()	从文件中读取一个字节的数据
readBoolean()	从文件中读取一个布尔值，0 代表 false，其他代表 true
readByte()	从文件中读取一个字节
readChar()	从文件中读取一个字符

方　法	描　述
readDouble()	从文件中读取一个双精度浮点值
readFloat()	从文件中读取一个单精度浮点值
readFully(byte b[])	读 b.length 个字节放到数组 b 中，完全填满该数组
readInt()	从文件中读取一个 int 值
readLine()	从文件中读取一个文本行
readLong()	从文件中读取一个长型值
readShort()	从文件中读取一个短型值
readUTF()	从文件中读取一个 UTF 字符串
seek()	定位文件指针在文件中的位置
setLength(long newlength)	设置文件的长度
skipByte(int n)	从文件中跳过给定数量的字节
write(byte b[])	写 b.length 个字节到文件
writeBoolean(boolean v)	把一个布尔值作为单字节值写入文件
writeByte(int v)	向文件写入一个字节
writeBytes(String s)	向文件写入一个字符串
writeChar(char c)	向文件写入一个字符
writeChars(String s)	向文件写入一个字符串
writeDouble(double v)	向文件写入一个双精度浮点值
writeFloat(float v)	向文件写入一个单精度浮点值
writeInt(int v)	向文件写入一个 int 值
writeLong(long v)	向文件写入一个 long 值
writeShort(short v)	向文件写入一个 short 值
writeUTF(String s)	写入一个 UTF 字符串

以上方法出错时将抛出 IOException 异常，当读到文件尾时将抛出 EOFException 异常。

【例 17.16】使用 RandomAccessFile 流实现一个通讯录的录入与显示系统(生成的通讯录保存在 D:\通讯录.txt 文件中)。

程序清单 17-17　RandomDemo.java

```
import java.io.*; import javax.swing.*; import java.awt.*; import java.awt.event.*;
class InputPanel extends Panel implements ActionListener {
  File f = null;  RandomAccessFile out;
  Box baseBox, boxV1, boxV2;
  TextField name, email, phone;
  Button button;
  InputPanel(File f) {
this.f = f;
        name = new TextField(12); email = new TextField(12); phone = new TextField(12);
        button = new Button("录入"); button.addActionListener(this);
        boxV1 = Box.createVerticalBox();
        boxV1.add(new Label("输入姓名")); boxV1.add(new Label("输入 email"));
        boxV1.add(new Label("输入电话")); boxV1.add(new Label("单击录入"));

        boxV2 = Box.createVerticalBox();
```

```
        boxV2.add(name); boxV2.add(email); boxV2.add(phone); boxV2.add(button);
        baseBox = Box.createHorizontalBox();
        baseBox.add(boxV1);
        baseBox.add(Box.createHorizontalStrut(10));
        baseBox.add(boxV2); add(baseBox);
    }
    public void actionPerformed(ActionEvent e) {
        try{RandomAccessFile out=new RandomAccessFile(f,"rw");//创建RandomAccessFile对象
            if (f.exists()) { long length = f.length(); out.seek(length); }
            //使用UTF-8编码以与机器无关的方式将一个字符串写入该文件
            out.writeUTF("姓名:"+name.getText());out.writeUTF("email:"+email.getText());
            out.writeUTF("电话:" + phone.getText()); out.close();
        }
        catch (IOException ee) {      }
    }
}
public class RandomDemo extends JFrame {
    File file = null;
    InputPanel inputMessage;
    RandomDemo() {
        file = new File("D:/通讯录.txt");
        inputMessage = new InputPanel(file);
        this.add(inputMessage);this.setBounds(400,300,300,200);
        setVisible(true);validate();
    }
    public static void main(String args[]){
        RandomDemo f= new RandomDemo();
        f.setDefaultCloseOperation(JFrame.EXIT_ON_CLOSE);
    }
}
```

【例 17.17】使用 RandomAccessFile，将数组写入文件。

程序清单 17-18　RandomStream.java

```
import java.io.*;
public class RandomStream {
    public static void main(String[] args) {
        RandomAccessFile raf = null;
        try { int[] data = { 1, 2, 3, 4, 5, 6, 7, 8, 9, 10 };
            raf = new RandomAccessFile("d:/a.txt", "rw");
            for (int i=0; i< data.length; i++) raf.writeInt(data[i]); //将数组写入a.txt文件
            raf.seek(4);//指针定位到第4个字节，即第2个数据
            System.out.println(raf.readInt()); //读取当前指针处的一个整数(int为4个字节)
            for  (int i=0; i < 10; i+=2) {  //每隔一个读一个数据
                raf.seek(i * 4); System.out.print(raf.readInt() + "\t");
            }
            System.out.println();   // 换行
            raf.seek(12); //在第12字节处(第4个数据处)插入一个新数据60，替换以前的数据4
            raf.writeInt(60);
            for  (int i = 0; i < 10; i++) {
                raf.seek(i * 4); System.out.print(raf.readInt() + "\t");
            }
        }
catch(IOException e){ e.printStackTrace(); }
finally {  try{ if(raf!=null) raf.close(); }
catch(Exception e) { e.printStackTrace();}
```

```
        }
    }
}
```

程序运行结果：

```
2
1    3    5    7    9
1    2    3    60   5    6    7    8    9    10
```

17.8　DataInputStream 和 DataOutputStream 类

字符流是以字符为单位读/写文件，字节流是以字节为单位读/写文件，数据流(本节的数据流是指用 DataInputStream 和 DataOutputStream 创建的对象)能以各种数据类型为单位读/写文件。用 DataInputStream 创建数据输入流，用 DataOutputStream 创建数据输出流。

1. DataInputStream 类

1)　构造方法

DataInputStream(InputStream in)：其中 in 代表输入流对象。

2)　实用方法

数据输入流的常用方法如表 17-2 所示。

表 17-2　数据输入流的常用方法

方　　法	描　　述
void close()	关闭流
boolean readBoolean()	读取一个布尔值
byte readByte()	读取一个字节
char readChar()	读取一个字符
double readDouble()	读取一个双精度浮点值
float readFloat()	读取一个单精度浮点值
int readInt()	从文件中读取一个 int 值
long readLong()	读取一个长型值
short readShort()	读取一个短型值
byte readUnsignedByte()	读取一个无符号字节
short readUnsignedShort()	读取一个无符号短型值
String readUTF()	读取一个 UTF 字符串

2. DataOutputStream 类

1)　构造方法

DataOutputStream(OutputStream out)：其中 out 代表输出流对象。

2)　实用方法

数据输出流的常用方法如表 17-3 所示。

表 17-3　数据输出流的常用方法

方　法	描　述
close()	关闭流
writeBoolean(boolean bool)	把一个布尔值作为单字节值写入
writeBytes(String str)	写入一个字符串
writeChar(String str)	写入字符串
writeDouble(double num)	写入一个双精度浮点值
writeFloat(float num)	写入一个单精度浮点值
writeInt(int num)	写入一个 int 值
writeLong(long num)	写入一个长型值
writeShort(int num)	写入一个短型值
writeUTF(String str)	写入一个 UTF 字符串

3. 管道

可以将多个流套接在一起构成一个管道。程序使用输入管道读取数据源点数据，使用输出管道向数据终点写数据。这里的数据源点和数据终点一般是指文件或内存。下面介绍输入管道模型和输出管道模型。

1)　输入管道

下面有 3 种基本的输入管道(每种管道是一种流)：1 号(FileInputStream)、2 号(BufferedInputStream)、3 号(DataInputStream)。将它们进行管道套接，可以组成 4 种输入管道。可以选择其中的任意一种管道，从数据源读取数据。输入管道模型如图 17-12 所示。

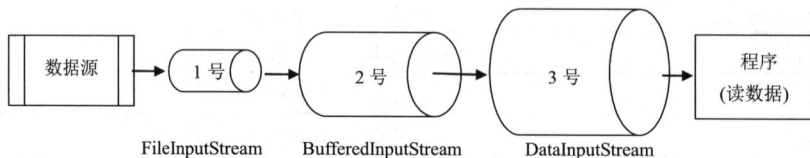

图 17-12　输入管道模型

4 种输入管道分别介绍如下。

- 第一种管道：仅由 1 号(FileInputStream)构成的管道。程序通过 FileInputStream 对象读数据源。
- 第二种管道：由 1 号(FileInputStream)和 2 号(BufferedInputStream)套接构成的管道。程序通过 BufferedInputStream 对象读数据源。
- 第三种管道：由 1 号(FileInputStream)、2 号(BufferedInputStream)和 3 号(DataInputStream)套接构成的管道。程序通过 DataInputStream 对象读取数据源。
- 第四种管道：由 1 号(FileInputStream)和 3 号(DataInputStream)套接构成的管道。程序通过 DataInputStream 对象读数据源。

2)　输出管道

下面有 3 种基本的输出管道：1 号(FileOutputStream)、2 号(BufferedOutputStream)、3

号(DataOutputStream)。将它们进行管道套接，可以组成 4 种输出管道。可以选择其中的任意一种管道，向数据源写数据。输出管道模型如图 17-13 所示。

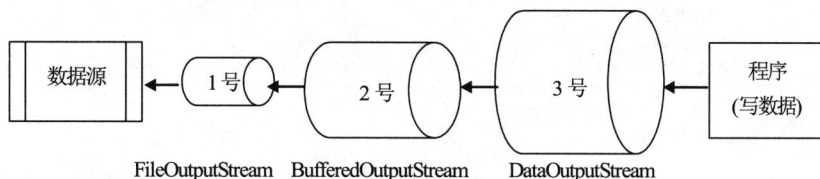

图 17-13　输出管道模型

4 种输出管道分别介绍如下。

- 第一种管道：仅由 1 号(FileOutputStream)构成的管道。程序通过 FileOutputStream 对象向数据源写数据。
- 第二种管道：由 1 号(FileOutputStream)和 2 号(BufferedOutputStream)套接构成的管道。程序通过 BufferedOutputStream 对象向数据源写数据。
- 第三种管道：由 1 号(FileOutputStream)、2 号(BufferedOutputStream)和 3 号(DataOutputStream)套接构成的管道。程序通过 DataOutputStream 对象向数据源写数据。
- 第四种管道：由 1 号(FileOutputStream)和 3 号(DataOutputStream)套接构成的管道。程序通过 DataOutputStream 对象向数据源写数据。

【例 17.18】把几种类型的数据写入一个文件，并读出数据、显示在控制台。

程序清单 17-19　DataStreamDemo.java

```java
import java.io.*;
public class DataStreamDemo {
    public static void main(String args[]){
        try {FileOutputStream fos = new FileOutputStream("D:\\data.txt");//创建输出流 fos
        DataOutputStream out_data = new DataOutputStream(fos);//创建数据输出流 out_data
                out_data.writeInt(100);        //写入第 1 个 int 整数
                out_data.writeInt(200);        //写入第 2 个 int 整数
                out_data.writeLong(1234); //写入 long 整数
                out_data.writeFloat(3.14f);    //写入第 1 个 float 数
                out_data.writeFloat(2.79f);    //写入第 2 个 float 数
        out_data.writeDouble(91.12);           //写入 double 型浮点数
                out_data.writeBoolean(true);   //写入第 1 个 boolean 值
                out_data.writeBoolean(false);  //写入第 2 个 boolean 值
                out_data.writeChars("I love Java");//写入字符串
        }
catch (IOException e) {      }
    try {
            FileInputStream fis = new FileInputStream("D:\\data.txt");//创建输入流 fis
            DataInputStream in_data = new DataInputStream(fis);//创建数据输入流 in_data
            System.out.println("读取第 1 个 int 整数:"+in_data.readInt());//读取第 1 个 int 整数
            System.out.println("读取第 2 个 int 整数:"+in_data.readInt());//读取第 2 个 int 整数
            System.out.println("读取 long 整数:"+in_data.readLong());//读取 long 整数
            System.out.println("读取第 1 个 float 数:"+in_data.readFloat());//读取第 1 个 float 数
            System.out.println("读取第 2 个 float 数:"+in_data.readFloat());//读取第 2 个 float 数
```

```
            System.out.println("读取double型浮点数:"+in_data.readDouble());//读取double型浮点数
            System.out.println("读取第1个boolean值:"+in_data.readBoolean());//读取第1个boolean值
            System.out.println("读取第2个boolean值:"+in_data.readBoolean());//读取第2个boolean值
            System.out.print("读取字符串:");
            char c;
            while((c=in_data.readChar())!='\0')System.out.print(c);//'\0'表示空字符,即结束符
        }
    catch (IOException e) {        }
  }
}
```

17.9　对　象　流

使用对象流可以直接把对象写入文件,也可以直接从文件中读取一个对象。对象流分为对象输入流和对象输出流。用 ObjectInputStream 类创建对象输入流,用 ObjectOutputStream 类创建对象输出流。

将内存中的 Java 对象转换成字节流(这些字节流可能保存到文件中,也可能在网络上传输)的过程称为**对象序列化**。将文件或者网络上的字节流重新组装成内存中的对象的过程称为**对象反序列化**。只有实现了 Serializable 接口的类才具备对象序列化功能。

1. ObjectInputStream 类

1)　构造方法

ObjectInputStream(InputStream in) throws IOException

2)　实用方法

final Object readObject() throws OptionalDataException, ClassNotFoundException, IOException: 实现对象的反序列化,即将文件中的字节流组装为内存中的对象。

2. ObjectOutputStream 类

1)　构造方法

ObjectOutputStream(OutputStream out) throws IOException

2)　实用方法

final void writeObject(Object obj) throws IOException: 实现对象序列化,即将内存中的对象转换为字节流并写入文件或网络。

【例 17.19】将三个学生对象写入 D:\student.txt 文件中,然后从文件中读取对象。

程序清单 17-20　ObjectDemo.java

```
import java.io.*;
class Student implements Serializable {// Student 类实现接口Serializable,保证对象序列化
    String name = null;
    double height;
    Student(String name, double height) { this.name = name; this.height = height;}
    public void setHeight(double c){ this.height = c; }
    public void setName(String name) { this.name = name; }
}
public class ObjectDemo {
```

```
    public static void main(String args[]) {
        Student liu = new Student("邓小平", 1.56); Student guan = new Student("李世民", 1.80);
        Student zhang = new Student("胡锦涛", 1.70);
    ObjectOutputStream object_out=null; ObjectInputStream object_in=null;
        try { FileOutputStream file_out = new FileOutputStream("D:\\student.txt");//创建文件输出流
            object_out = new ObjectOutputStream(file_out); //创建对象输出流
            //下面3条语句, 分别将3个对象写入文件中, 即实现对象序列化
            object_out.writeObject(liu); object_out.writeObject(guan);
            object_out.writeObject(zhang);
            object_out. flush();
            System.out.println(liu.name + " 的身高是 " + liu.height);
            System.out.println(guan.name + " 的身高是 " + guan.height);
            System.out.println(zhang.name + " 的身高是 " + zhang.height);
            FileInputStream file_in = new FileInputStream("D:\\student.txt");//创建文件输入流
            object_in = new ObjectInputStream(file_in); //创建对象输入流
            //从对象输入流读取三个对象, 即实现对象反序列化
            liu = (Student) object_in.readObject();
            guan = (Student) object_in.readObject();
            zhang = (Student) object_in.readObject();
        }
        catch (ClassNotFoundException event) { System.out.println("不能读出对象");}
        catch (IOException event) { System.out.println("can not read file" + event);}
        finally{ try{
            if(object_in!=null) object_in.close();if(object_out!=null)object_out.close();
            }
            catch(Exception e){e.printStackTrace();}}
    }
  }
}
```

17.10　PrintWriter 类

由于数据输出流是以二进制格式把数据写入文件中，因此，无法用文本形式查看文件内容。而 PrintStream 和 PrintWriter 都是以文本格式把数据写入文件中，这两个类具有相似的方法，下面介绍 PrintWriter 类的构造方法。

- public PrintWriter(Writer out)。
- public PrintWriter(Writer out,boolean flush)。
- public PrintWriter(OutputStream out)。
- public PrintWriter(OutputStream out,boolean flush)。

【例 17.20】本例将 100 个随机数以文本格式写入文件 d:/out.dat。

程序清单 17-21　PrintWriterDemo.java

```
import java.io.*;
public class PrintWriterDemo{
    public static void main(String[] args){
    PrintWriter pw = null;
    File tempFile = new File("d:/out.dat");
    if (tempFile.exists()) { System.out.println("文件已经存在"); System.exit(0); }
    try { // 下面语句: 将文件 tempFile 封装为打印数据输出流pw
        pw = new PrintWriter(new FileOutputStream(tempFile), true);
```

```
        for (int i=0; i<100; i++)  pw.print(" "+(int)(Math.random()*1000)); //往输出流写数据
    }
    catch (IOException ex){ System.out.println(ex.getMessage()); }
    finally{ if (pw != null) pw.close();}}//关闭输出流
  }
}
```

17.11　字节流到字符流的转换

InputStreamReader 类的作用是把字节输入流转换成字符输入流，OutputStreamWriter 类的作用是把字节输出流转换成字符输出流。

1. InputStreamReader 类

1)　以默认编码构造字节到字符的输入流

构造一个默认编码集的 InputStreamReader 流：

```
InputStreamReader isr = new InputStreamReader(InputStream in);
```

其中，参数 in 可以通过 System.in 获得，或者通过下面的语句获取：

```
InputStream in = new FileInputStream(String fileName);  //读取文件里的数据
```

2)　以指定编码构造字节到字符的输入流

构造一个指定编码集的 InputStreamReader 流：

```
InputStreamReader isr = new InputStreamReader(InputStream in,String charsetName);
```

程序清单 17-22　InputStreamReaderDemo.java

```
import java.io.*;
public class InputStreamReaderDemo {
  public static void main(String[] args) throws IOException {
    FileInputStream fis = null;  InputStreamReader isr =null;
    boolean bool=false; int i; char c;
    try {  fis=new FileInputStream("d:/write.txt"); //构造字节输入流
        isr=new InputStreamReader(fis); //把字节输入流转换为字符输入流
        while((i=isr.read())!=-1){//从字符输入流中读取一个字符的编码值保存到i中
          c=(char)i; System.out.println("Character read: "+c);
          bool = isr.ready(); //如果下一个要读取的数据已经准备好，则返回true
          System.out.println("Ready to read: "+bool);
        }
    }
    catch (Exception e) {  e.printStackTrace(); }
    finally { if(fis!=null) fis.close();  if(isr!=null) isr.close(); }
  }
}
```

2. OutputStreamWriter 类

1)　以默认编码构造字节到字符的输出流

构造一个默认编码集的 OutputStreamWriter 流：

```
OutputStreamWriter osw = new OutputStreamWriter(OutputStream out);
```

2) 以指定编码构造字节到字符的输出流

构造一个指定编码集的 OutputStreamWriter 流：

```
OutputStreamWriter osw = new OutputStreamWriter(OutputStream out,String charsetName);
```

其中，参数 out 对象可以通过 System.out 获得，或者通过下面语句获得：

```
InputStream out = new FileoutputStream(String fileName); //输出到文件里
```

程序清单 17-23 TestOutputStreamWriter.java

```java
import java.io.*;
public class TestOutputStreamWriter {
        public static void main(String[] args) {
            try{ TestOutputStream(); }
            catch (Exception e) {      }
}

    public static void TestOutputStream() throws Exception {
    File file = new File("d:/write.txt");
    OutputStream fileOutputStream = null;
    OutputStreamWriter outputStreamWriter = null;
    BufferedWriter bufferedWriter = null;
    try { fileOutputStream = new FileOutputStream(file);
        outputStreamWriter = new OutputStreamWriter(fileOutputStream, "GBK");
        bufferedWriter = new BufferedWriter(outputStreamWriter);
        bufferedWriter.write("Hello World");
        bufferedWriter.newLine(); bufferedWriter.write("Hello Java");
        bufferedWriter.flush();// close 前调用 flush
    }
    finally { try { if (bufferedWriter != null) bufferedWriter.close(); }
        catch (Exception e) {      }
        try { if (outputStreamWriter != null) outputStreamWriter.close(); }
        catch (Exception e) {      }
        try { if (fileOutputStream != null) fileOutputStream.close(); }
        catch (Exception e) {       }
    }
  }
}
```

17.12 本 章 小 结

输入/输出就是程序与外界交换信息，即读取信息和输出信息。例如，从键盘读取数据、与网络交换数据、打印报表、读写文件信息等都要涉及数据输入/输出的处理。

数据流就是使用系统预定义的类创建的对象。任何一个数据流都具有两重属性，即数据流的流动方向和数据流的成分。从数据流动方向来看，数据流分为输入流和输出流。

从数据流包含的成分来看，数据流分为字节流、字符流、缓冲流、对象流等。

17.13 习　　题

1. 字节流和字符流之间有什么区别?

2. 编写一个程序, 分别用数据输入流和数据输出流读/写文件。

3. 编写一个程序, 分别用 DataOutputStream 和 PrintStream 实现文件的读、写。

4. 编写一个程序, 统计文件中的字符(包括空格)、单词和行的数目。

5. 假设文本文件 chengji.txt 包含数目不确定的成绩。编写程序从文件 chengji.txt 中读取成绩, 并在文件区中显示, 最后显示平均成绩。成绩用空格隔开。(提示: 一次读一行成绩直到读完所有的行, 对于每一行, 使用 StringTokenizer 提取成绩, 然后用 Double.ParseDouble() 方法把成绩转换成双精度值。)

6. 用 StringTokenizer 类编写一个程序, 把文件中的所有整数都加起来, 并在控制台输出结果。假设文件中的整数是用空格分隔的。重写这个程序, 这一次假定数字是 double 型。

7. 在 Java I/O 程序中, 为什么必须在方法中声明抛出异常 IOException 或者在 try-catch 块中处理该异常?

8. 如果对一个不存在的文件创建输入流会发生什么? 如果试图对一个已经存在的文件创建输出流会发生什么? 为什么总是要求关闭数据流?

9. 如何使用 PrintWriter 向一个已存在的文本文件中添加数据?

10. 在 FileOutputStream 中调用 writeByte(91)方法后, 写入文件的是什么?

11. 在二进制输入流(FileInputStream 和 DataInputStream)中, 如何判断读取文件流的指针已经到达文件尾?

12. DataOutputStream 的对象 outdata 执行下列每条语句, 各有多少个字节发送到输出流?

- outdata.writeChar('v');
- outdata.writeChars('hhu');
- outdata.writeUTF('DMJ');

13. 可以向 ObjectOutputStream 中写入一个数组吗?

第 18 章　数据库编程

本章要点

- 数据库连接类型；
- 语句对象、结果集对象、元数据和预备语句接口(PreparedStatement)；
- 数据查询和更新方法。

学习目标

- 掌握数据库查询和更新的方法；
- 掌握元数据的获取方法。

本章介绍 Java 应用程序如何通过 JDBC(Java DataBase Connectivity)与数据库连接，并实现数据查询和数据更新。JDBC 是一种让 Java 程序与关系数据库进行连接的 API，通过它可以访问各种关系数据库。

18.1　MySQL 数据库的基本操作

MySQL 是一个小型的关系型数据库管理系统，由于其体积小、速度快、成本低、源码开放，许多中小型网站选择 MySQL 作为网站数据库。本书采用 MySQL 5.5 版本，下面简要介绍数据库的添加、修改、删除、查询操作。

1. 添加数据

向表中添加数据就是指向表中添加记录，通用的语法格式如下：

```
INSERT INTO 表名[(字段1,字段2,字段3,...,字段n)] VALUES (值1,值2,值3,... ,值n);
```

如果针对全部的字段插入数据，可以省略所有的字段名。

例如，向 students 表中添加一条记录的语句格式：

```
INSERT INTO students(id,name,sex) VALUES ('1111', '刘文彩', '男');
```

2. 删除数据

删除表中的某条记录，或删除记录中的某些数据项，通用的语句格式如下：

```
DELETE FROM 表名 [where 删除条件] ;
```

如果没有指定删除的条件，则删除表中的全部数据。例如，删除 students 表中姓名为刘文彩的记录：

```
DELETE FROM students WHERE name='刘文彩' ;
```

3. 修改数据

根据表中某一关键字修改满足条件的记录，通用的语句格式如下：

```
UPDATE 表名 SET 字段1=值1,...,字段n=值n [WHERE 修改条件] ;
```

如果没有指定修改条件，则表示修改表中的全部记录。

例如，将 students 表中字段 ID 的值是 1111 的记录的姓名改为'邓卖国'：

```
UPDATE students SET name='邓卖国' WHERE id='1111' ;
```

4. 数据查询

按照某个条件查询记录，或者查询某些数据项。通用的语句格式如下：

```
SELECT {*|column }   FROM 表名  [WHERE 查询条件] ;
```

例如，查询 students 表中字段 ID 的值是'1111'的记录：

```
SELECT * FROM students WHERE   id='1111' ;
```

5. 表结构

本章示例程序用到的 students 表建立在 test 库中，其结构信息如表 18-1 所示。

表 18-1   students 表的结构

字 段 名	数据类型	长　度	说　明
id	varchar	10	学生编号(主键)
name	varchar	10	姓名
sex	varchar	2	性别
birthday	varchar	8	出生日期
age	int	3	年龄
major	varchar	20	专业

18.2   连接数据库概述

JDBC 是 Java DataBase Connectivity 技术的简称，由可执行 SQL 语句的 Java API 构成。JDBC 为数据库应用开发人员提供了一种标准的 API，开发人员可以用纯 Java 语言编写完整的数据库应用程序。图 18-1 是 Java 应用程序与数据库的连接模型。

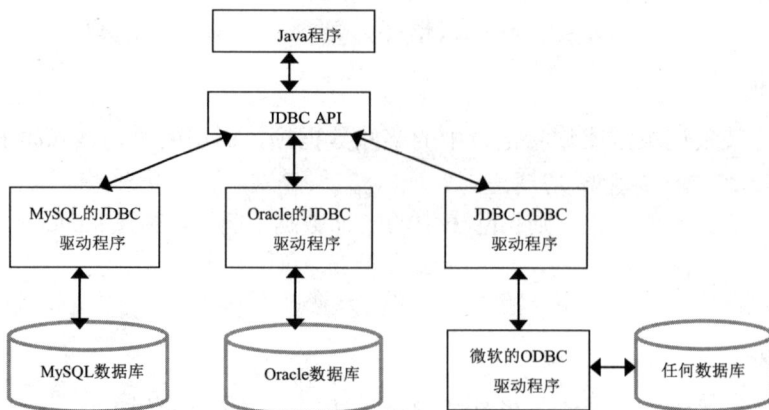

图 18-1   Java 应用程序与数据库的连接模型

1. JDBC API

JDBC API 是 Java 提供的一套与具体数据库无关的通用接口，这些接口用于加载数据库驱动程序、建立数据库连接、将 SQL 语句发送给数据库、处理数据以及获取数据库的元数据，主要接口和类介绍如下。

- Driver 接口：数据库的驱动程序必须实现这个接口，其作用是建立数据库链接。
- DriverManager 类：管理数据库驱动程序、获取数据库连接对象。
- Connection 接口：获取 Statement 对象或 PreparedStatement 对象。
- Statement 接口：描述 Statement 对象。
- PreparedStatement 接口：描述预处理 SQL 语句接口。
- ResultSet 接口：描述结果集。
- ResultSetMetaData 接口：描述结果集的元数据。
- DatabaseMetaData 接口：描述数据库的元数据。

2. JDBC 驱动程序

每种数据库服务器均可以通过实现 Driver 接口来定义一个 JDBC 驱动程序。不同的数据库厂商实现 Driver 接口的方式不同：连接 MySQL 数据库，需要 MySQL 的 JDBC 驱动程序；连接 Oracle 数据库，需要 Oracle 的 JDBC 驱动程序；连接 DB2 数据库，需要 DB2 的 JDBC 驱动程序。总之，所有连接数据库的 JDBC 驱动程序都实现了 Driver 接口。

3. JDBC-ODBC 驱动程序

ODBC 是微软开发的、用于访问 Windows 平台的数据库，所有 Windows 操作系统中都内置了 ODBC 驱动程序。Java 程序通过 JDBC-ODBC 驱动程序可以访问任何 ODBC 数据源。J2DK 工具包中提供了 JDBC-ODBC 驱动程序。

18.2.1　数据库连接类型

按照不同的连接方式，可将 JDBC 驱动程序分为以下 4 类。

1. JDBC-ODBC 桥接器驱动程序(JDBC-ODBC Bridger Driver)

利用桥接器的方式将 JDBC 调用转换为 ODBC 调用，再送至 ODBC 驱动程序，如图 18-2 所示。使用此驱动程序，客户端也必须安装数据库的客户端软件才能执行。因为经过多层的转换，如果处理的数据过于庞大，其处理效率就会降低，所以对于现行的应用程序而言，它并不是一个好的驱动程序。

2. 采用部分 Java 程序代码所编写的驱动程序(Native-API/Partly Java Driver)

这种驱动程序内含 Java 程序代码，可直接调用数据库所提供的客户端链接库，无须经过 ODBC 驱动程序，其连接方式如图 18-3 所示。(其中，Native JavaAPI 是 JDBC 驱动程序)这种连接方式也必须安装数据库客户端程序。

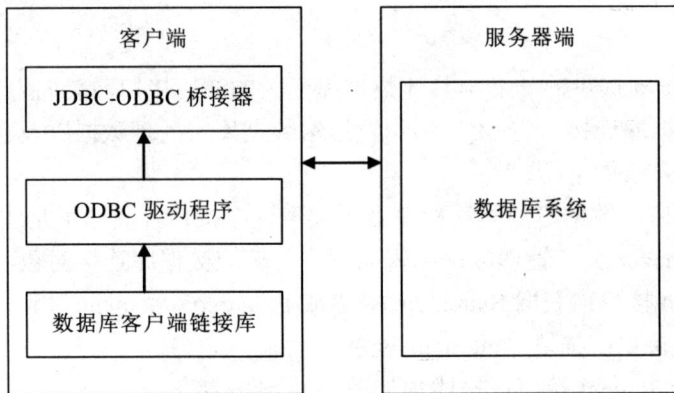

图 18-2　JDBC-ODBC 桥接驱动程序的连接方式

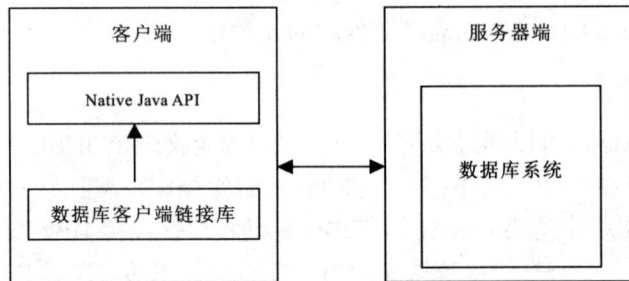

图 18-3　采用部分 Java 程序代码编写的驱动程序的连接方式

3. Java 网络协议驱动程序(Net-Protocol/All Java Driver)

这种驱动程序以软件的三层体系结构为基础，提供了一个通用的网络协议(API)，客户端通过该网络协议(API)将访问数据库的请求传送给中间层，中间层再把客户端请求转换为 API，API 通过数据库的链接库传入服务器端。从另一个角度来看，客户端的 JDBC 是以 Socket 方式调用服务器端的应用程序，并将客户端的请求转换成驱动程序所需的 API。这种方式的优点是数据库具有扩展性。Java 网络协议驱动程序的连接方式如图 18-4 所示。这种连接方式，客户端的驱动程序(JDBC)把数据库请求传给中间层。

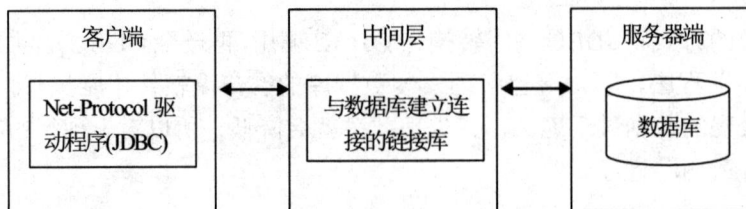

图 18-4　Java 网络协议驱动程序的连接方式

4. Java 原始协议驱动程序(Native-Protocol /All Java Driver)

这种驱动程序使用内置于数据库服务器的网络协议，将 JDBC 调用直接转换为网络调用。使用的先决条件是数据库必须具备通信功能，整个访问数据库的过程均由 Java 语言实现，故称为纯 Java 驱动程序。**本教程使用的就是这种连接方式**。其连接方式如图 18-5 所示。

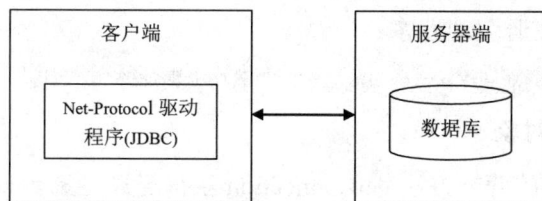

图 18-5　Java 原始协议驱动程序的连接方式

18.2.2　数据库连接步骤

在建立数据库连接以前必须完成以下三个步骤。

(1)　安装和配置数据库服务器。

(2)　在数据库服务器上创建数据库。

(3)　安装 JDBC 驱动程序。

下面介绍客户端与服务器端的数据库建立连接的步骤。

1. 设置 JDBC 驱动程序的路径

如果采用 Eclipse 开发环境，就将 JDBC 驱动程序所在的路径加入项目中。如果采用 JDBC-ODBC 连接，就不需要设置驱动程序路径了，因为 J2DK 能自动寻找到 JDBC-ODBC 驱动程序(JDBC-ODBC 已经内置在 J2DK 包中)。

2. 在程序中标识数据库位置(URL)

客户端要与数据库建立连接，就应该知道数据库的位置。Java 使用 URL 来表示数据库的位置。URL 的通用格式如下：

```
jdbc: subprotocol : other
```

其中，**subprotocol** 表示连接到特定数据库的驱动程序类型；**other** 的格式由供应商提供的资料决定。

假设连接到 MySQL 5.5 数据库系统中的 test 数据库，则 URL 表示如下：

```
String url="jdbc:mysql://IP:3306/test";   //连接数据库 test 的 URL
```

其中，IP 是数据库服务器的 IP 地址，3306 是数据库服务器的端口号。如果客户端与数据库服务器在同一台计算机上，IP 地址就可以表示为 127.0.0.1，或者用关键字 localhost 代表 127.0.0.1。

3. 注册驱动程序

安装了驱动程序后，还应该把驱动程序注册到驱动程序管理器上，这样驱动程序管理器才能激活驱动程序。

例如，MySQL 数据库的驱动程序名是 **org.gjt.mm.mysql.Driver**，将驱动程序注册到驱动程序管理器上有两种方式。

1) 在命令行中注册驱动程序

```
java -D jdbc.drivers= org.gjt.mm.mysql.Driver MyProg // MyProg 是程序名
```

2) 在程序代码中注册驱动程序

```
Class.forName("org.gjt.mm.mysql.Driver "); //注册和加载 JDBC 驱动程序
```

4. 获取数据库连接对象

使用 DriverManager 的静态方法 getConnection 获得连接对象 conn 的程序片段：

```
String url="jdbc:mysql:    //localhost:3306/test";   //连接数据库 test 的 URL
String username="user";    //连接数据库的账户
String password="123";     //密码
Connection conn=DriverManager.getConnection(url , username , password); //获得链接对象
```

【例 18.1】连接到数据库系统 MySQL 5.5 中的 test 数据库。

程序清单 18-1　ConnectionDB.java

```
package pack1;import java.sql.*;
public class ConnectionDB {
      String driver = "org.gjt.mm.mysql.Driver";              //mysql 数据库驱动程序名
      String url = "jdbc:mysql://localhost:3306/test" ;   //连接 test 数据库的 URL
      String user = "root";              //用户名
      String password = "12345";         //密码
      Connection con;
      public ConnectionDB(){ con = getConnection();}//获得连接对象
      public Connection getConnection(){              //获得连接对象的方法
        try {  Class.forName(driver);               //加载驱动程序
              System.out.println("加载驱动程序成功! ");
      }
      catch(Exception e) {System.out.println("加载驱动程序失败! ");   }
      try { con = DriverManager.getConnection(url,user,password);//建立连接
              System.out.println("连接数据库成功!");
          }
      catch(SQLException ex) {System.out.println("连接异常:"+ex.toString());}
      return con;
  }
}
```

18.3　语句对象(Statement)

执行数据查询和更新操作以前，首先要获得语句对象(Statement 对象)。通常使用 Connection 对象中的 createStatement 方法获取语句对象，createStatement 方法有两种重载形式。

1. createStatement()方法

用连接对象中的无参数方法创建语句对象 st 的程序片段：

```
Statement st=con.createStatement() ; //其中, con 是连接对象
```

用语句对象 st 调用 executeQuery()方法获得的结果集(ResultSet 对象)中的游标只能下移，

不能上移。

2. createStatement(int type,int concurrency)方法

用连接对象中的有参数方法创建语句对象 st 的程序片段：

```
Statement st=con.createStatement(int type, int concurrency ) ;//其中, con 是连接对象
```

这种语句对象 st 调用 executeQuery()方法获得的结果集(ResultSet 对象)中的游标可以上下移动，这种结果集可用于滚动查询，也可以用这种结果集更新数据库。下面是该方法参数的说明。

1)　type

type 值决定结果集的滚动方式，即结果集中的游标能否上下滚动。type 有三种取值。

- ResultSet.TYPE_FORWORD_ONLY：结果集中的游标只能向下移动。当数据库变化时，当前结果集不变。
- ResultSet.TYPE_SCROLL_INSENSITIVE：结果集中的游标可以上下移动。当数据库变化时，当前结果集不变。
- ResultSet.TYPE_SCROLL_SENSITIVE：返回可滚动的结果集。当数据库变化时，当前结果集同步改变。

2)　concurrency

concurrency 决定结果集能否用来更新数据库，它有两种取值。

- ResultSet.CONCUR_READ_ONLY：不能用结果集更新数据库中的表。
- ResultSet.CONCUR_UPDATABLE：可以用结果集更新数据库中的表。

可以使用同一个语句对象执行查询和更新操作(修改/添加/删除)，但是需要注意，用语句对象获取结果集的操作必须放在语句对象执行更新操作之前，否则执行更新的操作会破坏语句对象获取的结果集。

18.4　数据查询和更新的方法

语句对象中的 executeQuery 方法执行数据查询，executeUpdate 方法执行数据更新。

1. 数据查询

语句对象中的 executeQuery(String sql)方法执行查询，例如：

```
String sql="select * from tablename where expression" ; //SQL 查询字符串
ResultSet rs=stmt.executeQuery(sql);  //语句对象 stmt 执行查询, 获得结果集 rs
```

2. 数据更新

语句对象中的 executeUpdate(String sql)方法执行更新，例如：

```
String sql="sqlStatement " ;         //sqlStatement 代表插入、修改或删除 SQL 语句
int number=stmt.executeUpdate(sql);  //语句对象 stmt 执行更新, number 表示更新操作影响的记录数目
```

18.5 结果集(ResultSet)

语句对象执行 **executeQuery(sql)方法**获得一个结果集(ResultSet 对象),结果集是一张由表头和若干数据行组成的二维表,其中,表头由多个字段组成。结果集有一个游标(相当于一个指针),起初,游标指向表头中的第一个字段,如图 18-6 所示。

id	name	sex	birthday	age	major
15256001	李兵	男	19920212	25	软件工程
15256002	李华	女	19920325	25	计算机
15256003	李世民	男	19220218	111	网络

游标 →

图 18-6　结果集中游标的开始状态

结果集中的字段有 id、name、sex、birthday、age 和 major。每个字段有一个索引编号,索引从左到右的编号是:第一个字段 id 的索引是 1,第二个字段 name 的索引是 2,依此类推。

要想输出结果集中的所有数据行,必须使用 next()方法对结果集中的记录进行遍历。每当 next()方法执行一次,则游标向下移动一行。

1. next()方法

boolean next():如果游标后有数据,返回 true 并且游标下移一行,否则返回 false。

2. 获取字段对应值的方法

如图 18-7 所示,当前游标所在行、字段 name 的值是"李华",如何获取这个值呢? 获取当前游标所在行、指定字段的对应值的方法有两种。

id	name	sex	birthday	age	major
15256001	李兵	男	19920212	25	软件工程
15256002	李华	女	19920325	25	计算机
15256003	李世民	男	19220218	111	网络

游标 →

图 18-7　获取游标所在行、对应字段的值

1)　通过字段的索引获取

getXxx(int index)方法:获取当前游标所在行、指定索引号的字段值。

2)　通过字段名获取

getXxx(String name)方法:获取当前游标所在行、指定字段名的字段值。

表 18-2 列出了通过字段索引和字段名获取字段值的部分方法。

表 18-2　ResultSet 类获取字段值的常用方法

返回的类型	方法名称	方法描述
byte	getByte(int index)	获取当前游标所在行、字段索引为 index 的字段值
Date	getDate(int index))	同上

返回的类型	方法名称	方法描述
double	getDouble(int index)	同上
Float	getFloat(int index)	同上
int	getInt(int index)	同上
long	getLong(int index)	同上
String	getString(int index)	同上
byte	getByte(String name)	获取当前游标所在行、字段名为 name 的字段值
Date	getDate(String name)	同上
double	getDouble(String name)	同上
float	getFloat(String name)	同上
int	getInt(String name)	同上
long	getLong(String name)	同上
String	getString(String name)	同上

3. 移动游标的方法

有时需要在结果集中上下移动游标，以便获取某条记录，此时必须获得一个可滚动的结果集，可滚动的结果集中的游标可以上下移动。获得可滚动结果集的程序片段如下：

```
Statement st=con.createStatement(int type, int concurrency ) ; //其中, con 是连接对象
ResultSet rs=st.executeQuery(sql);   //其中, sql 是 SQL 查询语句。获得可滚动的结果集 rs
```

可滚动结果集中游标移动的常用方法如表 18-3 所示。

表 18-3　ResultSet 对象游标移动的常用方法

方　法　名	作　用
boolean previous()	游标向上移动一行，当游标指向表头时返回 false
void beforeFirst()	游标移到初始位置，即游标指向表头的第一个字段
void afterLast()	游标移到最后一行之后
void first()	游标移到结果集的第一行
void last()	游标移到结果集的最后一行
boolean isAfterLast()	判断游标是否在最后一行之后
boolean isBeforeFirst()	判断游标是否在第一行之前
boolean isFirst()	判断游标是否指向结果集的第一行
boolean isLast()	判断游标是否指向结果集的最后一行
int getRow()	返回当前游标指向的行号。如果结果集没有记录，则返回 0
boolean absolute(int row)	将游标移到参数 row 指定的行号。如果 row 取负值，则代表倒数的行数。例如，asolute(-1)表示移到最后一行，asolute(-2)表示移到倒数第二行。当移到第一行前面或最后一行的后面时，该方法返回 false

注意：数据处理完后，必须调用 close()方法关闭先前创建的对象。关闭对象的顺序是：关闭 ResultSet 对象→关闭 Statement 对象→关闭 Connection 对象。关闭顺序与打开顺序相反。

18.6　数据库操作

数据库操作包括数据查询和数据更新。

18.6.1　数据查询

按照查询的方式不同，可将查询分为顺序查询、游动查询和模糊查询。

1. 顺序查询

对非滚动的结果集的查询属于顺序查询，其特点是游标只能一行行地向下移动，既不能向上移动，也不能跳行移动。

2. 游动查询

可滚动的结果集的查询属于游动查询，游标可以上下移动，也可以跳过若干行移动。

3. 模糊查询

这种查询的 SQL 查询语句中带有通配符。可以用 SQL 语句操作符"like"进行模式匹配，"%"代替一个或多个字符，下划线"_"代替一个字符。例如，下面的 SQL 语句可用来查询姓氏为"王"的记录。

```
Select * from students where name like '王%'
```

【例 18.2】定义查询类 Query。

程序清单 18-2　Query.java

```java
package pack1;import java.sql.*;
public class Query extends ConnectionDB {
    public Query() throws SQLException {
        super();  //调用直接父类的构造方法，获取 con 对象
    }
    public void getStudent(String sql) {//1.顺序查询符合条件的学生信息
try { Statement st=con.createStatement();
    ResultSet rs=st.executeQuery(sql);  //获得非滚动结果集
    System.out.println("学号"+"\t\t 姓名"+"\t\t 专业"+"\t\t 性别"+"\t\t 出生日期");
    while (rs.next()) {
        String id = rs.getString("id");
        String name = rs.getString("name");
        String major = rs.getString("major");
        String sex = rs.getString("sex");
        String birthday = rs.getString("birthday");
        System.out.println(id+"\t"+name+"\t\t"+major+"\t\t"+sex+"\t\t"+birthday);
    }
    System.out.println();
    rs.close();  st.close();
```

```
        }
        catch (SQLException e) {e.printStackTrace();}
    }
public void getRowCount(String sql) {//2.查询符合条件的记录数
        try { Statement st = con.createStatement();
         ResultSet rs = st.executeQuery(sql);
            if (rs.next()){System.out.println("符合条件的记录数有:"+rs.getInt(1)+"条");}
            else {System.out.println("没有符合条件的记录");}
            rs.close(); st.close();
        }
        catch (SQLException e) {e.printStackTrace();}
    }
        public void getFuzzy(String sql) {  //3.模糊查询,查询条件中包含匹配字符
        try { Statement st = con.createStatement();
            ResultSet rs=st.executeQuery(sql);//获得非滚动结果集,游标不能上移,也不能跳行
            System.out.println("学号"+"\t\t 姓名"+"\t\t 专业"+"\t\t 性别"+"\t\t 出生日期");
            while (rs.next()) {
                String id = rs.getString("id");
                    String name = rs.getString("name");
                    String major = rs.getString("major");
                    String sex = rs.getString("sex");
                    String birthday = rs.getString("birthday");
                    System.out.println(id + "\t" + name + "\t\t" +major +"\t\t" +sex+"\t\t" +birthday);
                }
                System.out.println(); rs.close();st.close();
            }
    catch (SQLException e) {e.printStackTrace(); }
    }
    public void getScroll(String sql) {  //4.滚动查询,游标可以上下移动
        try { Statement st = con.createStatement(ResultSet.TYPE_SCROLL_INSENSITIVE,
            ResultSet.CONCUR_READ_ONLY);
            ResultSet rs=st.executeQuery(sql);  //获得滚动结果集
            rs.absolute(11);    //游标移至第 11 行处
            System.out.println("学号"+"\t\t 姓名"+"\t\t 专业"+"\t\t 性别"+"\t\t 出生日期");
            while (rs.previous()) {//下面使用 previous 方法使游标向上移动
                String id = rs.getString("id");
                    String name = rs.getString("name");
                    String major = rs.getString("major");
                    String sex = rs.getString("sex");
                    String birthday = rs.getString("birthday");
                    System.out.println(id+"\t"+name+"\t\t"+major+"\t\t"+sex+"\t\t"+birthday);
                }
                System.out.println();rs.close();st.close();
            }
    catch (SQLException e) {e.printStackTrace(); }
    }
}
```

程序清单 18-3　QueryDemo.java

```
package pack1; import java.sql.SQLException;
public class QueryDemo { //测试类
    public static void main(String[] args){
        String query_str1 ="select * from students ";
        String query_str2="select count(*)from students where name='李颜'";//查询满足条件的记录数
```

```
        String query_str3 ="select ID,name,major,sex,birthday from students where name like '%李%'";
        Query que;
        try { que = new Query();
                que.getScroll(query_str1);     //滚动查询
                que.getRowCount(query_str2); //查询满足条件的记录数。要注意本 SQL 语句的写法
                que.getFuzzy(query_str3);      //模糊查询
        }
        catch (SQLException e) {e.printStackTrace();}
    }
}
```

18.6.2 数据更新

数据更新指添加数据、删除数据、修改数据。Statement 对象中的 executeUpdate 方法实现数据更新。

【例 18.3】 定义数据更新类 Update。

程序清单 18-4 Update.java

```
package pack1;import java.sql.*;
public class Update extends Query {
public Update() throws SQLException {
    super(); //获得连接对象 con
}
public void updateRecords(String sql) { // sql 代表更新数据的 SQL 语句(增、删、改语句)
    int n=0;
    try {  Statement st=con.createStatement();
        n=st.executeUpdate(sql);//得到受影响的记录数 n
        if (n>0){ System.out.println("修改操作,受影响的记录数有:" +n + "条");}
        else { System.out.println("修改操作不成功!"); }
        st.close();
    }
    catch (SQLException e) {e.printStackTrace();}
  }
}
```

程序清单 18-5 UpdateDemo.java

```
package pack1;import java.sql.SQLException;
public class UpdateDemo { //测试类
public static void main(String[] args) {
        Update up;
        try {  up = new Update();
            //插入两条记录的 SQL 语句
            String ins_str1 = "insert into students values('1140111105','李颜',
                '女','20010511',21,'网络管理')";
            String ins_str2 = "insert into students(id,name,sex,age,major) values
                ('1150111106','李大鹏','男',21,'网络管理')";
            up.updateRecords(ins_str1);
            up.updateRecords(ins_str2);
            //显示有关信息,下同
            String query_str1="select * from students where major like '网络管理%'";
            String query_str2="select count(*) from students where major like '网络管理%'";
            up.getStudent(query_str1);// 查询符合条件的学生
```

```
                up.getRowCount( query_str2);// 统计符合条件的记录数
                //修改数据并显示
                String update_str="update students set age=age+1 where major like '网络管理%'";
                up.updateRecords( update_str);
                up.getStudent(query_str1);
                up.getRowCount(query_str2);
                //删除数据并显示
                String delete_str="delete from students where major like '网络管理%'";
                //up.updateRecords( delete_str);
                up.getStudent(query_str1);
                up.getRowCount( query_str2);
            }
            catch (SQLException e) {e.printStackTrace();}
    }
}
```

18.7 预备语句接口

Statement 接口执行不含参数的静态 SQL 语句，PreparedStatement 是 Statement 的子接口，用于执行含参数的、预编译的 SQL 语句。PreparedStatement 语句是预编译的，执行效率高。

PreparedStatement 接口中的 executeQuery 和 executeUpdate 方法与 Statement 接口中的两个方法不同，它们**没有参数**。

PreparedStatement 接口不仅继承了 Statement 接口中的所有方法，而且，还定义了一些设置参数的方法，即，为 PreparedStatement 对象设置参数，这些方法的格式如下：

```
setX(int index, X val); //val 是参数值, X 是参数的类型。index 是参数的下标, 下标编号从 1 开始
```

【例 18.4】定义一个类，用预处理语句实现添加记录。

程序清单 18-6 PreInsert.java

```
package pack1;import java.sql.*;
public class PreInsert extends ConnectionDB {
        PreparedStatement pst ;
        public void preInsert(String id,String name,String sex,String bir,int age,String major){
            try { String sql="INSERT INTO students(id,name,sex,birthday,age,major)"+
                "VALUES(?,?,?,?,?,?)";
                pst=con.prepareStatement(sql) ;        //获得 PreparedStatement 对象
                pst.setString(1, id) ;                 //将 id 赋给第 1 个参数
                pst.setString(2, name) ;               //将 name 赋给第 2 个参数
                pst.setString(3,sex) ;                 //将 sex 赋给第 3 个参数
                pst.setString(4,bir) ;                 //将 bir 赋给第 4 个参数
                pst.setInt(5,age) ;                    //将 age 赋给第 5 个参数
                pst.setString(6,major) ;               //将 major 赋给第 6 个参数
                pst.executeUpdate() ;                  //执行数据更新操作
                System.out.println("一条记录插入成功");
                pst.close() ;                          //关闭语句对象
                //con.close() ;                        //关闭连接对象
            }
        catch (SQLException se) {se.printStackTrace();}
        }
}
```

程序清单 **18-7**　PreInsertDemo.java

```
package pack1;
public class PreInsertDemo { //测试类
        public static void main(String[] args){
            PreInsert pins=new PreInsert();
            pins.preInsert("416111101", "刘振", "女","19950322", 27, "计算机");
            pins.preInsert("416111102", "王潘", "男","19950322", 17, "计算机");
        }
}
```

【例 18.5】定义一个类，用预处理语句实现模糊查询。

程序清单 **18-7**　PreQuery.java

```
package pack1;import java.sql.*;
public class PreQuery extends ConnectionDB {
        PreparedStatement pst;
    ResultSet rs;
        public void getStudent(String key) {// key 代表姓名的关键字
            try { String sql = "SELECT * FROM students WHERE name LIKE ? " ;
                    pst = con.prepareStatement(sql);              // 获得 PreparedStatement 对象
                    pst.setString(1, "%" + key + "%");           // 给第一个参数赋值
                    rs = pst.executeQuery();
                    System.out.println("学号"+"\t\t 姓名"+"\t\t 专业"+"\t\t 性别"+"\t\t 出生日期");
                    while (rs.next()) {
                        String id = rs.getString("id");
                        String name = rs.getString("name");
                        String major = rs.getString("major");
                        String sex = rs.getString("sex");
                        String birthday = rs.getString("birthday");
                        System.out.println(id+"\t"+name+"\t\t"+major+"\t\t"+sex+"\t\t"+birthday);
                    }
                    System.out.println();
                    rs.close();pst.close();
                }
            catch (SQLException e) {e.printStackTrace();    }
        }
}
```

程序清单 **18-8**　PreQueryDemo.java

```
package pack1;
public class PreQueryDemo { //测试类
        public static void main(String[] args) throws Exception {
            PreQuery que=new PreQuery();
            que.getStudent("李"); //查询姓李的学生
            que.getStudent("刘"); //查询姓刘的学生
        }
}
```

18.8　元　数　据

元数据是指数据库元数据和结果集元数据。

18.8.1　数据库元数据

DatabaseMetaData 对象描述数据库的元数据，包括数据库的名称、版本、数据库包括的表的信息，DatabaseMetaData 类的常用方法如下。

- String getDatabaseProductName()：返回数据库的名称。
- int getDriverMajorVersion()：返回数据库的主版本号。
- int getDriverMinorVersion()：返回数据库的次版本号。
- ResultSet getPrimaryKeys(String catalog,String schema,String table)：以结果集方式返回数据库中表的主键信息。

【例 18.6】检索数据库 test 中 students 表的信息。

程序清单 18-9　DatabaseMetaDataDB.java

```java
package pack2; import java.sql.*;import pack1.ConnectionDB;
public class DatabaseMetaDataDB extends ConnectionDB {
        ResultSet rs;
  DatabaseMetaData meta ;
  public void getDatabaseinfo(){    //取得数据库的元数据信息
        try { meta=con.getMetaData();
            System.out.println("连接的数据库:\t" + meta.getURL());
            System.out.println("Driver: \t" + meta.getDriverName());
            System.out.println("Version:\t" + meta.getDriverVersion());
            rs = meta.getPrimaryKeys(null, null, "students") ;// 得到student 表的主键
              while (rs.next()) {
                    System.out.println("表类别: " + rs.getString(1));
                    System.out.println("表模式: " + rs.getString(2));
                    System.out.println("表名称: " + rs.getString(3));
                    System.out.println("列名称: " + rs.getString(4));
                    System.out.println("主键序列号: " + rs.getString(5));
                    System.out.println("主键名称: " + rs.getString(6));
              }
        }
        catch(SQLException ex) {System.out.println("连接异常:"+ex.toString()); }
}
  public static void main(String[]args){
      DatabaseMetaDataDB metada=new DatabaseMetaDataDB();
      metada.getDatabaseinfo();
  }
}
```

18.8.2　结果集元数据

ResultSetMetaData 对象描述结果集的元数据，包括结果集中字段的数据类型和字段的信息，ResultSetMetaData 类的常用方法如下。

- int getColumnCount()：返回结果集中的列数。
- boolean isAutoIncrement(int column)：判断指定列是不是自动编号。

- **String getColumnName(int column)**：根据列的下标返回列的名称。
- **String getColumType (int colum)**：根据字段的索引值取得字段的类型，返回值的类型定义在 java.sql.Type 类中。参数 colum 是字段的索引值，从 1 开始。

【例 18.7】显示 student 表查询的结果集部分信息。

程序清单 18-10　ResultSetMetaDataDB.java

```
package pack2;import pack1.ConnectionDB;import java.sql.*;
public class ResultSetMetaDataDB extends ConnectionDB {
        Statement st;
        ResultSet rs;
    ResultSetMetaData meta = null;
    public void getResultSetinfo(){      //取得结果集元数据信息
     try { st =con.createStatement();
            rs = st.executeQuery( "SELECT * FROM students");//返回students表的所有记录
            meta = rs.getMetaData();  //取得结果集的元数据
            System.out.println("结果集包括的字段数: "+ meta.getColumnCount());
            System.out.println("第1列的字段名: "+meta.getColumnLabel(1));
            System.out.println("第1列的数据类型: "+meta.getColumnTypeName(1));
            System.out.println("第1列的数据宽度:"+meta.getPrecision(1));
        }
        catch(SQLException ex) {System.out.println("连接异常:"+ex.toString()); }
    }
    public static void main(String[]args){
        ResultSetMetaDataDB meta=new ResultSetMetaDataDB();
        meta.getResultSetinfo();
    }
}
```

18.9　本章小结

　　JDBC(API)由 Java 接口组成，每种数据库引擎均可通过实现 JDBC 接口来定义一个类，这个类被称为 JDBC 驱动程序。

　　客户端连接数据库前，必须首先安装和配置数据库服务器，然后建立数据库，最后安装 JDBC 驱动程序。按 JDBC 驱动程序的不同，客户端与数据库服务器有 4 种不同的连接方式。最后，通过实际例子，演示了数据查询、数据更新、预处理语句的应用和元数据的应用。

18.10　习　　题

　　1. 如何创建一个数据库的连接对象？MySOL、Access 和 Oracle 的 URL 是什么？

　　2. DatabaseMetaData 的作用是什么？描述 DatabaseMetaData 中的方法。如何得到 DatabaseMataData 的一个实例？举例说明。

　　3. ResultSetMataData 的作用是什么？描述 ResultSetMataData 中的方法。如何得到 ResultSetMataData 的一个实例？举例说明。

4. 如何创建一个可滚动的结果集？如何创建一个可更新的结果集？举例说明。

5. 如何创建一个可滚动并可更新的 ResultSet？举例说明。

6. 如何在结果集中求得列的数目？如何在结果集中求得列的名称？举例说明。

7. 如何把图像存储到一个数据库中？如何从一个数据库检索图像？举例说明。

第 19 章 网络编程

本章要点

- URL 类、InetAddress 类和 URLConnection 类；
- ServerSocket 套接字和 Socket 套接字；
- TCP 编程和 UDP 编程。

学习目标

掌握 TCP 编程和 UDP 编程方法。

网络编程就是通过网络协议与其他计算机进行通信。网络编程中要解决两个问题：一个是如何定位网络上一台或多台主机的位置，另一个就是找到主机后如何进行数据传输。在 TCP/IP 协议集中，IP 协议主要负责定位网络主机的位置，TCP 协议实现可靠的数据传输，UDP 协议实现不可靠的数据传输。

基于客户机/服务器模式的网络编程模型是：一方作为服务器等待客户机提出请求，客户机在需要服务时向服务器提出申请。运行服务器端的守护进程始终监听服务器的网络端口，一旦某个客户机提出请求，服务器就为该客户机创建并启动一个服务线程来响应客户机，同时自己继续监听服务器的网络端口。

19.1 什么是 URL

URL(Uniform Resource Locator，统一资源定位器)主要用来定位 Internet 上的资源。在 Java 的网络编程中，使用 URL 类获取 Internet 上的资源信息。

1. URL 组成

URL 由协议、主机名(或者 IP)、端口号、资源文件名四个部分组成，它有两种格式。例如：

```
http://www.baidu.com/
```

或者

```
http://www.baidu.com:80/index.htm
```

协议 主机名或 IP 端口号 资源文件名

1) 协议

网络连接时用到的应用层协议。应用层协议有：http(超文本协议)、telnet、ftp、smtp。冒号(:)将协议与其他部分隔开。

2) 主机名或其 IP 地址

该项位于双斜线(//)和单斜线(/)之间，其中的冒号(:)是可选部分。本例的 www.baidu.com

表示主机名。

3) 端口号

端口号是可选的参数。它位于主机名和右边的单斜线(/)之间(http 协议的默认端口为 80，所以 ":80" 可以不写)。端口号也可以是别的数字。

4) 资源文件名

资源文件名是浏览器要查找的网页资源，如 index.html 或 index.htm 文件。

2. URL 类

用 java.net 包中的 URL 对象表示 Internet 上的资源文件。URL 类的方法如下。

1) 构造方法

URL 有多个构造方法，构造 URL 对象有可能抛出 MalformedURLException 异常。

- URL(String urlSpecifier)：用字符串格式的 URL 构造一个 URL 对象。
- URL(String protocol, String hostName, int port, String path)。
- URL(String protocol, String hostName, String path)。
- URL(URL context, String spec)：使用已经存在的 URL 创建一个新的 URL。

2) 实用方法

- boolean equals(Object obj)：比较两个 URL 是否相同。
- String getAuthority()：获得 URL 的授权部分。
- Object getContent()：获得 URL 的内容。
- Object getContent(Class[] classes)：获得 URL 的内容。
- int getDefaultPort()：获得 URL 中的默认端口号。
- String getFile()：获得 URL 中的网页文件名。
- String getHost()：获得 URL 中的主机名。
- String getPath()：获得 URL 中网页所在的路径。
- int getPort()：获得 URL 中的端口号，若没有设置端口号，则返回-1。
- String getProtocol()：获得 URL 所用的协议名称。
- String getQuery()：获得 URL 的查询部分。
- String getRef()：获得 URL 的锚点(也称为 "引用")。
- String getUserInfo()：获得 URL 的 UserInfo 部分。
- int hashCode()：创建一个适合散列表索引的整数。
- InputStream openStream()：返回 URL 的输入流。
- boolean sameFile(URL other)：比较两个 URL，不包括片段部分。
- String toExternalForm()：将 URL 对象转换为字符串格式。
- String toString()：将 URL 对象转换为字符串格式。
- URI toURI()：返回与 URL 等效的 URI。

【例 19.1】通过 URL 对象输出资源的相关属性。

程序清单 19-1　URLProperty.java

```
import java.net.*;
class URLProperty{
```

```
public static void main(String args[]) throws MalformedURLException {
        try { URL url = new URL("http://www.baidu.com");//创建一个URL对象
            System.out.println("授权: " + url.getAuthority()); //检查它的授权部分
            System.out.println("协议名称: " + url.getProtocol()); //获得URL的协议名
            System.out.println("默认端口号: " + url.getDefaultPort()); //获得默认端口号
            System.out.println("主机名: " + url.getHost()); //获得此 URL 的主机名
            System.out.println("文件名: " + url.getFile());      //获得 URL 的文件名
            System.out.println("Ext: " + url.toExternalForm());
            System.out.println("URL对象的字符串表示为: " + url.toString());
        }
        catch (MalformedURLException ex) {    System.out.println("fail !");    }
    }
}
```

19.2　InetAddress 类

主机名或 IP 地址唯一地标识了网络上的一台计算机。java.net 包中的 InetAddress 对象封装了 IP 地址。

1. InetAddress 的实例

InetAddress 类没有构造方法，获得 InetAddress 实例的静态方法如下。

- InetAddress getLocalHost()：获得本机的 InetAddress 对象。
- InetAddress getByName(String host)：通过主机名获得计算机的 InetAddress 对象。
- InetAddress[] getAllByName(String host)：获得一台计算机的所有 IP 地址。

host 既可以是主机名，也可以是 IP 地址。调用上面的方法时，如果指定的主机名或 IP 地址不能被解析，将抛出 UnknownHostException 异常。

2. 常用方法

- byte[] getAddress()：以字节格式返回原始的 IP 地址。
- String getHostAddress()：返回主机的 IP 地址。
- String getHostName()：返回主机名。
- String toString：同时返回主机名和 IP 地址，返回值的格式是：主机名/IP 地址。如果没有主机名，则只返回 IP 地址。

【例 19.2】获得百度和本地计算机的主机名和 IP 地址。

程序清单 19-2　IPDemo.java

```
import java.net.*;
public class IPDemo {
  public static void main(String[] args) throws Exception{
    InetAddress ip = InetAddress.getByName("www.baidu.com");//获得给定资源的IP对象
    System.out.println("百度的域名和IP地址:"+ip.toString());//获得域名和IP地址
    System.out.println("百度的域名:"+ip.getHostName()); //获得域名
    System.out.println("百度主机的IP地址:"+ip.getHostAddress());//获得IP地址
    InetAddress localip=InetAddress.getLocalHost(); //获得本机的IP对象
        System.out.println("本机的IP地址: "+localip.getHostAddress());
        System.out.println("本机的主机名和IP地址: "+localip.toString());
  }
}
```

19.3 URLConnection 类

java.net 包中的 URLConnection 类描述程序与 URL 资源的通信连接。使用 URL 对象中的 openConnection 方法获得 URL 资源的通信连接，使用通信连接(URLConnection 对象)中的 getInputStream 方法和 getOutputStream 方法分别获得 URL 资源的输入流和输出流。

- InputStream getInputStream()：获取 URL 资源的字节输入流。
- OutputStream getOutputStream()：获取 URL 资源的字节输出流。

【例 19.3】读取 URL 指向的资源文件，程序的功能是输出新浪主页文件的内容。

程序清单 19-3 ReadingFromUrl.java

```java
import java.net.*;import java.io.*;
public class ReadingFromUrl {
  public static void main(String[] args) {
    try { URL url = new URL("http://www.sina.com.cn"); //获取新浪主页文件(资源)的URL对象
        URLConnection urlcon=url.openConnection(); //获取URL资源的通信连接
        InputStream in=urlcon.getInputStream(); //获取资源的输入流
        Reader inStr=new InputStreamReader(in); //将字节输入流转换为字符输入流
        BufferedReader inBufer = new BufferedReader(inStr);
        String str;
        while ((str=inBufer.readLine()) != null) {System.out.println(str);}
        inBufer.close();
    }
    catch (Exception e) {e.printStackTrace();}
  }
}
```

19.4 Socket 套接字

Java 使用 Socket 套接字(Socket 对象)实现两台计算机之间的通信。服务器端和客户端分别使用套接字实现数据流的读/写。

套接字有两种操作模式：一种是使用 TCP 协议的面向连接的模式，另一种是使用 UDP 协议的无连接模式。

面向连接的通信模式：每当客户机请求与服务器通信时，服务器套接字便会创建一个与客户机通信的代理套接字，服务器通过代理套接字与客户端的套接字建立一个连接，通过这个连接，服务器与客户机进行通信，其通信方式如图 19-1 所示。

图 19-1 面向连接的通信模式

TCP 是一种面向连接的、可靠的、基于字节流的通信协议。基于 TCP 编程经常用到 ServerSocket 和 Socket。用 ServerSocket 创建服务器套接字，用 Socket 创建客户套接字。

1. ServerSocket 类

1) 构造方法

- ServerSocket(int port)：创建服务器端的套接字。
- ServerSocket(int port, int backlog)：创建服务器端的套接字，指定连接客户数。

其中， port 是服务器的端口号，backlog 指定连接客户的个数。这些方法可能抛出 IOException 异常。

2) 常用方法

- Socket accept()：等待客户端的连接。
- void close()：关闭 Socket。
- InetAddress getInetAddress()：返回 IP 地址。
- int getLocalPort()：返回本地端口。
- void setSoTimeout(int timeout)：设置超时值。

2. Socket 类

1) 构造方法

- Socket(String host, int port)：用服务器的主机名和端口号创建 Socket 对象。
- Socket(InetAddress ip, int port)：用服务器的 ip 和端口号创建 Socket 对象。

其中， host 代表服务器主机，port 代表服务器端口号，address 代表服务器的 IP 地址。这些方法可能抛出 IOException 异常。

2) 常用方法

- void close()：关闭 Socket。
- InputStream getInputStream()：返回连接上的输入流。
- OutputStream getOutputStream()：返回连接上的输出流。

3. TCP 编程的主要步骤

TCP 编程的主要步骤如下。

(1) 分别在服务器端、客户端创建 ServerSocket、Socket 对象。

(2) 分别在服务器、客户端获取 Socket 对象的输入/输出流。

(3) 使用 Socket 对象实现读/写操作。

(4) 关闭 Socket。

【例 19.4】本例客户机和服务器建立连接实现通信。客户机向服务器发送圆的半径，服务器接收到圆的半径后计算圆的面积并把面积发送给客户端。

程序清单 19-4-1 Server.java(服务器端程序。必须先运行本程序)

```
import java.io.*;import java.net.*;
public class Server{
  public static void main(String[] args){
    try { ServerSocket serverSocket = new ServerSocket(8001); //创建服务器套接字
      Socket connectToClient = serverSocket.accept();//监听来自客户端的连接请求并等待请求
```

```
        //直到收到客户的连接请求后建立代理连接 connectToClient。通过代理连接获得输入流
        DataInputStream isFromClient = new DataInputStream( connectToClient.getInputStream());
        // 创建一个输出流 osToClient,使用该输出流把计算结果发送给客户
        DataOutputStream osToClient = new DataOutputStream( connectToClient.getOutputStream());
          // 下面语句从客户端读取数据、计算圆的面积并把计算结果发送给客户端
        while (true){
            double radius = isFromClient.readDouble();// 从输入流读取数据
            System.out.println("来自客户端输入的半径是: " + radius); // 将半径显示在控制台
            double area = radius*radius*Math.PI; // 计算面积
            osToClient.writeDouble(area); osToClient.flush();// 将圆的面积发送给客户端
            System.out.println("面积是: " + area); // 将面积显示在控制台
        }
    }
    catch(IOException ex){ System.err.println(ex); }
  }
}
```

程序清单 19-4-2　Client.java(客户端程序。后运行本程序)

```
import java.io.*;import java.net.*;import java.util.Scanner;
public class Client{
 public static void main(String[] args){
   try {// 创建连接到服务器的套接字。假设服务器的 IP 是 172.16.225.57,端口号是 8001
       Socket connectToServer = new Socket("172.16.225.57", 8001);
       // 创建一个输入流 isFromServer,接收来自服务器的数据
       DataInputStream isFromServer = new DataInputStream( connectToServer.getInputStream());
        // 创建一个输出流 osToServer,用于向服务器发送数据
       DataOutputStream osToServer =new DataOutputStream(connectToServer.getOutputStream());
       while (true){   //不停地向服务器发送半径,并接收面积
          System.out.print("请输入半径: ");
          Scanner sn=new Scanner(System.in);
             double radius=sn.nextDouble();
          osToServer.writeDouble(radius); osToServer.flush();    //将半径发送给服务器
          double area = isFromServer.readDouble();             //从服务器获得圆的面积
          System.out.println("从服务器接收到的面积是: " + area);   //在控制台输出面积
       }
     }
   catch (IOException ex){System.err.println(ex);}
 }
}
```

19.5　UDP 数据报

　　TCP/IP 协议包含 TCP 协议和 UDP 协议,UDP 应用不如 TCP 广泛。但是,随着计算机网络的发展,UDP 协议正越来越显示出其威力,尤其是在需要很强的实时交互性的场合,如网络游戏、视频会议等。下面介绍 Java 环境下如何实现 UDP 网络传输。

19.5.1　什么是数据报

　　数据报(Datagram)就像日常生活中的邮件系统一样,不能确保可靠地寄到。而面向连接的 TCP 就好比是电话,双方能肯定对方接收到了信息。

TCP 和 UDP 的区别是，TCP 实现了可靠、无大小限制的传输，但是需要时间建立连接，差错控制开销也大。UDP 不需要建立连接，传输不可靠，差错控制开销较小，传输大小限制在 64KB 以下。

19.5.2 数据报通信类

用于数据报通信的三个类是 DatagramSocket、DatagramPacket 和 MulticastSocket，它们都定义在 java.net 包中。其中，DatagramSocket 对象用于数据报的发送和接收，DatagramPacket 对象将数据封装为数据报，MulticastSocket 对象用于广播通信。

1. DatagramSocket 类

DatagramSocket 类的构造方法如下。

- DatagramSocket()：用本地主机上可用的端口号构造一个通信对象。
- DatagramSocket(int prot)：用指定的端口号构造一个通信对象。
- DatagramSocket(int port, InetAddress laddr)：用端口号和 IP 地址构造一个通信对象。

注意：构造 DatagramSocket 对象使用的端口号要保证不发生端口冲突，否则会抛出 SocketException 异常。

2. DatagramPacket 类

DatagramPacket 类的构造方法如下。

- DatagramPacket(byte buf[],int length)
- DatagramPacket(byte buf[], int length, InetAddress addr, int port)
- DatagramPacket(byte[] buf, int offset, int length)
- DatagramPacket(byte[] buf, int offset, int length, InetAddress addr, int port)

其中，buf 存放数据，length 为数据报中数据的长度，addr 和 port 指明目的地址，offset 指明要发送的数据是从 buf 的 offset 处开始到数据报的结尾。

3. MulticastSocket 类

MulticastSocket 对象用于发送和接收多播数据报，其父类是 DatagramSocket，具有加入 Internet 上其他多播主机所属"组"的功能(多播组通过 D 类 IP 地址和标准 UDP 端口号指定)。

1) 构造方法

- MulticastSocket()：创建多播套接字。
- MulticastSocket(int port)：创建的多播套接字绑定到特定端口。
- MulticastSocket(SocketAddress bindaddr)：指定多播套接字地址。

上面三个构造方法都会抛出 IOException 异常或 SecurityException 异常。

2) 实用方法

- void setTimeToLive(int ttl)：设置 MulticastSocket 对象上发出的多播数据报的默认生存时间，以便控制多播的范围。ttl 必须在 0~255 范围内，否则将抛出 IllegalArgumentException。tt1 是指多播数据报的默认生存时间。
- int getTimeToLive()：获取在套接字上发出的多播数据报的默认生存时间。

- void joinGroup(InetAddress mcastaddr)：加入多播组。
- void leaveGroup(InetAddress mcastaddr)：离开多播组。

其中，mcastaddr 为要加入的多播地址。上面方法被调用时都要抛出 IOException 异常。

19.5.3　UDP 通信

基于 UDP 通信的双方都要创建 DatagramSocket 对象和 DatagramPacket 对象。DatagramSocket 对象实现数据发送和接收，DatagramPacket 对象作为传输数据的载体。UDP 通信包括发送数据报和接收数据报两部分。

1. 发送数据报

发送数据前，首先将数据封装为数据报(就像将信件装入信封一样)；其次，创建 DatagramSocket 对象，调用其中的 send()方法发送数据。send()根据数据报的目的地址来寻径，以传递数据报。示例代码如下：

```
byte data[]="近来好吗? ".getBytes();
InetAddress add=InetAddress.getByName("localhost");
DatagramPacket pack=new DatagramPacket(data,data.length,add,2222);    //1.数据打包,目的地址:2222
DatagramSocket mail_out=new DatagrameSocket();    //2.创建 DatagrameSocket 对象
    mail_out.send(pack);                          //3.发送数据
```

2. 接收数据报

接收数据报，好比接收信件一样，然后查看数据报中的内容。在接收数据前，首先创建一个接收数据报的 DatagramPacket 对象(给出接收数据的缓冲区及其长度)；其次，创建一个 DatagramSocket 对象，调用其中的 receive()方法等待数据报的到来，receive()将一直等待，直到收到一个数据报为止。示例代码如下：

```
byte data[]=new byte[100];                //接收数据的缓冲区
DatagramPacket pack=new DatagramPacket(data, data.length); //1.准备数据报,用来接收数据
DatagramSocket mail_in=new datagramSocket(2222);//2.接收方的端口号必须跟数据报的端口号相同
mail_in.receive(pack);                    // 3.接收数据报
String msg=new String(pack.getData(),0,pack.getLength());    //将数据报转换为字符串
```

【例 19.5】使用 UDP 数据报实现网络通信。本例通信双方都在同一台机器上，读者可以根据实际情况调整 DatagramPacket 对象，实现在不同主机之间进行通信。

程序清单 19-5-1　MeFrame.java(MeFramet 端)

```
import java.net.*; import java.io.*; import java.awt.*;
import java.awt.event.*; import javax.swing.*; import javax.swing.event.*;
public class MeFrame extends JFrame {
    public MeFrame(){
        ChatPanel panel = new ChatPanel();
        getContentPane().add(panel);
    }
    public static void main(String[] args){
        MeFrame  frame=new MeFrame();frame.setTitle("梁山伯界面");
        frame.setSize(510, 500);
        frame.setDefaultCloseOperation(JFrame.EXIT_ON_CLOSE);
```

```
            frame.setVisible(true);
        }
}
class ChatPanel extends JPanel implements Runnable, ActionListener {
        JButton send;          //发送按钮
    TextArea showArea;         //信息显示框
        TextField inText;      //信息发送框
    Thread thread = null;      //负责接收数据的线程
    public ChatPanel(){
        setLayout(null);
            send = new JButton("发送");send.setBounds(400, 360, 100, 40);
            showArea = new TextArea(); showArea.setBounds(0, 20, 500, 300);
            showArea.setEditable(false); add(showArea);
            inText=new TextField();inText.setBounds(0, 340, 400, 80);
            JLabel lab1=new JLabel("信息显示区");lab1.setBounds(0,0,500,20);add(lab1);
            JLabel lab2=new JLabel("信息发送区");lab2.setBounds(0,320,500,20);add(lab2);
            add(inText);        inText.addActionListener(this);  //为信息发送框设置监听器
            add(send);send.addActionListener(this);        //为发送按钮设置监听器
            thread= new Thread(this);thread.start();        //建立并启动线程，负责接收数据
        }
        public void actionPerformed(ActionEvent e) {
        if (e.getSource() == inText || e.getSource() == send){
        if (inText.getText() != "") {  //将要发送的数据字符串转换为字节数组
                byte buffer[] = inText.getText().trim().getBytes();
                try {
                        InetAddress address=InetAddress.getByName("localhost");
                            DatagramPacket packet=new DatagramPacket
                                    (buffer,buffer.length,address,3441);
                        DatagramSocket socket=new DatagramSocket();//创建发送数据报的套接字
                        showArea.append("数据报目标主机地址:"+packet.getAddress()+"\n");
                        showArea.append("数据报目标端口是:" + packet.getPort() +"\n");
                        showArea.append("数据报长度:" + packet.getLength() +"\n");
                        showArea.append("梁山伯说: " + inText.getText().trim() + "\n");
                        inText.getText();
                        socket.send(packet);//发送数据报
                    }
            catch (Exception ex) {      }
                } //内层if结束
            }//外层if结束
        }
    public void run(){                  //线程负责接收数据
        DatagramSocket socket = null;
            byte data[]=new byte[8192];   //存放接收数据的字节数组
            DatagramPacket pack = null;
            try { pack = new DatagramPacket(data, data.length); //用来接收数据的数据报
                socket = new DatagramSocket(3445); //接收数据报的套接字端口号是3445
                }
        catch (Exception e) {       }
            while (true) { //利用循环不断接收数据
        if (socket == null) break;
                else
                    try { socket.receive(pack); //接收数据报
                        int length = pack.getLength();//获取收到的数据报的实际长度,
                        InetAddress adress = pack.getAddress();// 获取收到的数据报的始发地址
```

```
                            int port = pack.getPort();//获取收到的数据报的始发端口
                            String message = new String(pack.getData(), 0, length);
                                showArea.append("收到数据报长度 " + length + "\n");
                            showArea.append("数据报来自"+adress+"发送数据报的进程端口"+port+"\n");
                                showArea.append("祝英台说: " + message + "\n");//数据显示在信息显示框
                        }
                catch (Exception e) { }
            } //while 结束
    }
}
```

程序清单 19-5-2　YouFrame.java(YouFrame 端)

```java
import java.net.*; import java.io.*; import java.awt.*;
import java.awt.event.*; import javax.swing.*;import javax.swing.event.*;
public class YouFrame extends JFrame {
        public YouFrame(){
            ChatPanel panel=new ChatPanel();getContentPane().add(panel);
        }
    public static void main(String[] args){
            YouFrame frame=new YouFrame();
                frame.setTitle("祝英台界面");frame.setSize(510, 500);
                frame.setDefaultCloseOperation(JFrame.EXIT_ON_CLOSE); frame.setVisible(true);
    }
}
class ChatPanel extends JPanel implements Runnable, ActionListener {
        JButton send;              //发送按钮
    TextArea showArea;             //信息显示框
        TextField inText;          //信息发送框
        Thread thread = null;      //负责接收数据的线程
    public ChatPanel(){
        setLayout(null);
            send=new JButton("发送");
            showArea= new TextArea();inText=new TextField();
            JLabel lab1=new JLabel("信息显示区");lab1.setBounds(0,0,500,20);add(lab1);
            showArea.setBounds(0,20,500,300);showArea.setEditable(false);add(showArea);
            JLabel lab2=new JLabel("信息发送区");lab2.setBounds(0,320,500,20);add(lab2);
            inText.setBounds(0,340,400,80);add(inText);
            inText.addActionListener(this); //为信息发送框设置监听器
            send.setBounds(400, 360,100,40); add(send);
            send.addActionListener(this);//为发送按钮设置监听器
            thread=new Thread(this);thread.start();//建立并启动线程，负责接收数据
    }
        public void actionPerformed(ActionEvent e){ //实现监听事件
            if (e.getSource()==inText || e.getSource()==send){
            if (inText.getText()!= "") {
                byte buffer[]=inText.getText().trim().getBytes();//字符串转换为字节数组
                    try{InetAddress address = InetAddress.getByName("localhost");
                        //数据报的目标端口是 3445。接收方用这个端口创建套接字，以便接收数据报
                        DatagramPacket packet=new DatagramPacket(buffer,buffer.length,address,3445);
                        DatagramSocket socket = new DatagramSocket();//创建发送数据报的套接字
                        showArea.append("数据报目标主机地址:" + packet.getAddress()+ "\n");
                        showArea.append("数据报目标端口是:" + packet.getPort() + "\n");
                        showArea.append("数据报长度:" + packet.getLength() + "\n");
                        showArea.append("祝英台说: " + inText.getText().trim() + "\n");
```

```
                        inText.setText(null);
                        socket.send(packet);//发送数据报
                    }
        catch (Exception ex) {     }
            }//内层 if
       }//外层 if
}
public void run() { //线程负责数据接收
    DatagramSocket socket = null; //接收数据报的套接字
        byte data[] = new byte[8192];   //存放接收数据的字节数组
        DatagramPacket pack = null; //接收数据的数据报对象
        try { pack = new DatagramPacket(data, data.length);
            //使用端口 3441 接收数据报(对方发来的数据报的目标端口是 3441)
            socket = new DatagramSocket(3441);
        }
    catch (Exception e) {     }
        while (true){ //利用循环不断接收数据
    if (socket == null) break;
        else
            try { socket.receive(pack);              //接收数据报
                int length=pack.getLength(); //获取数据的实际长度
                InetAddress adress=pack.getAddress();//获取数据报的始发地址
                int port=pack.getPort();       //获取数据报的目标端口
                String message = new String(pack.getData(), 0, length);//数据转换为字符串
                showArea.append("收到数据长度 " + length + "\n");
                showArea.append("数据报来自"+adress+"发送数据报的进程端口"+port+"\n");
                showArea.append("梁山伯说: " + message + "\n");//数据显示在信息显示框中
            }
        catch (Exception e) {showArea.append("对方已断开连接");}
        }//while 结束
    }
}
```

19.5.4 广播数据报

广播数据报类似于电台广播，进行广播的电台需在指定的波段和频率上广播信息，接收者只有将收音机调到指定的波段、频率上才能收听广播的内容。

广播数据报涉及地址和端口。Internet 的地址是 a.b.c.d 格式，该地址的一部分代表主机，另一部分代表网络。如果 a 小于 128，则 a 用来表示网络地址，b.c.d 用来表示主机，这类地址称为 A 类地址；如果 a 大于等于 128 且小于 192，则 a.b 表示网络地址，c.d 表示主机地址，这类地址称为 B 类地址；如果 a 大于或等于 192，且小于 224，则 a.b.c 表示网络地址，d 表示主机地址,这类地址称为 C 类地址。D 类 IP 地址的范围是 224.0.0.0~239.255.255.255(包括两者)，地址 224.0.0.0 被保留(不许使用)。

广播或接收广播的主机都必须加入同一个 D 类地址。一个 D 类地址也称为一个广播组。加入同一个广播组的主机可以在某个端口上广播信息，也可以在某个端口上接收信息。

【例 19.6】利用 MulticastSocket 实现数据报的广播。

在广播端的用户，输入要广播的信息，单击"开始发送"按钮或按 Enter 键将数据广播出去。单击"停止发送"按钮终止本次数据广播。在接收端用户通过单击"开始接收"按钮实现数据接收，单击"停止接收"按钮终止本次数据接收。

程序清单 19-6-1　Receiver.Java(接收端)

```
import java.net.*; import java.awt.*; import java.awt.event.*;
public class Receiver extends Frame implements Runnable, ActionListener {
  int port; //多播的端口
  InetAddress group = null;                       //多播组的地址
      MulticastSocket socket = null;              //多点广播套接字
      Button reveive_start, reveive_stop;         //开始接收按钮和停止接收按钮
      TextArea msg_on_receive;                    //显示正在接收的信息
  TextArea   msg_received;                        //显示已经接收的信息
      Thread thread;                              //负责接收信息的线程
  boolean if_stop = false;                        //线程状态信号量
  public Receiver() {                             //下面初始化界面
    super("信息接收端");
          thread = new Thread(this);
          reveive_start = new Button("开始接收"); reveive_stop = new Button("停止接收");
          reveive_start.addActionListener(this);  reveive_stop.addActionListener(this);
      msg_on_receive = new TextArea(10, 10);msg_on_receive.setForeground(Color.blue);
          msg_received = new TextArea(10, 10);
          Panel north = new Panel();
          north.add(reveive_start);   north.add(reveive_stop);
          add(north, BorderLayout.NORTH);
          Panel center = new Panel(); center.setLayout(new GridLayout(1, 2));
          center.add(msg_on_receive); center.add(msg_received);
          add(center, BorderLayout.CENTER);       validate();
          //下面建立多点广播套接字，并将该套接字加入广播组中
          port = 5858; //设置多播组的监听端口
          try {group=InetAddress.getByName("239.255.8.0");//设置广播组的地址为 239.255.8.0
      socket=new MulticastSocket(port); //多点广播套接字将在 port 端口广播
          //加入广播组 group 后，socket 发送的数据报可以被加入 group 中的成员接收到
          socket.joinGroup(group);
          }
    catch (Exception e) {    }
          setBounds(100, 50, 360, 380); setVisible(true);
          addWindowListener(new WindowAdapter() {
      public void windowClosing(WindowEvent e) {System.exit(0); }
          });
      }
  public void actionPerformed(ActionEvent e) {    //负责开始和停止接收数据
    if (e.getSource() == reveive_start) {              //响应开始按钮事件
            reveive_start.setBackground(Color.blue);
              reveive_stop.setBackground(Color.gray);
              if (!(thread.isAlive())) thread = new Thread(this); // 创建线程,实现数据接收
              try { thread.start(); if_stop = false; }
      catch(Exception ee){   }
        }
        if (e.getSource() == reveive_stop) {  //响应停止按钮事件
          reveive_start.setBackground(Color.gray); reveive_stop.setBackground(Color.blue);
            thread.interrupt(); //中断线程,停止数据接收
            if_stop = true;
        }
    }
```

```
public void run() {          //负责数据接收和显示
    while (true) {          //利用循环接收定时广播传来的数据
            byte data[] = new byte[8192]; DatagramPacket packet = null;
    packet = new DatagramPacket(data, data.length, group, port);//准备数据报,用于接收数据
            try { socket.receive(packet); //接收广播数据并将其放在指定数据包中
                String message = new String(packet.getData(), 0, packet .getLength());
                msg_on_receive.setText("正在接收的内容:\n" + message);
                msg_received.append(message + "\n");
            }
    catch (Exception e){        }
            if (if_stop == true) break;  //若线程中断,则终止线程
        } // while 结束
}
public static void main(String args[]){ new Receiver(); }
}
```

程序清单 19-6-2   BroadCast.java(广播端)

```
import java.net.*; import java.awt.*; import java.awt.event.*;
public class BroadCast extends Frame implements Runnable, ActionListener{
    int port = 5858;                      //多播的端口
    InetAddress group = null;              //多组的地址
        MulticastSocket socket = null;      //多点广播套字
        Button send, stop;                  //开始发送按钮和停止发送按钮
        TextArea msg_show;                  //信息显示区
        TextField msg_send;                 //信息发送框
        Thread thread;                      //负责发送信息的线程
        boolean if_stop = false;            //线程状态信号量
    public BroadCast(){
        super("广播信息台");
            send=new Button("开始发送");       stop=new Button("停止发送");
            send.addActionListener(this);stop.addActionListener(this);
            Panel south=new Panel();
            south.add(send);  south.add(stop);
            Label tip1=new Label("显示正在广播的信息");
            msg_show=new TextArea();  msg_show.setEditable(false);
            Panel north=new Panel();  north.setLayout(new BorderLayout());
            north.add(tip1,BorderLayout.NORTH); north.add(msg_show,BorderLayout.CENTER);
            Label tip2=new Label("输入要广播的信息");
            msg_send=new TextField(); msg_send.addActionListener(this);
            Panel center=new Panel(); center.setLayout(new BorderLayout());
            center.add(tip2,BorderLayout.NORTH); center.add(msg_send,BorderLayout.CENTER);
            setLayout(new BorderLayout());
            add(south,BorderLayout.SOUTH);  add(north,BorderLayout.NORTH);
            add(center,BorderLayout.CENTER);  validate();
            // 建立多点广播套接字,并将该套接字加入广播组中以进行数据广播
            try { group=InetAddress.getByName("239.255.8.0");//设置广播组的地址为239.255.8.0
              socket=new MulticastSocket(port); //多点广播套接字将在port端口广播
              //多点广播套接字发送数据范围为本地网络,数据默认生存时间为1
                socket.setTimeToLive(1);
                socket.joinGroup(group);  //加入广播组
            }
            catch(Exception e) { msg_show.append("Error: "+ e);    }
```

```
            setBounds(100,50,360,380); setVisible(true);
            addWindowListener(new WindowAdapter(){ //为窗口关闭事件添加监听器
                public void windowClosing(WindowEvent e){ System.exit(0);  }
            });
    }
public void actionPerformed(ActionEvent e){//负责开始和停止广播数据，响应广播数据事件
        if (e.getSource()==send ||e.getSource()==msg_send){
        send.setBackground(Color.blue);
        stop.setBackground(Color.gray);
            try {  // 创建线程，实现数据广播
                    thread = new Thread(this);thread.start();if_stop=false;
            }
    catch (Exception ee) {       }
        }
       if (e.getSource() == stop){       //响应停止广播数据事件
            send.setBackground(Color.gray); stop.setBackground(Color.blue);
            msg_show.setText(null);    msg_send.setText(null);
            thread.stop(); if_stop = true;
        }
    }
    public void run() {//负责数据广播和显示
    while (true){ //利用循环定时广播数据
        try {   DatagramPacket packet = null; //待广播的数据报
                byte data[] = msg_send.getText().getBytes();
                packet = new DatagramPacket(data, data.length, group, port);
                socket.send(packet); //广播数据报
                msg_show.append("正在发送的信息: \n" + new String(data) + "\n");
                Thread.sleep(1000); //每隔一秒广播一次
            }
    catch (Exception e){ msg_show.append("Error: " + e);}
    }
}
    public static void main(String args[]){   new BroadCast();  }
    }
```

19.6　本　章　小　结

　　本章首先介绍了 URL 类、InetAddress 类、URLConnection 类的使用方法，然后介绍了面向连接的通信机制和通信方法，最后介绍了数据报通信的三个类 DatagramSocket、DatagramPacket 和 MulticastSocket 的作用及其数据报通信方法和广播数据报通信方法。

19.7　习　　　题

　　1. 怎样创建服务器套接字？可以使用什么端口号？如果请求的端口号已在使用，会发生什么现象？一个端口能与多少个客户机连接？

　　2. 服务器套接字与客户机套接字之间有什么区别？

3. 客户端程序如何开始一个连接？服务器怎样接收连接请求？

4. 数据如何在客户机和服务器之间传输？可以传输对象吗？

5. 怎样让服务器为多个客户机服务？

6. 能否编写一个程序，从远程主机上获取文件？能否更新远程主机上的文件？

7. 编写一个聊天程序。

参 考 文 献

[1] 王爱国. Java 面向对象程序设计[M]. 北京：机械工业出版社，2014.

[2] Bruce Eckel. Java 编程思想[M]. 2 版. 侯杰译. 北京：机械工业出版社，2008.

[3] 明日科技. Java 开发典型模块大全[M]. 北京：人民邮电出版社，2013.

[4] (美)梁勇. Java 语言程序设计：基础篇[M]. 8 版. 李娜译. 北京：机械工业出版社，2011.